DIANNENG JILIANG DIANXING CAOZUO SHIXUN JIAOCAI

电能计量典型操作实训教材

李国胜　编著

中国电力出版社
CHINA ELECTRIC POWER PRESS

内 容 提 要

本书以电能计量现场典型操作技能为主线，以电能计量典型操作项目为基础，共分三章，包括基本操作技能、专业操作技能和相关操作技能现场工作等内容，收录了35个电能计量典型操作项目。

本书可作为电力类职业教育学校电能计量与装表接电专业的教学用书、“1+X”职业技能等级评价证书制度下装表接电职业技能培训及考核与评价的配套教材、电能计量及装表接电现场工作人员以及电力营销人员的职业技能培训用书和技术/技能竞赛用书，并可与理论教材《电能计量》配套使用。

图书在版编目（CIP）数据

电能计量典型操作实训教材/李国胜编著. —北京：中国电力出版社，2020.10

ISBN 978-7-5198-4799-9

Ⅰ.①电… Ⅱ.①李… Ⅲ.①电能计量—教材 Ⅳ.①TM933.4

中国版本图书馆CIP数据核字（2020）第122348号

出版发行：中国电力出版社

地　　址：北京市东城区北京站西街19号（邮政编码100005）

网　　址：http：//www.cepp.sgcc.com.cn

责任编辑：肖　敏（010－63412363）

责任校对：黄　蓓　李　楠

装帧设计：郝晓燕

责任印制：石　雷

印　　刷：北京天宇星印刷厂

版　　次：2020年10月第一版

印　　次：2020年10月北京第一次印刷

开　　本：787毫米×1092毫米　16开本

印　　张：18.25

字　　数：398千字

印　　数：0001—2000册

定　　价：60.00元

前　言

目前，市场上电能计量专业图书多是理论教材、问答和案例，缺乏侧重实操的适用于职业技术教育及“1＋X”证书培训制度（学历证书＋若干职业技能等级证书制度）的教材。本书致力于将职业技术教育和企业员工培训相结合，根据职业教育特点和技能人才成长规律设置内容，让读者学则能会，会则能干，干出高技能。

本书作者结合自身30余年电能计量教学培训经验、20余年电能计量专业职业技能考核鉴定经验以及10余次电能计量典型操作技能比武的组织策划和主持/主裁经验，从电能计量工作现场提炼出35个典型操作项目进行讲解，分享了电能计量工作的核心技能。本书作者在编写过程中还运用了之前取得的一些重要教学研究成果，其中有代表性意义的是湖北省教育科学规划重点课题“集成式高技能人才培养法”和全国电力职业教育研究校企合作专项课题“产教融合下高等职业院校人才培养模式与方法研究”的核心成果。

本书共分三章，包括基本操作技能、专业操作技能、相关操作技能等内容，共收录35个典型操作项目。每个项目按操作任务、操作目的、工作环境、难度/复杂度等级、人员和物料、基本操作原理、操作方法及步骤、操作要求及注意事项等展开介绍，并预留操作收获、存在的问题及改进的措施填写栏，供读者思考填写。

本书取材现场实际及竞赛项目，比照准工作环境，按操作项目模块化编排；项目技能等级由浅入深设置，能够帮助读者从技术、技能的掌握过渡到技巧、技艺的养成。本书可作为电力类职业教育学校电能计量与装表接电专业的教学用书、“1＋X”职业技能等级评价证书制度下装表接电职业技能培训及考核与评价的配套教材、电能计量及装表接电现场工作人员及电力营销人员的职业技能培训用书和技术/技能竞赛用书，并可与理论教材《电能计量》配套使用。

本书全部内容由李国胜编著，由李金城主审。在本书的编著过程中，李大海、熊保庆、崔向东、余念群、王志、祝红伟和陈正坤等专家提供了大力支持和帮助，韩磊、郑雪和罗福玲等专业教师提出了一些宝贵的修改建议和具体帮助，在此一并致谢。

由于时间仓促，疏漏之处在所难免，恳请读者不吝指出，以便作者对本书加以更正和完善。

李国胜

2020 年 9 月

目　录

第一章　基本操作技能

第一节　常用工器具与基本操作

项目 1　电能计量常用工器具的选择与使用

操作任务

（1）常用工器具的选择。

（2）常用工器具的使用。

操作目的

（1）在电能计量工作中，会正确选择常用工器具。

（2）在电能计量工作中，会正确使用常用工器具。

（3）掌握常用工器具的操作技巧。

（4）养成严谨负责的工作态度和团队合作精神。

工作环境

电能计量（包括装表接电）工作现场的常用工器具。

难度/复杂度等级

初等级别（初级）。

人员和物料

1. 人员配备及要求

（1）人员分工：工作负责人（兼安全监护人）1 名、操作人员 1 名。

（2）着装要求：按电能计量工作现场要求规范着装。

（3）素质要求：符合电能计量外勤工作人员素质要求。

2. 物料配备及要求（见表 1-1）

基本操作原理

1. 观察学习理论

观察学习也称为模仿学习，是指通过观察周围环境中他人所表现的行为及其后果而

表 1-1　　　　物料配备及要求表

序号	物料类别	名称	型号、规格及要求	数量		备注
				单需量	总需量	
1	个人工器具及仪表	安装接线常用工器具及仪表	标准配置	1套		
2	设备、装置或者材料	操作演示台	1200mm×800mm×1000mm（$L\times W\times H$）实木台面（厚度100mm）	1台		
3		虎口钳	150、175、200mm虎口钳各1个，2.5mm^2绝缘导线1m，硬导线2m，软导线1m，铁钉3个，钢丝1m，铅丝0.1m，螺栓螺母1副，杆状物1个	1组		
4		尖嘴钳	160、180、200mm尖嘴钳各1个，单股硬导线1m，小截面绝缘导线3m，小零件若干，铅丝0.1m，铝丝0.2m	1组		
5		斜口钳	160、180、200mm斜口钳各1个，金属丝1m，30mm×30mm金属片，4.0mm^2绝缘铝芯线2m，2.5mm^2绝缘铜芯线1m	1组		
6		剥线钳	剥线钳1个，3种规格（2.5、4.0、6.0mm）的单股硬质铜芯、铝芯绝缘导线各1m	1组		
7		活络扳手	6、8、10in活络扳手各1把，3个不同规格（M3、M6、M10）的螺母及其螺栓，1个紧固件	1组		
8		螺丝起子	50、100、150mm“十”字和“一”字起子各1个，不同规格的螺钉10个，实木板1块	1组		
9		电工刀	电工刀1个，10/6.0mm^2绝缘导线各2m，不同规格木块若干	1组		
10		手锯	手锯，ϕ16mmPVC管1.5m，ϕ10mm木棒1.5m	1组		
11		手锤	0.5kg手锤，400、700mm钢钉各5个	1组		
12		断线钳	600mm断线钳1个，6.0mm^2铁丝2m，16mm^2多股铜芯线2m，25mm^2钢芯铝绞线2m	1组		
13	安全专用品	线手套	干净、干燥	2双		

发生的学习。“观察学习理论”告诉我们，观察学习是指个体通过对他人的行为及其强化性结果的观察和模仿，从而获得某些新的行为反应，或已有的行为反应得到修正的过程。

2. 电能计量中常用的工器具

电能计量中常用的工器具有虎口钳、尖嘴钳、斜口钳、剥线钳、活络扳手、螺丝起子、电工刀、手锯、手锤和断线钳。常用的工器具如图 1-1 所示。

操作方法及步骤

1. 虎口钳

虎口钳由钳头和钳柄组成，主要用于钳夹和剪切；钳头由钳口、齿口、刀口、铡口构成。虎口钳的结构如图 1-2 所示。

（1）选择并检查：常用规格（以其全长表示）有 150、175mm 和 200mm 三种，根据需要进行选择并检查其是否完好。

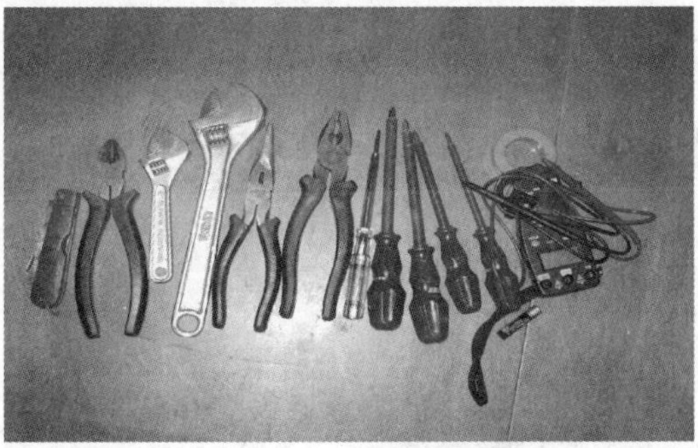

图 1-1　常用的工器具

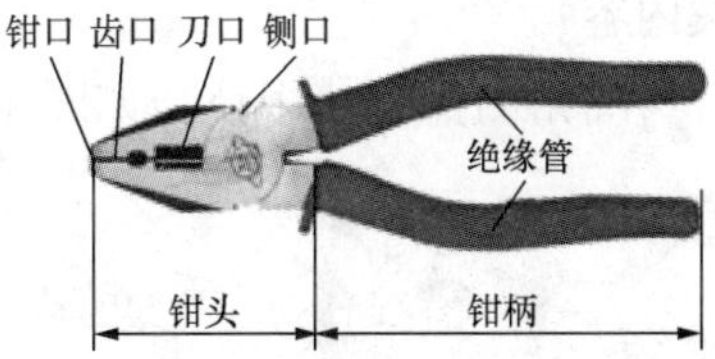

图 1-2　虎口钳的结构

（2）操作使用：

1）使用钳口弯绞或钳夹导线线头，或其他物体；

2）使用齿口紧固或起松小型螺母或夹持杆状物；

3）使用刀口剪切导线和剖削塑料软导线的绝缘层，或拔起铁钉；

4）使用铡口铡切钢丝、铅丝或导线线芯等较硬金属线材。

虎口钳的使用方法如图 1-3 所示。

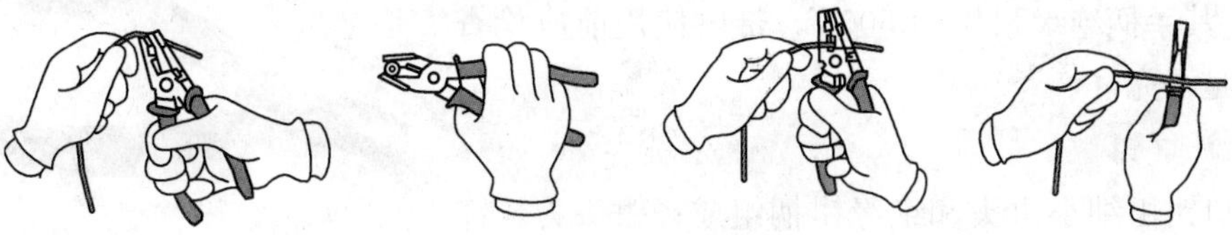

图 1-3　虎口钳的使用方法

（a）钳口弯（夹）线；（b）齿口拧螺母；（c）刀口断线；（d）铡口断线

（3）使用注意事项：

1）不能当锤子使用，平时应注意防锈；

2）其手柄绝缘耐压为500V，带电使用前应检查绝缘柄是否完好；

3）剪切带电导线时，要逐根分开剪断。

2. 尖嘴钳

尖嘴钳由尖形钳头和钳柄组成；钳头包括齿口、刀口、铡口，齿口有棱形齿纹，钳柄套有绝缘套管。尖嘴钳的结构如图1-4所示。

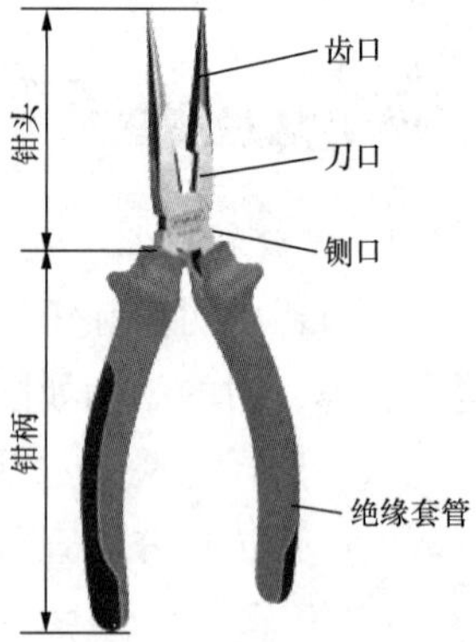

图1-4　尖嘴钳的结构

（1）选择并检查：尖嘴钳的常用规格（以其全长表示）有130、160、180mm和200mm四种，根据需要进行选择并检查其是否完好。

（2）操作使用：

1）使用齿口弯折线头将单股硬导线定形，或夹持小零件；

2）使用刀口刮剥小截面导线的绝缘或切断小导线的线芯；

3）使用铡口切断铅丝或铝丝等较硬金属线材；

4）利用尖嘴钳进行小导线压接圈的制作，以便接线（详见本章第二节压接圈的制作相关内容）。

尖嘴钳的操作使用技巧如图1-5所示。

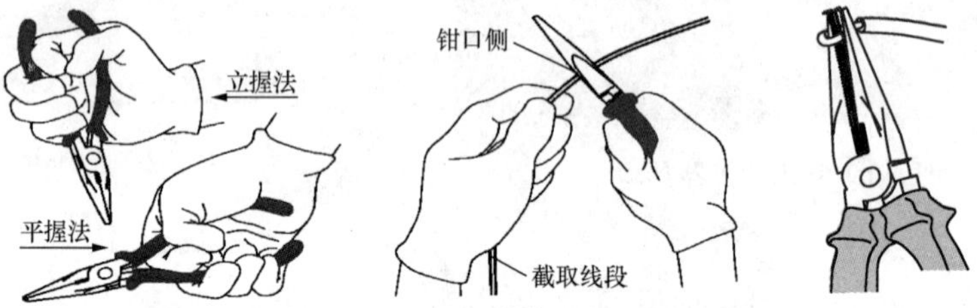

(a)　(b)　(c)

图1-5　尖嘴钳的操作使用技巧

（a）正确把持；（b）截取导线；（c）线头制作

（3）使用注意事项：

1）主要用于二次小线工作和狭小的工作空间；

2）其手柄绝缘耐压为500V，带电使用前应检查绝缘柄是否完好。

3. 斜口钳

斜口钳由细小钳头和绝缘钳柄组成；钳头为较锋利的切口并有斜角，其结构如图1-6所示。

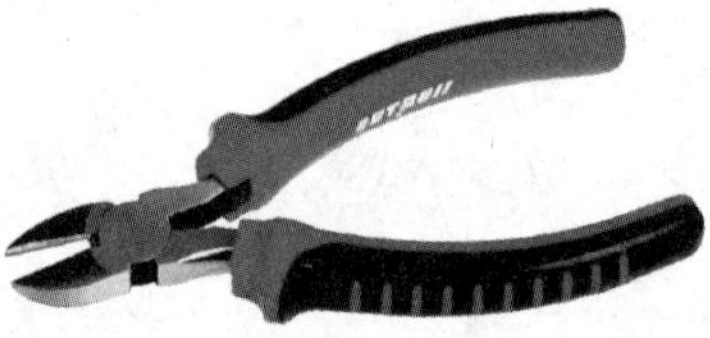

图1-6　斜口钳的结构

（1）选择并检查：斜口钳的常用规格（以其全长表示）有130、160、180mm和200mm四种，根据需要进行选择并检查其是否完好。

（2）操作使用：

1）在狭窄空间，使用切口剪切金属薄片、切断金属丝、剪断电线电缆；

2）在狭窄空间，使用切口剪切绝缘铜芯线、铝芯线和封丝；

3）利用斜口钳剥削小绝缘导线的绝缘层。

（3）使用注意事项：

1）主要用于剪切二次回路的小线和较硬的封丝；

2）其手柄绝缘耐压为1000V，带电使用前应检查绝缘柄是否完好。

4. 剥线钳

剥线钳由压线口、切口和绝缘手柄构成。剥线钳包括普通剥线钳和剪刀型剥线钳，外形如图1-7所示。

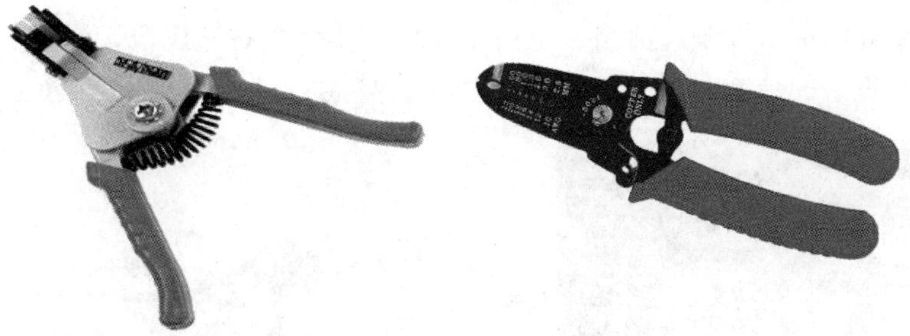

(a)　　(b)

图1-7　剥线钳的外形

（a）普通剥线钳；（b）剪刀型剥线钳

（1）选择并检查：根据需要进行选择并检查其是否完好。

（2）操作使用：

1）剥削2.5mm^{2}铜芯/铝芯绝缘导线的绝缘层；

2）剥削4.0mm^{2}铜芯/铝芯绝缘导线的绝缘层；

3）剥削6.0mm^{2}铜芯/铝芯绝缘导线的绝缘层。

（3）使用注意事项：

1）剥线钳有0.5～3mm多个切口，先将要剥削的导线置于适当的切口内，然后紧握手柄，切口闭合并切断绝缘层，再用力向外拉，绝缘外皮就剥离了。

2）钳口有多个直径的切口，以适用于不同截面的芯线，可用来剥割6.0mm^{2}及以下导线的塑料或橡皮绝缘层；使用时，导线必须放在稍大于其芯线直径的切口上剥削，否则会损伤芯线或剥不掉绝缘层。

3）剥线钳不能用来切断导线，否则可能使其变形或刀口损伤。

4）其手柄绝缘耐压为500V，带电使用前应检查绝缘柄是否完好。

剥线钳的操作使用技巧如图1-8所示。

5. 活络扳手

扳手包括活络扳手和固定扳手两种。各种固定扳手如图1-9所示。固定扳手包括单

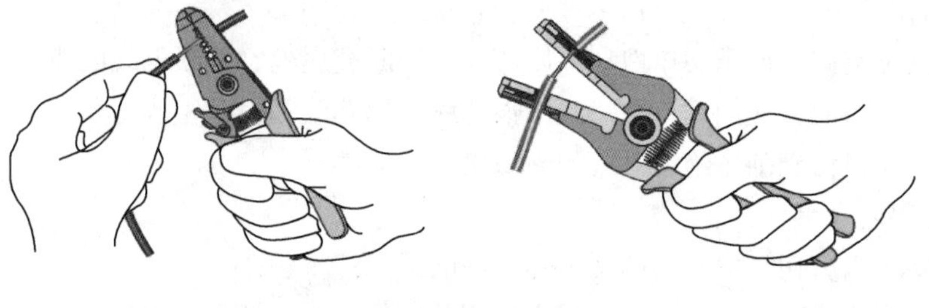

(a) (b)

图 1-8　剥线钳的操作使用技巧

（a）下口；（b）剥开绝缘层

头扳手和双头扳手（包括梅花扳手）两种。

以下主要介绍活络扳手。活络扳手由呆扳唇、活络扳唇、扳口、蜗轮、轴销、手柄等组成。活络扳手的结构如图 1-10 所示。

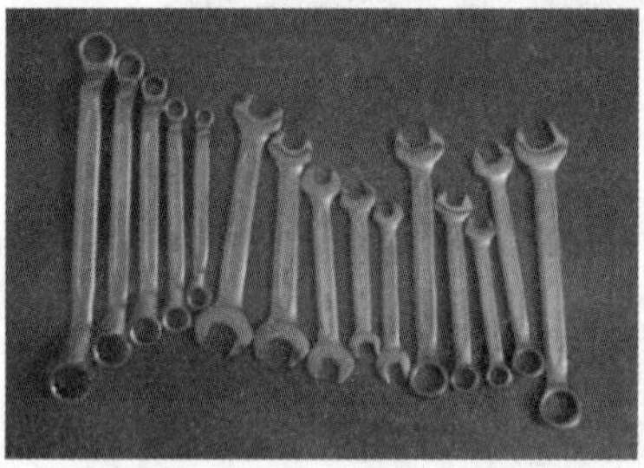

图 1-9　各种固定扳手

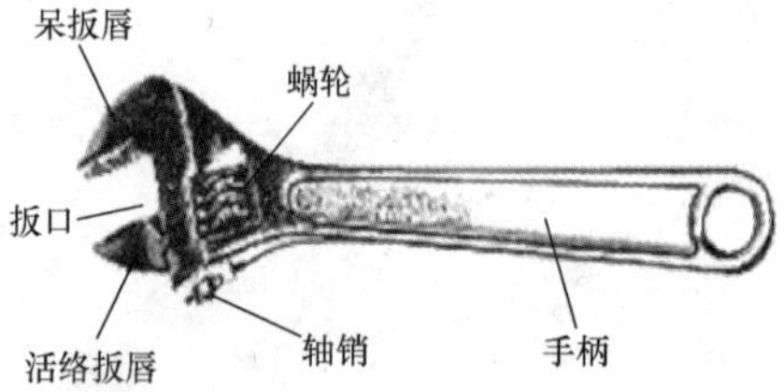

图 1-10　活络扳手的结构

（1）选择并检查：活络扳手的规格用“长度×最大开口宽度”表示，如 150mm×19mm（6in）、200mm ×24mm（8in）、250mm ×30mm（10in）、300mm ×36mm（12in），根据需要进行选择并检查其是否完好。

小提示

英寸的符号是“″”或 in，如 6 英寸即 6″ 或 6in。

（2）操作使用：调换至少 3 种不同规格的（M3、M6、M10）螺母及其配套螺栓，在不同的紧固件上进行旋固和拧松操作练习。

（3）使用注意事项：

1）按螺母大小选用适当的扳手；将螺栓旋入螺母；调节扳口开距，并用大拇指随时调节蜗轮，收紧活络扳唇防止打滑；旋转手柄，拧紧螺母。

2）应按螺母大小选用适当的扳手，以免活络扳手太大损伤螺母，或螺母过大损伤活络扳唇。

3）扳动大螺母时，力矩要大，手应握在手柄尾部；扳动小螺母时，容易打滑，手应握在近头部。

4）活络扳手不可反过来，也不可用钢管接长手柄以增加力矩。

5）防止用力过大而使扳手滑脱伤人或自伤。

活络扳手的操作使用技巧如图 1-11 所示。

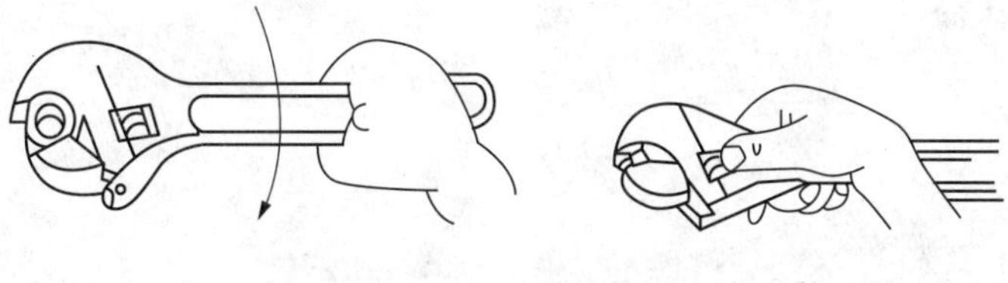

图 1-11　活络扳手的操作使用技巧

（a）扳动技巧；（b）扳口开距调节

6. 螺丝起子

螺丝起子由手柄和螺丝刀构成，按螺丝刀的形状可分为“一”字起子和“十”字起子两种。螺丝起子的结构如图 1-12 所示。

（1）选择并检查：螺丝起子一般以手柄部以外的螺丝刀长度表示规格，常用的有 100mm 和 150mm 的两种，根据需要进行选择并检查其是否完好。

（2）操作使用：

1）用“十”字起子拧紧、松起至少 3 个不同规格的“十”字槽螺钉；

2）用“一”字起子拧紧、松起至少 3 个不同规格的“一”字槽螺钉。

（3）使用注意事项。

1）根据螺钉规格选择合适规格的螺丝起子。

2）紧松螺钉时不要损坏螺钉上的槽口。

3）带电使用要求：①螺丝刀杆上必须套上绝缘套管，同时检查手柄和刀杆上的绝缘是否合格（低压带电作业专用螺丝起子见图 1-13）；②不可使用金属刀杆直通手柄顶部的螺丝起子；③手不得触及螺丝刀杆；④操作时防止造成短路。

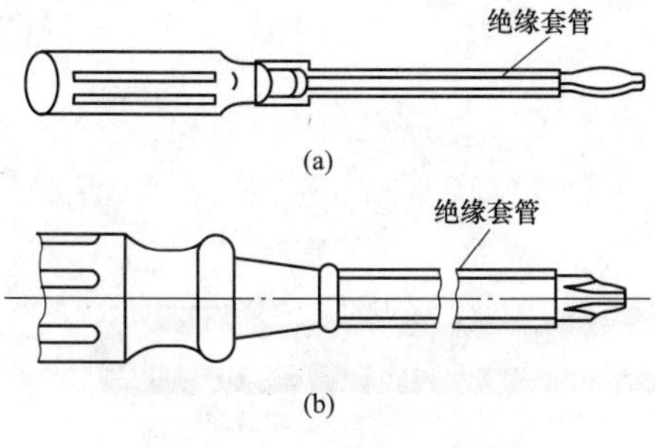

图 1-12　螺丝起子的结构

（a）“一”字起子；（b）“十”字起子

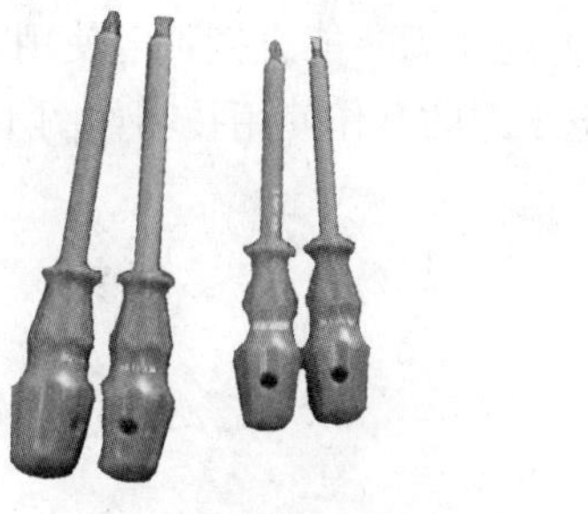

图 1-13　低压带电作业专用螺丝起子

螺丝起子的操作使用技巧（见图 1-14）：①使用大螺丝起子时，除大拇指、食指和中指要夹住手柄外，手掌还要顶住柄的末端；②使用小螺丝起子时，可用大拇指和中指要夹住手柄外，用食指顶住柄的末端旋转。

(a) (b)

图 1-14　螺丝起子的操作使用技巧

(a) 大螺丝起子；(b) 小螺丝起子

7. 电工刀

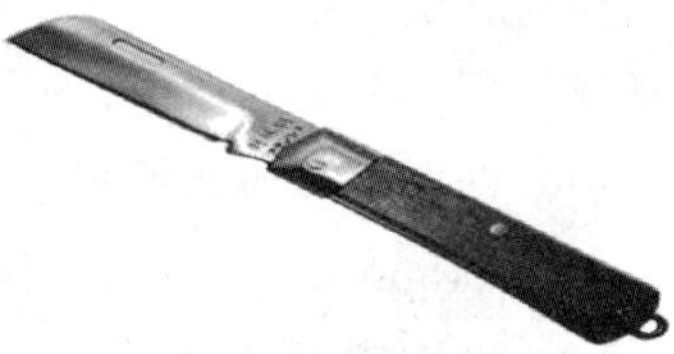

图 1-15　电工刀的外形

电工刀通常由刀片和手柄组成。电工刀的外形如图 1-15 所示。

(1) 选择并检查：电工刀可分为普通型和多用型两种，普通型按刀片长度分为大号（112mm）和小号（88mm）两种规格，多用型增加了小锯片和锥子，根据需要进行选择并检查其是否完好。

(2) 操作使用：

1) 用电工刀剥削 2 种规格的单股硬绝缘导线的绝缘；

2) 用电工刀削制 2 个木楔。

(3) 使用注意事项：

1) 使用时刀口应向外切削，严禁对人；

2) 用毕随即将刀片折进刀柄；

3) 不许用手锤敲击刀背；

4) 电工刀不能直接带电使用。

电工刀的操作使用技巧如图 1-16 所示。

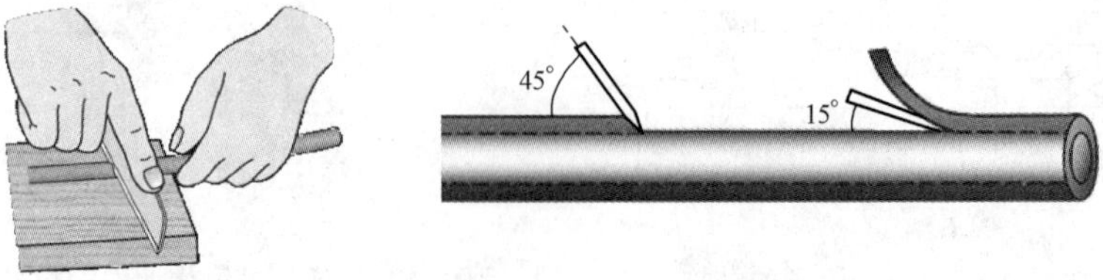

(a) (b)

图 1-16　电工刀的操作使用技巧

(a) 切割技巧；(b) 剥削技巧

8. 手锯

手锯由手柄和锯刀组成。常用手锯的外形如图 1-17 所示。

(1) 选择并检查：手锯常用规格 200、300mm 锯刀，根据锯齿的牙距大小分为粗齿、中齿和细齿三种，粗齿锯条适用于锯软材料或较大的切面，细齿锯条适用于锯硬材料，根据需要进行选择并检查其是否完好。

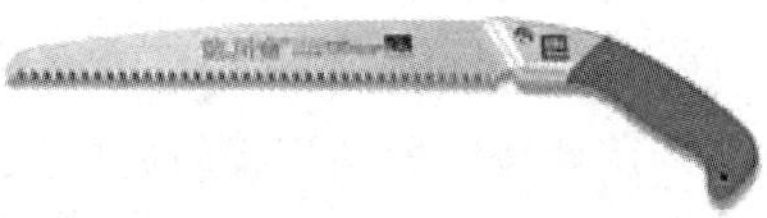

图 1-17　常用手锯的外形

(2) 操作使用：

1) 用手锯切断 ϕ16mm PVC 管；

2) 用手锯切断木棒。

(3) 使用注意事项：

1) 起锯及快锯断时压力要小、行程要短、速度要慢，锯割时行程要长，以 20～40 次/min 为宜；

2) 快锯断时，左手扶住被锯下的部分，以防落地损伤工件或砸伤腿脚，同时防止工件卡住锯刀。

9. 手锤

手锤由手柄和锤头组成。常用手锤的外形如图 1-18 所示。

(1) 选择并检查：手锤以锤头质量标称，常用的规格有 0.25、0.5、1kg 等，根据需要进行选择并检查其是否完好。

(2) 操作使用：

1) 用手锤敲击长钢钉一枚；

2) 用手锤敲击短钢钉一枚。

(3) 使用注意事项：

1) 使用前应检查手锤的完整性，手柄应无油污；

2) 为防止锤头脱落，使用前在顶端打入有倒刺的斜楔 1～2 个；

3) 使用时不允许戴手套；

4) 不准对人挥动手锤。

10. 断线钳

断线钳由长手柄和短铡刀组成。常用断线钳的外形如图 1-19 所示。

图 1-18　常用手锤的外形

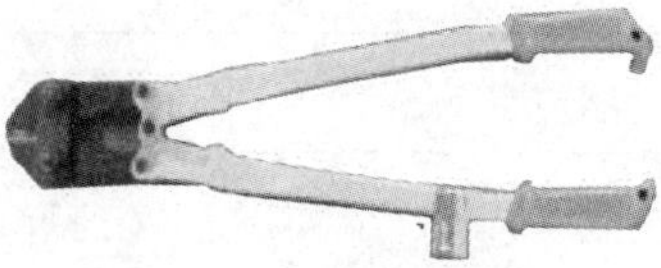

图 1-19　常用断线钳的外形

（1）选择并检查：断线钳有铁柄、管柄和绝缘柄三种形式，其中带绝缘柄的断线钳可用于带电场合，其绝缘耐压为1000V。断线钳的规格用其全长来表示，常见规格有300、350、450、600、750、900、1050mm等，根据需要进行选择并检查其是否完好。

（2）操作使用：

1）用断线钳剪断直径较粗的铁丝；

2）用断线钳剪断直径较粗的多股铜芯线；

3）用断线钳剪断直径较粗的钢芯铝绞线。

（3）使用注意事项：

1）对粗细不同、硬度不同的材料，应选用大小合适的斜口钳；

2）剪断电线或元件引脚时，应将线头朝向下，以防止断线时伤人。

操作要求及注意事项

（1）注意自身和他人安全，特别不要伤及眼睛。

（2）带电使用工器具时应检查其绝缘是否合格。

（3）防止损坏工器具及设备，用完后注意维护和保养。

（4）操作螺丝起子时防止螺丝刀滑脱将手扎破，操作手锤时防止锤头脱落伤人。

（5）注意材料的节约和再利用。

（6）听从指挥，勤学苦练，加强配合，知错即改。

（7）操作中注意观察和思考，不用蛮力。

（8）操作前，规范着装；操作过程中，工作负责人负责监护；操作完毕，注意清理工作现场，物品还原并报完工。

操作收获、存在问题及改进措施

1. 操作收获

2. 存在的问题

3. 改进的措施

项目 2　电能计量的基本操作方法与技巧

操作任务

（1）电能计量工作的基本操作工艺。

（2）电能计量工作的基本操作技能及技巧。

操作目的

（1）掌握电能计量工作中的基本操作工艺。

（2）掌握电能计量工作中的基本操作技能及技巧。

（3）养成严谨负责的工作态度和团队合作精神。

工作环境

电能计量（包括装表接电）工作现场的基本操作。

难度/复杂度等级

初等级别（初级）。

人员和物料

1. 人员配备及要求

（1）人员分工：工作负责人（兼安全监护人）1 名、操作人员 1 名。

（2）着装要求：按电能计量工作现场要求规范着装。

（3）素质要求：符合电能计量外勤工作人员素质要求。

2. 物料配备及要求（见表 1-2）

表 1-2　物料配备及要求表

序号	物料类别	名称	型号、规格及要求	数量		备注
				单需量	总需量	
1	个人工器具及仪表	安装接线常用工器具及仪表	标准配置	1 套		
2	设备、装置或者材料	操作演示台	1200mm×800mm×1000mm（$L \times W \times H$）实木台面（厚度 100mm）	1 台		
3		上下螺钉全套	大、小“十”字起子各 1 个，大、小“一”字起子各 1 个，不同规格螺钉若干，木板 1 块	1 组		

续表

序号	物料类别	名称	型号、规格及要求	数量		备注
				单需量	总需量	
4	设备、装置或者材料	安装设备全套	木板1块；低压熔断器（及其安装螺钉）2个，低压断路器（及其安装螺钉）2个，合适规格的起子1个	1组		
5		速测导线全套	2.5mm²黄、绿、红、浅蓝色铜芯、铝芯绝缘导线各3m，4.0mm²黄、绿、红、浅蓝色铜芯、铝芯绝缘导线各3m，6.0mm²黄、绿、红、浅蓝色铜芯、铝线绝缘导线各3m	1组		
6		扳直导线全套	4.0mm²铝芯线7m，2.5mm²铜芯线2m，小圆棒1个或300mm螺丝起子1个	1组		
7		剥削绝缘全套	剥线钳、虎口钳、电工刀各1把，1.0、2.5、4.0mm单股塑料绝缘导线各4m，10mm²多股绝缘导线3m，塑料护套线2m	1组		
8		恢复绝缘全套	普通绝缘胶带1卷、防水防潮胶带1卷，制作完成的叉接自绕线2根，制作完成的“T”接线2个，压接完好的接线耳2个，锉刀1个，尖嘴钳1个	1组		
9		打孔全套	手电钻1个、冲击钻1个，螺钉若干，塑料胀管及螺钉3个、金属胀管及膨胀螺栓3套，墙面1处，木板1块，小钢铳1个、锤子1个，交流220V电源2处	1组		
10		锡焊全套	75W电烙铁1个、烙铁架1个，焊剂若干、焊锡若干，交流220V电源2处	1组		
11	安全专用品	线手套	干净、干燥	2双		

基本操作原理

（1）电能计量工作中的基本操作工艺：螺钉的上下技巧；贵重设备的安装固定技巧；导线的速测技能；导线的扳直技巧；导线绝缘层的剥削技巧；导线绝缘层的恢复方法；打孔方法；锡焊方法。

（2）导线接头的加工是一项最基本而又关键的操作工艺，许多电气事故的根本原因，往往是由于导线接头加工不良而引起的。导线接头的质量要求如下。

1）电气导通能力良好：接头电阻不大于同长度同截面的原导线；

2）机械抗拉强度足够：接头机械强度不小于同截面原导线的 80%；

3）电气绝缘强度良好：恢复后的绝缘强度不小于原导线；

4）接头线芯防腐：接头要防止化学腐蚀和电化腐蚀。

（3）及时反复操练法：根据技能训练心理学，经过及时、不断重复操作同一项目后，操作者心理逐渐从不排斥到熟悉、接受，最后掌握新技能，甚至形成新技巧。为了获得最佳学习效率，重复操作同一项目的时间间隔应逐渐延长。

操作方法及步骤

1. 螺钉的上下操作技巧

（1）上木螺钉的简易步骤：

1）使用合适的螺丝起子压紧螺母，吃住刀槽（压松时拧动螺钉会损坏螺母）；

2）慢慢旋动螺丝起子，启动螺钉（若启动速度太快则启动力矩太小）；

3）快速旋转螺丝起子，直接到位（利用旋转螺丝起子的惯性力上好螺钉）。

小技巧

为了减小摩擦，上木螺钉之前可在木螺钉上抹一层蜡；为了防止损坏螺母，上下螺钉过程中应始终保持适度向下的垂直力量。

（2）下木螺钉的步骤：

1）压紧螺母，吃住刀槽；

2）慢慢旋动起子，启动螺钉；

3）快速旋转起子，松下螺钉。

2. 贵重设备的安装固定技巧

对于难以上螺钉的木板或重要设备，特别是在安装低压熔断器等易坏设备时，设备的安装固定应按下列步骤进行：

（1）根据需要固定的设备选择木螺钉和螺丝起子的规格；

（2）将设备定位，找到螺钉的最终位置并用铁钉打好孔印（注意保护设备不受损坏）；

（3）拿开设备，使用钢钉在孔印处钉一个样眼用于定位（不定位则上螺钉费力且易歪，样眼深度不超过螺钉长度的 1/2）；

（4）先在木板上将螺钉预上至不超过一半的深度，然后退出螺钉；

（5）将设备放正，沿着样眼将螺钉上好，安装固定好设备。

设备的安装固定技巧如图 1-20 所示。

小提示

螺钉分为尖尾螺钉和平尾螺钉（螺丝杆）。螺钉是螺丝钉的简称，其中自攻螺钉的硬度更高、螺纹更深、纹距更宽、头部更尖。螺钉头部分为“一”字槽和“十”字槽两种，螺钉规格一般以螺杆的长度和直径标称。不锈钢螺钉容易滑牙、咬丝并且易断，其韧性比铁质螺钉差。

小技巧

垫圈的选用。为保护连接面不被拉毛，应用平垫圈；为不使螺栓因振动而松开，应用弹簧垫圈；还有供连接导线线头的瓦形垫圈等。

图 1-20　设备的安装固定技巧

3. 导线的速测技能

导线型号中的各字母的含义：第一个字母表示导线类型，“B”表示布线用导线，“A”表示安装用导线，“R”表示软导线；第二个字母表示绝缘材料，“X”表示橡皮绝缘，“V”表示聚氯乙烯（即塑料）绝缘；第三个字母表示保护材料，“V”表示塑料护套，“H”表示橡皮护套；型号中不带“L”的为铜芯线，带“L”的为铝芯线，连字符后的数字为线芯标称截面（mm^2）。

（1）导线材质的速测。主要通过分辨导线线芯颜色判断导线材质种类，其次通过比重量和试手感等方法确定导线的材质种类。

1）辨颜色：铜导线是红色的，而铝导线是白色的。

2）比重量：同等截面和长度下铜导线明显比铝导线重。

3）试手感：铜导线硬而较难扳折，铝导线软而较易扳折。

（2）导线相色的速测。常用导线的相色有黄、绿、红、浅蓝色或黑色等几种，分别对应电力系统中的 U 相、V 相、W 相、中性线（俗称零线，以下均按此表达），以上相色导线一般按正相序从左向右或从上到下排列。常用的三种相色导线如图 1-21 所示。

（3）导线长度的速测。利用自身身体某一部位的长度作为速测时的参照标准，实现导线长度的速测。成人身体长度参照值：单手虎口宽 20cm，单手拳头宽 8cm；两手横长 180cm，膝盖高 50cm。

（4）导线截面的速测。电能计量工作中，常用不同截面的导线有 2.5、4.0、6.0、10mm^2等几种，如图 1-22 所示。至少在三次不同时间、三个不同地点，辨认 2.5、4.0、6.0mm^2三种截面导线，然后以这三种截面导线作为“心理记忆参照标准”，从而推断其他更粗或更细导线的截面。

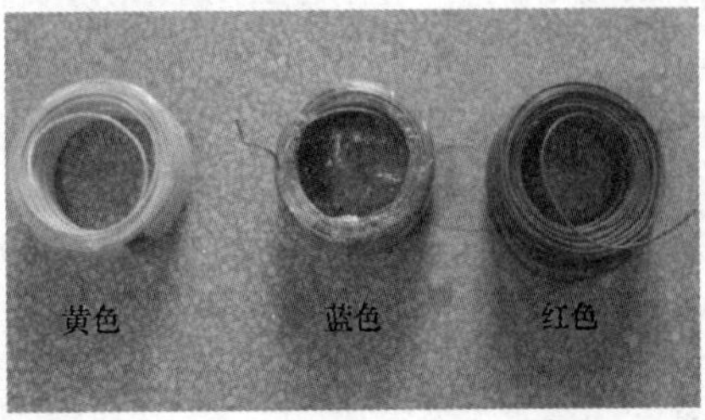

图 1-21　常用的三种相色导线

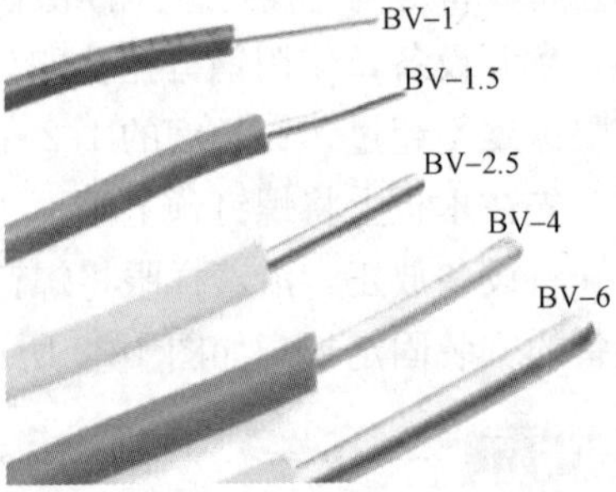

图 1-22　常用不同截面导线

4. 导线的扳直技巧

(1) 两人合作操作时：对于较长导线，两人用钳子分别夹住导线的两个导线头，用力拉扯和摆动，直到扳直为止；对于较短导线，两人用钳子分别夹住导线的两个导线头，其中一人用光滑的圆棒（或螺丝起子的刀杆）碾擀导线，直到擀直为止。

(2) 一人操作时：一只手用钳子夹住导线的一头，另一只手用光滑的小圆棒（或螺丝起子的刀杆）碾擀导线，直到擀直为止，导线的另一头悬空或用一只脚踩住。

小技巧

防止导线乱无头绪的技巧。从线卷中间线头开始截取；取线过程中，线卷放置于专用线座中。导线专用线座如图 1-23 所示。

5. 导线绝缘层的剥削技巧

对于不同材质和截面导线的绝缘层，可用不同的剥削方法。

(1) 塑料线绝缘层的剥削。

1) 对于截面较小的塑料绝缘导线（通常是 2.5mm^2 及以下的塑料绝缘导线），可用虎口钳剥离绝缘层。用钳头的刀口轻切塑料层（不可切入线芯），用右手握住钳子头部用力向外勒去塑料层，同时左手配合把握导线并反向用力，如图 1-24 所示。注意：剥削过程中不要增加纵向剪切力，以免伤及线芯。

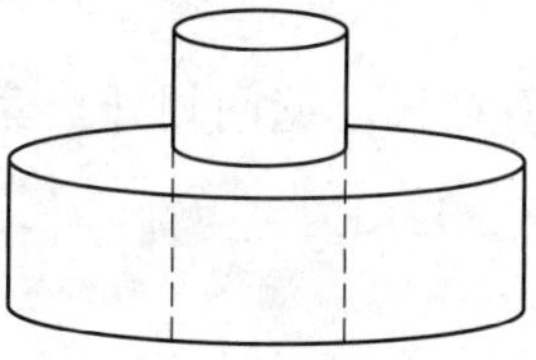

图 1-23　导线专用线座

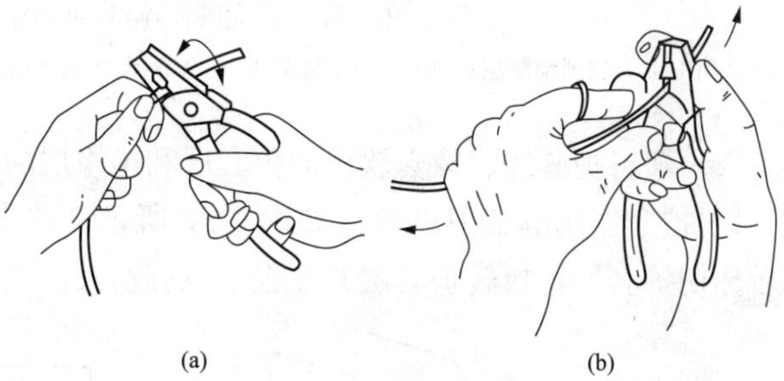

(a)　(b)

图 1-24　小截面塑料线绝缘层的虎口钳剥削方法

(a) 导线置于切口；(b) 用力向外拉

2) 对于普通截面的塑料绝缘导线（通常是 2.5～6.0mm^2 的单股塑料绝缘导线），可用剥线钳剥离绝缘层。首先将要剥削的导线置于适当的切口内，然后紧握手柄切口闭合并切断绝缘层，最后用力向外拉，绝缘外皮就剥离了，如图 1-25 所示。

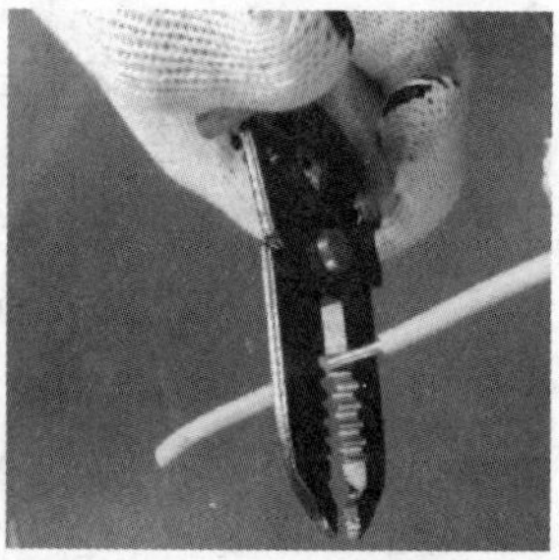

图 1-25　剥线钳剥削单股导线绝缘的操作技巧

小技巧

剥线钳剥削单股导线绝缘的操作技巧。使用剥线钳剥削单股导线绝缘时，导线必须放在稍大于其芯线直径的切口上剥削，否则会损伤芯线或剥不下绝缘层；为了省力和不损伤线芯，在第三步前可加一步，即将切开绝缘层后的导线放入大一号的切口内。

3）对于截面较大的塑料绝缘导线（通常是 6.0mm² 及以上的塑料绝缘导线），可用电工刀剥削绝缘层，如图 1-26 所示。首先将刀口向外以约 45°角度切入绝缘层（不可切入线芯），然后以约 15°角度将刀向线端推削或将导线向后拉削一条缺口，再将余下绝缘层向下翻转并在根部切去。使用电工刀时刀口应向外切削，用毕随即将刀片折进刀柄，刀口严禁对人。对于一些截面较大、材质较硬的塑料绝缘导线，也可利用电工刀首先在绝缘层上环切一周，刀口稍向外倾斜并将绝缘层切断，然后将绝缘层拉离线芯。

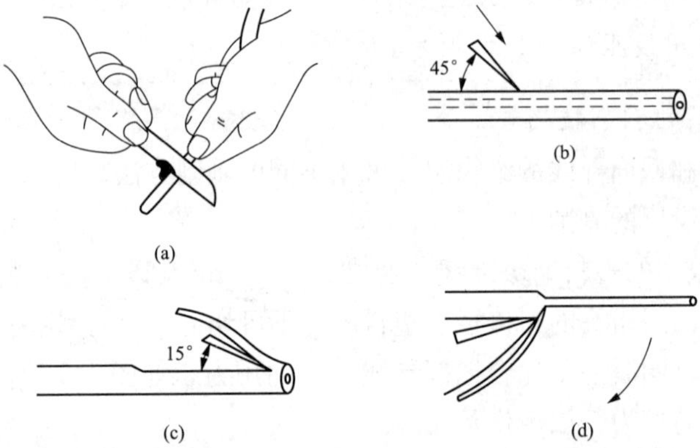

图 1-26　截面较大硬质绝缘导线的电工刀剥削方法

（a）用电工刀剥削绝缘层；（b）以 45°角度切入；（c）向线端推削或拉削；（d）翻转并在根部切去余下绝缘层

（2）塑料护套线、橡套软线的护套层和绝缘层的剥削。

1）护套层用电工刀剥离：如图 1-27 所示，首先用电工刀在线芯缝间划开护套层，然后环切护套层，扳转护套层并在根部取齐切去。

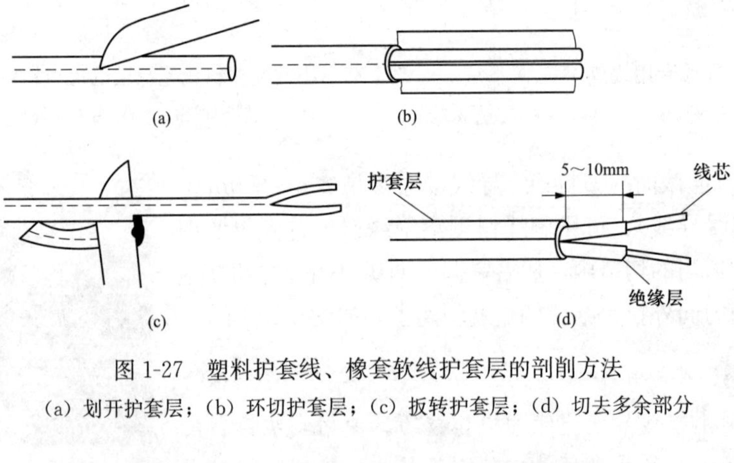

图 1-27　塑料护套线、橡套软线护套层的剖削方法

（a）划开护套层；（b）环切护套层；（c）扳转护套层；（d）切去多余部分

2）绝缘层的剖削：与塑料导线绝缘层的剥削方法相同，注意护套层的切口与绝缘层切口应相距 5～10mm。

（3）橡皮线绝缘层的剥削。先用电工刀将编织保护层划开一圈，削去一长条棉纱织物层，剥去其余棉纱织物层露出橡胶层，在距棉纱层约 10mm 处用与塑料线绝缘层的剥削方法相同的方法剥去橡胶层，最后松散棉纱层至根部并切去，如图 1-28 所示。

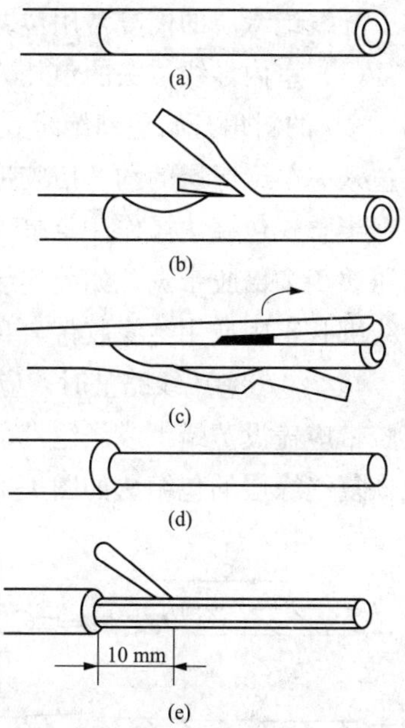

图 1-28　橡皮线绝缘层的剥削方法

（a）划开保护层；（b）削去一条织物层；（c）剥去其余织物层；（d）露出橡胶层；（e）剥削橡胶层

（4）花线绝缘层的剥削。花线，即棉纱纺织橡皮软线。因棉纱物保护层较软，可用电工刀在棉纱层的四周切割一圈后拉去，用与塑料线绝缘层的剥削方法相同的方法剥去橡胶层。

（5）铅包线护套层和绝缘层的剥削。

1）护套层的剥离：先用电工刀切割铅包层，上下扳折、折断切口，拉出铅包层。

2）绝缘层的剥削：与塑料线绝缘层的剥削方法相同。

铅包线的剥削方法如图 1-29 所示。

6. 导线绝缘层的恢复方法

常用绝缘材料包括绝缘胶带和绝缘套管。

（1）绝缘胶带种类：黑胶带，通常有自黏性；黄、黑腊带，通常无自黏性；环氧玻璃带，通常无自黏性；塑料薄膜黏带，有自黏性；涤纶薄腊黏带，有自黏性。绝缘胶带又分为普通绝缘胶带和防水防潮胶带，一般为 20mm 宽。

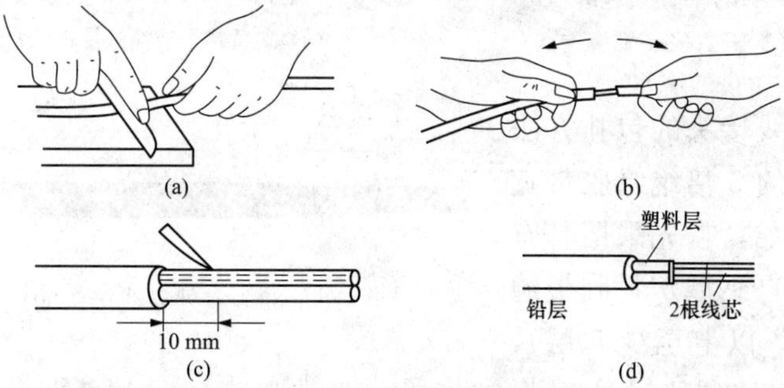

图 1-29　铅包线的剥削方法

（a）切割铅包层；（b）拉出铅包层；（c）剥削绝缘层；（d）露出线芯

（2）绝缘套管种类：橡胶、塑料、尼龙套管和 PVC 管，可按电压和规格选用。

几种常用绝缘胶带如图 1-30 所示。

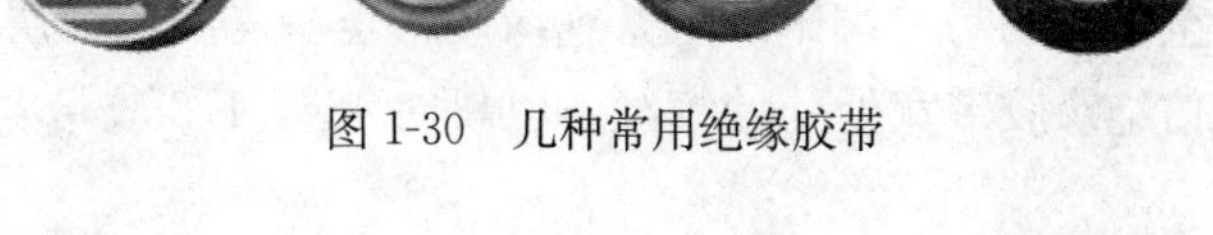
图 1-30　几种常用绝缘胶带

导线绝缘层的恢复常用包缠法，通常用黄蜡带、涤纶带和黑胶带作为绝缘材料。

(1) 室内导线接头的包扎方法。从约 2 倍绝缘胶带宽的完整绝缘上、与绝缘层保持 45°～55°的斜角开始包缠绝缘胶带，先包缠至连接处的线芯部分，接着包至另一端（同样应包入完整绝缘层的约 2 倍胶带宽）。这种方式称为半叠式包缠法。

半叠式包缠法操作注意事项：恢复绝缘层的半叠式包缠法如图 1-31 所示，包缠时每圈压叠 1/2 倍胶带宽，如此连续（中间不剪断）包缠 2 层，绝缘胶带包缠完毕的末端用纱线绑扎牢固或用绝缘胶带自身套结扎紧。

在 220/380V 线路上时，应先包缠 1～2 层黄蜡带或涤纶带后，再包缠 1 层黑胶带，黑胶带应盖没黄蜡带或涤纶带；在 220V 线路上也可只包 2 层黑胶带。在 220/380V 线路上恢复绝缘层的包缠法如图 1-32 所示。

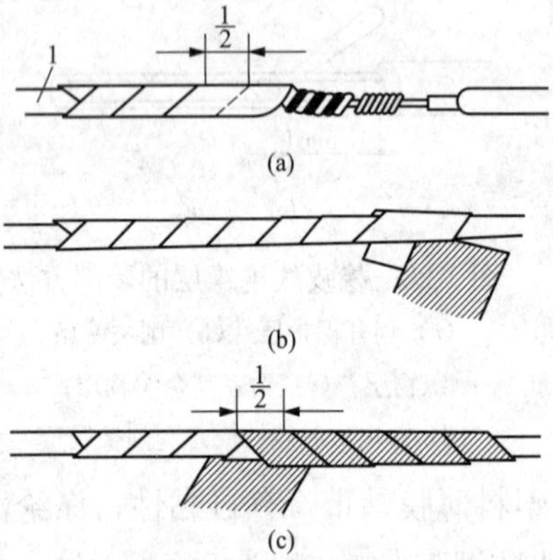

图 1-31　恢复绝缘层的半叠式包缠法

(a) 步骤一；(b) 步骤二；(c) 步骤三

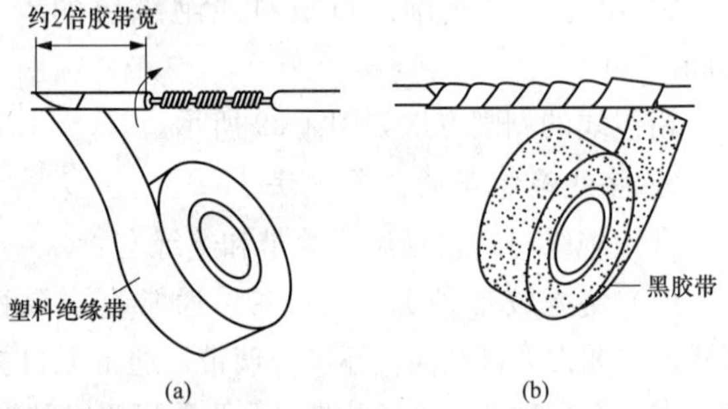

图 1-32　在 220/380V 线路上恢复绝缘层的包缠法

(a) 包黄蜡带或涤纶带；(b) 包黑胶带

(2) 室外导线接头的包扎方法（见图 1-33）。从约 3 倍绝缘胶带宽的完整绝缘上开始，首先采用具有防水防潮能力的自黏型塑料胶带缠绕 2～3 层（1kV 以上至少 5 层），最后在胶带表面继续缠绕绝缘胶带 2～3 层。防水防潮胶带包括塑料带、涤纶带和黄蜡带。

图 1-33　室外导线接头的包扎方法

防水胶带、绝缘胶带的缠绕顺序：在用绝缘胶带缠绕裸露的导体部分后，使用防水胶带缠绕绝缘部分，最后在防水胶带上缠绕绝缘胶带。先缠防水胶带，因为防水胶带与导线绝缘层是一样的材质，时间长了可以相互融合；同时，防水胶带不抗晒且易松散，故外加一层绝缘胶带。

(3) 支线“T”接后绝缘的恢复方法。由干线到分支、再由分支到干线，依次包紧裸导线的连接部分至干线的另一端绝缘层，绝缘胶带至少需要包 2 层。注意：将绝缘胶带由导线绝缘层 2 倍绝缘胶带宽处开始缠绕，以斜向 45°、1/2 胶带宽交叠，来回缠绕 2

层即可。支线“T”接后绝缘的恢复方法如图 1-34 所示。

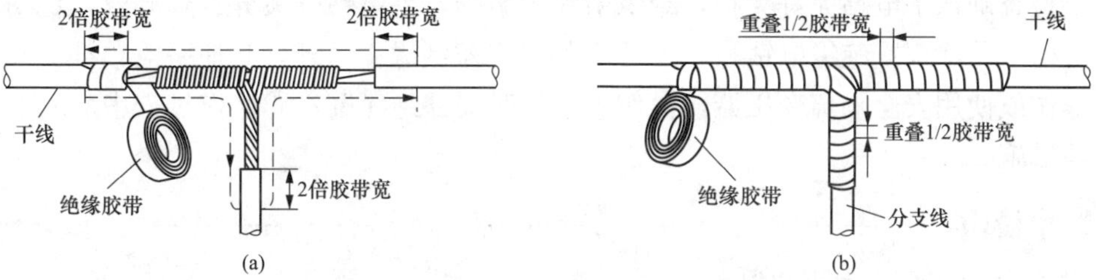

图 1-34　支线“T”接后绝缘的恢复方法

（a）先包底层；（b）再包外层

（4）接线耳绝缘层的包扎方法（见图 1-35）。从 3 倍胶带宽开始包缠绝缘胶带，一直包到接线耳（线鼻子）转角处，再往回包缠到 3 倍胶带宽，最后从 3 倍胶带宽包缠到接线耳转角处结束。注意：包缠绝缘胶带前，应将接线耳上的压接毛刺钳平或锉平，至少需要包缠 3 层绝缘胶带。

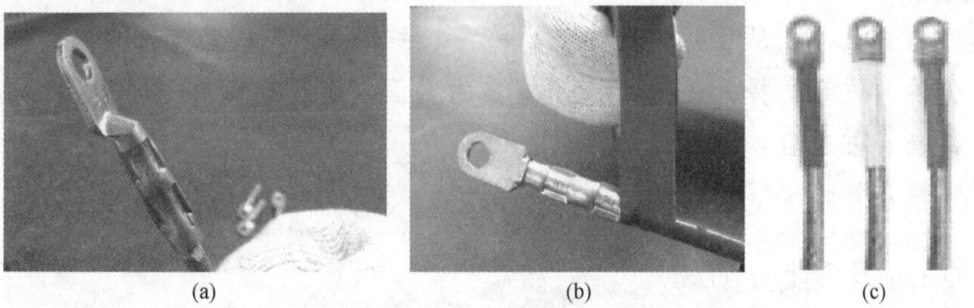

图 1-35　接线耳绝缘层的包扎方法

（a）接线耳压接；（b）包到转角处；（c）往返包缠

7. 打孔方法

常用电钻的外观如图 1-36 所示。

图 1-36　常用电钻的外观

（1）手电钻及其使用方法。手电钻是一种在金属、塑料及类似材料或工件上钻孔的工具，而冲击钻主要用于混凝土结构上的凿孔、开槽、打毛等作业。

1）手电钻的用途与规格：手电钻用于对金属、塑料、木材或其他类似材料、工件进行钻孔，使用电压一般为 220V，转速有单速和双速；手电钻的规格以钻孔的最大直径表示，如 4、6、10mm。

2）装卸钻头的方法：装卸钻头时必须关掉电源且钻头停转；安装时将钻头放入三爪轧头，然后转动轧头帽，收紧三爪轧头；钻头较大时还要用钻钥匙（即专用扳手）插入轧头帽孔中扳紧；拆卸钻头时顺序相反。

3）使用注意事项：①操作时应一手托手电钻、一手握开关把柄，并保持一定的轴向压力；②不要戴线手套及穿宽松衣服，以免被套；③严禁利用电源线提拿手电钻；④操作前要检查确认手电钻完好无损，绝缘引线无破损，手电钻开关分、合有效，定期测试记录合格；⑤除双重绝缘电钻和36V手电钻可不戴绝缘手套外，其他手电钻都要戴绝缘手套操作或使用安全隔离变压器，操作手电钻时要穿绝缘鞋；⑥操作过程中应采取良好的接地措施。

小技巧

手电钻轴向压力大小的调节。

1）当转速突然下降时，应立即降低轴向压力；

2）当孔洞即将钻通时，应减小轴向压力；

3）当中途突然停转时，应立即停止轴向压力并切断电源；

4）当出现异常现象时，应立即停止轴向压力并停钻检查；

5）当出现轴承或齿轮损坏时，应立即停止轴向压力并停钻更换。

小提示

电动螺钉旋具。电动螺钉旋具其实就是一个手电钻，只是其转速低一些。电动螺钉旋具操作方法：进退选择开关用于选择旋具的紧固（进）或拆卸（退）；将螺丝刀头部与螺钉头部啮合并垂直，然后启动并施加和保护一定的轴向压力。注意：大螺钉一般选择转速开关慢速挡。

（2）冲击钻及其使用方法。

1）冲击钻功能与规格。冲击钻有两种功能：一种是"钻"，可当作电钻使用，要用麻花钻头，可在金属上钻孔；另一种是"锤"，可当作电锤使用，可在混凝土或砖石上打深孔，要用硬质合金钢冲击钻头。"钻"与"锤"的主要区别是钻头的大小和速度的快慢：冲击钻的钻孔规格一般为8～16mm，冲击速度比电锤高4倍多，电锤钻孔规格为16～26mm，因此电锤的转矩和冲击力较大，可锤击更坚硬的东西。

冲击钻规格的选择：冲击钻规格以钻孔的最大直径表示，如16、22、26mm；成孔直径为6～12mm应选用10、12mm规格的冲击钻，成孔直径为12～18mm应选用16、18mm规格的冲击钻，成孔直径为18～26mm应选用22、26mm规格的冲击钻，成孔直径为26～32mm应选用38mm规格的冲击钻。

2）使用注意事项：①冲击钻在调速和调挡（"钻"和"锤"）时，都应关掉电源开关，使电动机停转；②冲击钻在开凿墙孔时，需配用专用的冲击钻头，并按规格选配；③作业时应垂直于作业面，不允许电锤在孔内摇摆；④冲凿时应经常将钻头退出，以利于排屑和冲凿。

小技巧

利用冲击钻在砖墙上打孔的操作。

1）用小钢铳打一小浅穴定位（在金属件上钻孔时，应先用钢冲打定位浅穴，不打定位穴则钻头会难以定位）；

2）用小一号的钻头预打孔洞（钻速先慢后快）；

3）用合适的钻头沿预留孔冲打成形（一次到位则费力且易歪）；

4）选择塑料胀管与螺钉的规格：孔径应略大于胀管规格，木螺钉规格应略大于胀管外径的一半，或金属胀管与膨胀螺栓的规格，孔径和深度应等于金属胀管的外径和长度；

5）分别在以上电锤打好的孔洞中安装塑料胀管或金属胀管；

6）管体应与建面垂直，管尾与建面平齐。

小提示

打灰墙时加点水可防破坏周围墙面，打木板时加点油或蜡可防噪声；在脆性材料（如瓷砖）上冲钻孔时，冲击频率越高效果越好，最好用冲击钻且钻头宜小不宜大。

8. 锡焊方法

锡焊即烙铁钎焊。电烙铁由电热丝、烙铁头和手柄组成，其外形如图 1-37 所示。

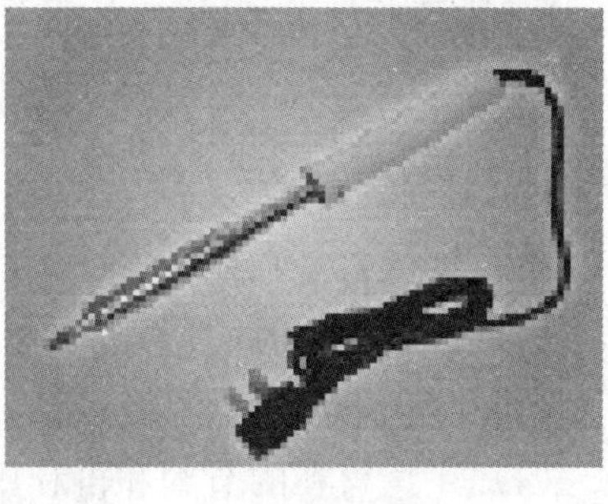

图 1-37 电烙铁的外形

电烙铁是烙铁钎焊的热源，通常以电热丝作为热元件，分有内热式和外热式。其常用的规格有 25、30、45、75、100W 和 300W 等多种，功率过大会烧坏元器件，过小则会影响焊接质量。

（1）焊接方法及步骤：烙铁加热；清除氧化层并涂上焊剂；搪锡；下焊；焊后检查（必要时应补焊）；（用酒精纱布）清除焊剂。注意：利用烙铁头上的搪锡面去接触焊接点，而不是在焊接点来回移动或用力挤压；若是多股金属丝的导线，打磨光后应先拧在一起，然后再镀锡。

小技巧

烙铁钎焊的技巧。

（1）判断烙铁温度是否适中的方法：以烙铁头触碰松香（去除氧化物的助焊剂），冒出柔顺的白烟而又不“吱吱”作响为宜。

（2）判断焊锡量是否适中的方法：以刚好将焊接点上元件引脚全部浸没的最小量为宜。

（3）撤去电烙铁的方法：电烙铁迅速回带的同时轻轻旋转一下，朝焊接点 45°方向迅速撤去。

（2）烙铁钎焊的质量要求及其检查方法。

1）质量要求：将焊接点焊透焊牢，以减小连接点的接触电阻；焊接点上的锡液必须充分渗透，锡结晶颗粒应细而光滑，不可有虚假焊和夹生焊。

2）焊接质量的检查方法：目视法和手触法。目视法主要是观察焊接点的外观质量和印制电路板的整体情况，看是否有漏焊、连焊、桥接、印制电路板脱落等，目视法便于发现夹生焊、焊锡太多/太少或有毛刺；手触法是指用手触摸元器件，对可疑焊接点可以用镊子轻拉引线，便于发现虚假焊。

（3）操作注意事项。

1）新烙铁在使用前应打磨干净镀铬层或氧化层，涂上少量焊剂、沾上一薄层锡。

2）烙铁焊头烧死（即不吃锡）时，可放在酒精中浸泡使氧化膜自然脱落或用细砂纸擦掉氧化膜，涂上少量焊剂、沾上一薄层锡。

3）烙铁在使用过程中暂不用时应置于金属支架上。

4）严禁甩动焊头，防止锡珠溅出。

5）焊接不同功率电器元件时应选用不同规格的电烙铁。

6）安全接地正确可靠，防止触电或感应电损坏元器件。

7）电烙铁用毕，待冷却之后方可收起，以免引起火灾。

小技巧

最好选用采用三芯橡皮线或三芯纤维编织花线的电烙铁。

操作要求及注意事项

（1）注意自身和他人安全，特别不要伤及眼睛。

（2）带电操作时应遵守安全操作规程，严防触电。

（3）防止损坏工器具及设备，用完后注意维护和保养。

（4）注意材料的节约和再利用。

（5）听从指挥，勤学苦练，加强配合，知错即改。

（6）操作中注意观察和思考，不用蛮力。

（7）操作前，规范着装；操作过程中，工作负责人负责监护；操作完毕，注意清理工作现场、物品还原并报完工。

操作收获、存在问题及改进措施

1. 操作收获

____

____

2. 存在的问题

____

____

3. 改进的措施

____

____

第二节　特殊操作方法与技巧

项目 3　压接圈和接线耳的制作与安装

操作任务

（1）压接圈的制作。
（2）利用压接圈，进行导线与设备桩座的连接。
（3）接线耳的制作。
（4）利用接线耳，进行导线与设备桩座的连接。

操作目的

（1）正确规范制作单股导线压接圈和多股导线压接圈。
（2）利用压接圈，正确规范地进行导线与设备桩座的连接。
（3）正确规范制作铝接线耳、铜铝接线耳和铜接线耳。
（4）利用接线耳，正确规范地进行导线与设备的连接。
（5）养成严谨负责的工作态度和团队合作精神。

工作环境

电能计量（包括装表接电）工作现场。

难度/复杂度等级

初等级别（初级）。

人员和物料

1. 人员配备及要求
（1）人员分工：工作负责人（兼安全监护人）1 名、操作人员 1 名。
（2）着装要求：按电能计量工作现场要求规范着装。
（3）素质要求：符合电能计量外勤工作人员素质要求。
2. 物料配备及要求（见表 1-3）

表 1-3　　物料配备及要求表

序号	物料类别	名称	型号、规格及要求	数量		备注
				单需量	本次总量	
1	个人工器具及仪表	安装接线常用工器具及仪表	标准配置	1 套		
2		尖嘴钳	300mm	1 把		

续表

序号	物料类别	名称	型号、规格及要求	数量		备注
				单需量	本次总量	
3	设备或者装置	操作演示台	1200mm×800mm×1000mm（$L\times W\times H$）实木台面（厚度100mm）	1台		
4		断路器	低压型	1个		
5		熔断器	低压 RTO200A 型	3个		
6		互感器	低压穿芯式	1个		
7	材料	单股铜芯绝缘导线	BV-4.0 铜芯塑料绝缘导线 3m	1根		
8		多股铜芯绝缘导线	BV-16 多股铜芯塑料绝缘导线 10m	1根		
9		多股铝芯绝缘导线	BLV-16 多股铝芯塑料绝缘导线 6m	1根		
10		螺栓	ϕ10mm 螺栓及其垫圈	1套		
11		接线耳	铜、铝、铜铝过渡型各2个	1组		
12		螺钉	各种规格（配套垫圈）	若干		
13		砂纸	细砂	1张		
14		绝缘胶带	红色	1卷		
15		钢丝刷	小号	1把		
16		其他	清洁剂、导电膏、防锈漆若干	1组		
17	安全专用品	线手套	干净、干燥	1双		
18	施工工具	压接钳	液压式	1把		

基本操作原理

1. 不允许铜线与铝线直接连接的原因

因为铜与铝的电化性质不同，将它们直接连接时，一旦遇到空气中的水分子就会形成电解液，产生电化效应。铝易于失去电子成为正极，铜难于失去电子而成为负极，于是在正负极间就产生一个小电动势，此电动势会激发小电流，腐蚀铝线，引起接触电阻增大。电流通过铜铝连接部位时，温度就会升高，从而加速铝线腐蚀。

2. 导线与设备的连接方法

（1）对于7股及以下的多股线、截面 $10mm^2$ 及以下的单芯线、截面 $4mm^2$ 及以下的绞线，应将线头弯成压接圈进行连接。

（2）对于7股以上的多股线、截面 $10mm^2$ 以上的单芯线或 $4mm^2$ 以上的多股绞线以及低压电缆头，应将线头与接线耳压接后进行连接。

3. 压接圈制作及其安装工艺要求

压接圈必须压在垫圈下边（即垫圈在上）；弯曲方向必须与螺钉的拧紧方向一致；绝

缘层不可压入垫圈内；螺钉应拧得足够紧（紧不而死）；安装前应清除垫圈和压接圈上的氧化层和油垢。

4. 接线耳制作及其安装工艺要求

同种金属导线与隔离开关、熔断器、断路器、配电变压器等设备接线桩座的连接以及不同金属导线与接线桩座的连接均采用接线耳。小载流量用开口接线耳，铜铝接线耳用于铜铝的过渡连接。各种接线耳的示意图如图 1-38 所示，常用接线耳的外观如图 1-39 所示。

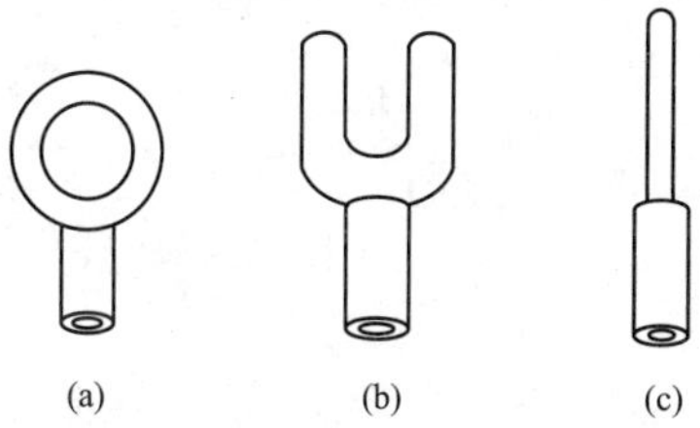

图 1-38　各种接线耳的示意图

（a）O形；（b）Y形；（c）针形

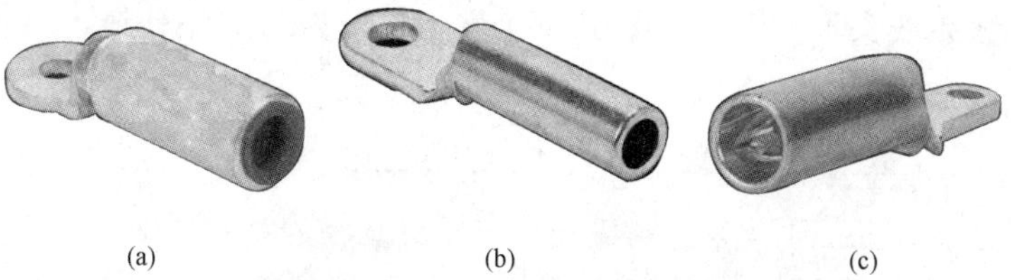

图 1-39　常用接线耳的外观

（a）铜铝过渡接线耳；（b）纯铝接线耳；（c）纯铜接线耳

在接线耳与设备连接时，使接线耳的背面向下，套在接线桩座的螺杆上，然后依次套上平垫圈和弹簧垫圈，并用螺母紧固；安装前应清除垫圈和接线耳上的氧化层和油垢。

操作方法及步骤

1. 作业准备

（1）规范着装。

（2）准备工器具和材料，并检查齐全完好。

2. 单股导线压接圈的制作

（1）将待接导线线头绝缘层剥除适当长度，并清除氧化层。

（2）在离绝缘层根部约 3mm 处用尖嘴钳向外折角。

（3）反手用尖嘴钳的齿口夹住线头弯成略大于螺钉直径的圆弧。

（4）顺手势扣成闭环。

（5）剪去线芯余端。

（6）将压接圈校正成圆圈。

单股导线压接圈的制作过程如图 1-40 所示，单股导线压接圈的实物如图 1-41 所示。

压接圈制作工艺扣分标准：压接圈明显不圆；压接圈内径不大于螺钉直径；开口大于 3mm；多余线头长于 3mm；压接圈离根部绝缘大于 3mm；伤线芯或伤绝缘；整体不美观。

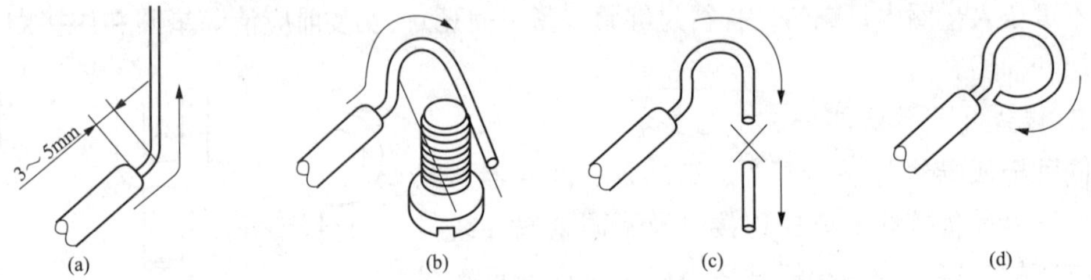

图 1-40　单股导线压接圈的制作过程

(a) 向外折角；(b) 弯成圆弧；(c) 剪去线芯余端；(d) 校正压接圈

压接圈制作工艺要求：压接圈内径不超出螺钉直径 3mm；开口不大于 3mm；多余线头不长于 3mm；颈部金属不长于 6mm；不伤线芯或绝缘。

图 1-41　单股导线压接圈实物

小技巧

剥线长度与螺钉直径的关系。剥线长度与螺钉直径的关系：螺钉直径 3mm，剥线长度 15mm；螺钉直径 4mm，剥线长度 18mm；螺钉直径 5mm，剥线长度 21mm；螺钉直径 6mm，剥线长度 24mm；螺钉直径 8mm，剥线长度 28mm。

3. 7 股导线压接圈的制作

（1）将待接导线线头绝缘层剥除 20cm 左右，并清除氧化层。

（2）将离绝缘层根部的 1/2 线芯用虎口钳的钳口重新（逆时针方向）绞紧线芯，拉直其余线芯。

（3）在绞紧线芯外 1/3 处折角，在稍远处弯成略大于螺钉直径的圆弧；捏平余下线端使两组线芯平行。

（4）将 7 股线芯按 2、2、3 股分成 3 组，沿绕紧的方向先将最外侧的 2 股折成垂直于线芯，然后按绕紧的方向紧贴并绕 2 圈，再扳至与线芯平行。

（5）按相同的方法紧绕第二组和第三组。

注意三点：在后一组线芯扳起时，应将扳起的线芯紧贴前一组线芯已弯成直角的根部；第三组线芯应紧绕 3 圈，绕到第 2 圈时应将前两组多余的线芯剪去，其切口应刚好被第 3 圈绕完后全部压没；当绕至两圈半时，将第三组多余的线芯剪去，使之正好绕满 3 圈并钳平切口毛刺。

（6）最后，可用尖嘴钳的钳头修正压接圈的大小和形状。

注意：不要将 3 线缠压、交叉，可以一根一根地操作。

7 股导线压接圈的制作过程如图 1-42 所示，7 股导线压接圈的实物如图 1-43 所示。

4. 接线耳的制作

接线耳制作时常用到液压钳，其外形如图 1-44 所示。液压钳主要由手柄、油泵芯子、进油阀、活塞、压模、回油弹簧、回油阀及回油螺钉组成，其结构如图 1-45 所示。液压钳的导线压模（分为上、下模块）全套一般有 10 副，如 10、25、35、50mm^2 等。

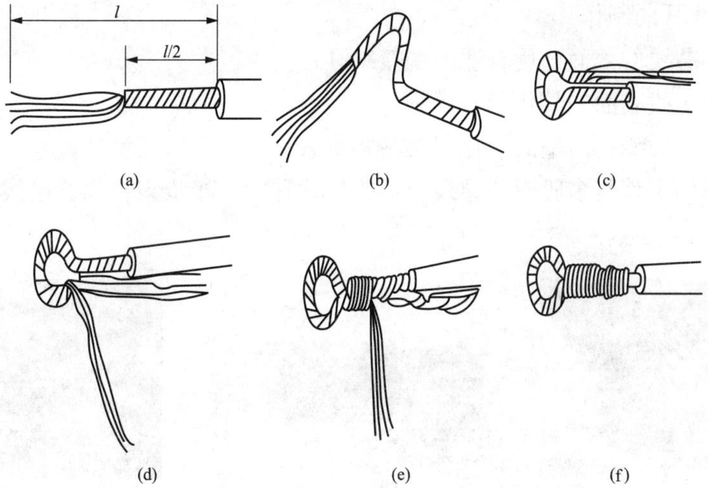

图 1-42　7 股导线压接圈的制作过程

(a) 绞紧部分线芯；(b) 线芯折角；(c) 捏平线芯；(d) 分股折成直角；(e) 绕第一股；(f) 线余下两股

图 1-43　7 股导线压接圈实物

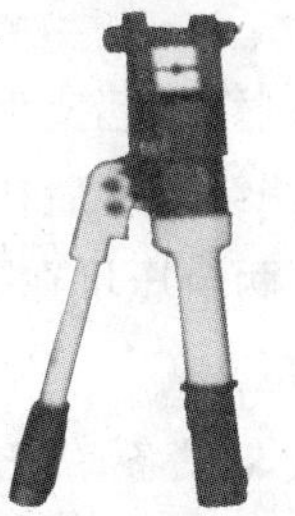

图 1-44　液压钳的外形

(1) 铝接线耳/铜铝接线耳的制作：

1) 根据铝芯线的截面选用合适的铝接线耳或铜铝过渡接线耳；

2) 刷去铝芯线表面的氧化层及污物，均匀地涂上凡士林锌膏；

3) 把接线耳插线孔内壁的氧化层及污物刷去，最好也在内壁涂上凡士林锌膏；

4) 把铝芯线插入接线耳的插线孔，要插到孔底；

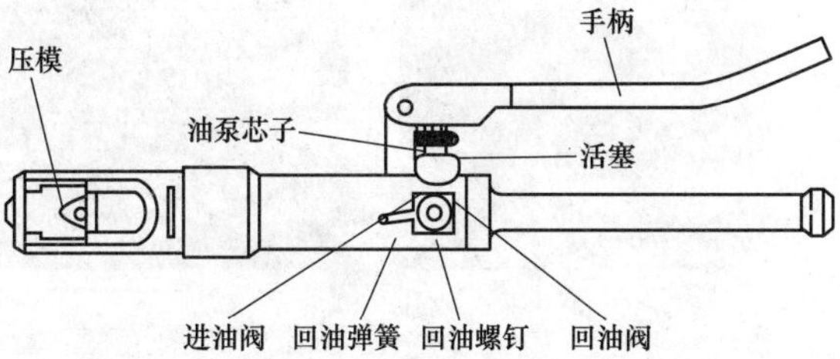

图 1-45　液压钳的结构

5) 选择与接线耳金属端子尺寸相匹配的压接模，在接线耳上压两个压坑；

6) 在接线耳根部和裸露的线芯之间包缠绝缘带（绝缘带要从导线绝缘层包起）；

7) 刷去接线耳背面的氧化层，并均匀地涂上凡士林锌膏；

8) 使接线耳的背面向下，套在接线桩头的螺钉上，然后依次套上平垫圈和弹簧垫圈，并用螺母紧固。

（2）铜接线耳的制作：

1）根据铜芯线的截面选用合适的铜接线耳；

2）刷去铜芯线表面的氧化层及污物；

3）把接线耳插线孔内壁的氧化层及污物刷去；

4）余下操作步骤与多股铝芯导线与铜铝接线耳的压接步骤相同。接线耳的制作方法如图 1-46 所示。

(a)　(b)　(c)

图 1-46　接线耳的制作方法

（a）插入线鼻子；（b）进行压接；（c）压接成型

（3）接线耳制作工艺要求：选择接线耳规格及材质合适；剥削线头长度与接线耳深度相配；先在近绝缘端、后在远绝缘端钳压两个压坑，两个压坑与两端相距至少 2mm 且间距至少 2mm，两个压坑在一条直线或垂线上；接线耳不能盖住绝缘部分；线芯不能外露；包缠绝缘规范。

5. 进行导线与设备的安装连接

（1）单股导线的压接圈与互感器接线桩座的连接方法如图 1-47 所示。

(a)　(b)

图 1-47　单股导线压接圈与互感器接线桩座的连接方法

（a）低压互感器；（b）高压互感器

（2）多股导线的压接圈与接线桩座的连接方法如图 1-48 所示。

（3）接线耳与接线桩座的连接方法如图 1-49 所示。

6. 恢复绝缘

按绝缘恢复工艺要求，用绝缘胶布包好导线裸露部分。

7. 操作结束

清理工作现场；物品还原；报完工后撤离工作现场。

图 1-48　多股导线压接圈与接线桩座的连接方法

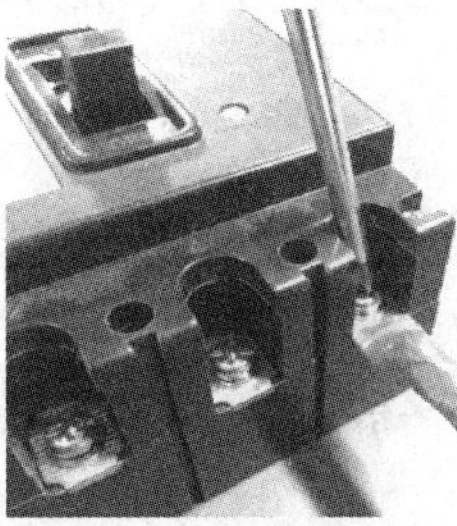

图 1-49　接线耳与接线桩座的连接方法

操作安全要求及工艺要求

1. 操作安全要求

（1）着装规范。

（2）操作时应注意工器具的正确选择和使用，不损坏工器具。

（3）注意电工刀的正确使用，防止伤人或自伤。

（4）电工刀使用完毕，随时关闭刀口，严禁传递未将刀口折进刀柄的电工刀。

（5）操作过程中防止因导线控制不当造成人身伤害。

（6）操作工位间应保持足够的安全距离。

2. 操作工艺要求

（1）电工刀按其工艺要求操作。

（2）线芯缠绕紧密，接触良好。

（3）不得将线芯缠绕到导线的绝缘层上。

（4）压接完好后，进行绝缘层的恢复。

（5）操作结束后，清理工作现场。

操作收获、存在问题及改进措施

1. 操作收获

2. 存在的问题

3. 改进的措施

项目4　支线的"T"接法

操作任务

(1) 进行"干单股-支1股"导线的支线"T"接。
(2) 进行"干多股-支1股"导线的支线"T"接。
(3) 进行"干多股-支7股"导线的支线"T"接。

操作目的

(1) 掌握"干单股-支1股"导线的支线"T"接法。
(2) 掌握"干多股-支1股"导线的支线"T"接法。
(3) 熟悉"干多股-支7股"导线的支线"T"接法。
(4) 养成严谨负责的工作态度和团队合作精神。

工作环境

电能计量（包括装表接电）工作现场。

难度/复杂度等级

初等级别（初级）。

人员和物料

1. 人员配备及要求
(1) 人员分工：工作负责人（兼安全监护人）1名、操作人员1名。
(2) 着装要求：按电能计量工作现场要求规范着装。
(3) 素质要求：符合电能计量外勤工作人员素质要求。
2. 物料配备及要求（见表1-4）

表1-4　　物料配备及要求表

序号	物料类别	名称	型号、规格及要求	数量		备注
				单需量	总需量	
1	个人工器具及仪表	安装接线常用工器具及仪表	标准配置	1套		
2		尖嘴钳	300mm	1把		

续表

序号	物料类别	名称	型号、规格及要求	数量		备注
				单需量	总需量	
3	材料	多股铜芯绝缘导线	$16mm^2$、4m	1根		
4		单股铝芯绝缘导线1	$6.0mm^2$、2m	1根		
5		单股铝芯绝缘导线2	$1.5mm^2$、1m	1根		
6		单股铝芯绝缘导线3	$2.5mm^2$、1m	1根		
7		单股铜芯绝缘导线	$2.5mm^2$、1m	1根		
8		多股铝芯绝缘导线	$16mm^2$、5m	1根		
9		砂纸	细砂	1张		
10		绝缘胶带	低压型	2卷		
11	安全专用品	线手套	干净、干燥	1双		

基本操作原理

（1）支线与干线的连接，利用导线的支线“T”接法。

（2）零线“T”接法及其意义：

1）三相四线电能表零线“T”接法：零线不剪断，只在零线上用不小于 $2.5mm^2$ 的铜芯绝缘导线“T”接到三相四线电能表的零线端子上，以供电能表电压元件回路使用，这种接线方法称为零线的“T”接法。

2）若电源进线的零线剪断后接入电能表端子，当零线接触不良或断线时会造成有的相电压升高，有的相电压降低，严重影响用户设备的正常工作，甚至引起事故。很多三相四线电能表接线图上没有标明，很多装表人员在装接零线时没有采取“T”接法，这一点一定要注意。

操作方法及步骤

1. 作业准备

（1）规范着装。

（2）准备工器具和材料。

（3）将待接的2根导线线头绝缘层剥除适当长度，并清除氧化层。

2.“干单股-支1股”的铝导线（支线截面不足 $4.0mm^2$）“T”接

将干线分支点绝缘层剥去1～3cm；支线端部剥去3～6cm，使支线线芯根部留出3～6mm；将支线线头与干线线芯十字相交，环绕自锁成结状（即逆时针在干线上缠绕一圈后收紧，线头在干线上回头，继续绕干线顺时针方向缠绕），再将支线线头抽紧扳直，紧密绕至线芯直径的8～10倍长。剪去多余的线端，并钳平切口毛刺。“干单股-支1股”导线的自锁“T”接法如图1-50（a）所示。

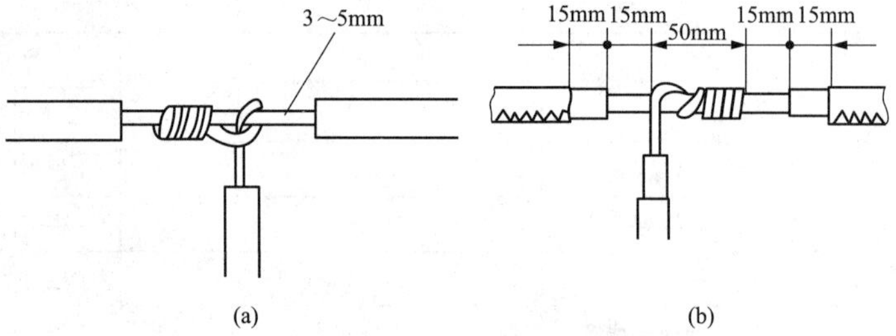

图 1-50 “干单股-支 1 股”导线的支线“T”接法

（a）自锁法；（b）并绕法

3.“干单股-支 1 股”的铝导线（支线截面达到 4.0mm²）“T”接

将支线线头与干线线芯十字相交（将干线分支点绝缘层剥去 1～2cm、支线端部剥去 3～5cm，使支线线芯根部留出 3～5mm），直接紧密绕至线芯直径的 8～10 倍长。将多余的线端剪去，并钳平切口毛刺，且搪锡加固减阻。“干单股-支 1 股”导线的并绕“T”接法如图 1-50（b）所示。

4.“干多股-支 1 股”的铜导线“T”接

在 1 股支线与多股干线“T”接时，应将单股导线离左端 3～5mm 处的芯线上，从多股导线中间穿过，接着将多股芯线的插缝钳平夹紧，将支线线头与干线线芯十字相交（使支线线芯根部留出 3～5mm），直接紧密绕至线芯直径的 8～10 倍长。将多余的线端剪去，并钳平切口毛刺。

“干单股/多股-支 1 股”导线的支线“T”接质量标准：至少 6 整圈；线圈平行密绕；不能滑动；钳平切口毛刺。

“干单股/多股-支 1 股”导线的支线“T”接过程如图 1-51 所示。

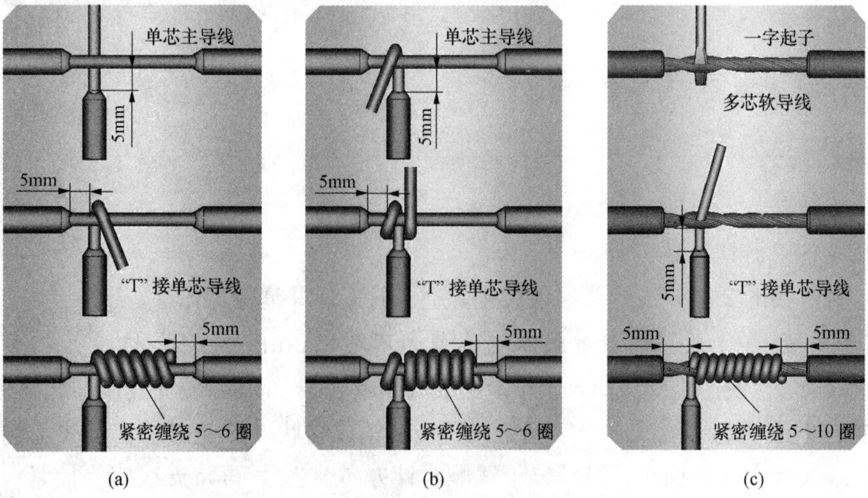

图 1-51 “干单股/多股-支 1 股”导线的支线“T”接过程

（a）方式一；（b）方式二；（c）方式三

5.“干多股-支 7 股”的铝导线“T”接

“干多股-支 7 股”导线的支线“T”接方法如图 1-52 所示。

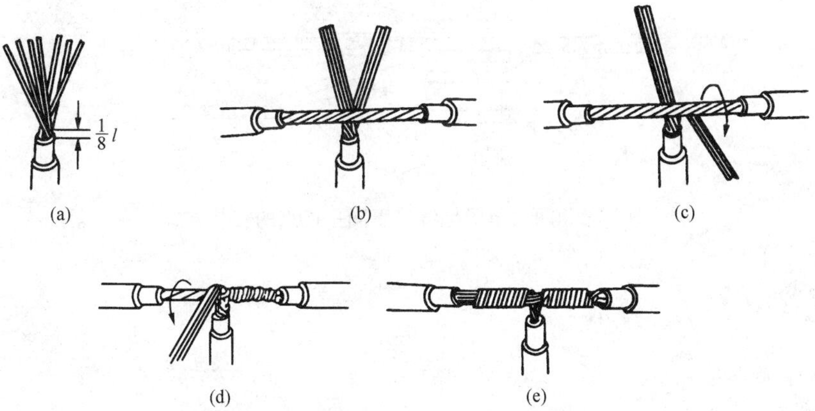

图 1-52　“干多股-支 7 股”导线的支线“T”接法

（a）支线分组；（b）干线分组；（c）顺时针绕线；（d）逆时针绕线；

（e）余端及毛刺处理

（1）将干线绝缘剥除 15cm 左右，将支线线头绝缘剥除 20cm 左右；

（2）将分支线芯头的 1/8 处根部进一步绞紧，再将 7/8 处部分的 7 股线芯按 3、4 股分成两组并分别拉直；

（3）将干线用螺钉旋具撬分两组，把 4 股支线的一组插入干线的两组线芯中间；

（4）将 3 股支线的一组按顺时针方向紧贴干线并绕至少 4 圈，剪去余端并钳平切口毛刺；

（5）将 4 股支线的一组紧贴另一边干线按逆时针方向并绕至少 5 圈，剪去余端并钳平切口毛刺。

对于 7 股以上导线，可以剪去中间股线，然后按以上支线“T”接法进行。

6. 接线检查

进行接线的外观和工艺检查，确认是否符合接线工艺要求、是否达到接线质量标准。

图 1-53　支线“T”接法的绝缘恢复效果图

7. 绝缘恢复

按照相关质量标准进行绝缘恢复，恢复效果图如图 1-53 所示。

8. 操作结束

清理工作现场；物品还原；报完工后撤离工作现场。

小提示

两根单股导线接于同一接点的安装方式（见图 1-54）。

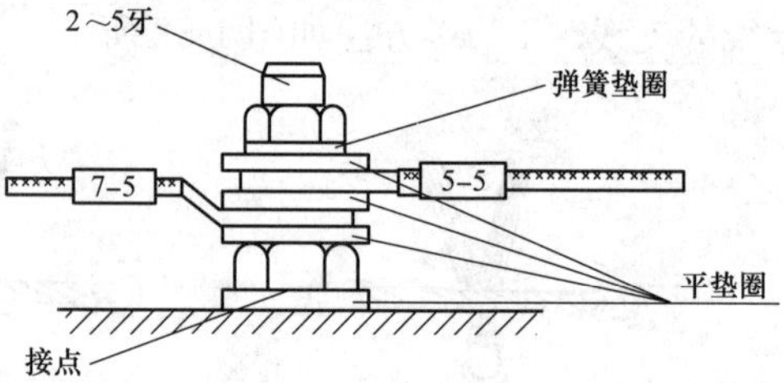

图 1-54　两根单股导线接于同一接点的安装方式

操作安全要求及工艺要求

1. 操作安全要求

(1) 着装规范。

(2) 注意电工刀的正确使用，防止伤人或自伤。

(3) 操作过程中防止因导线控制不当造成人身伤害。

2. 操作工艺要求

(1) 电工刀按其工艺要求操作。

(2) 线芯缠绕紧密，接触良好。

(3) 不得将线芯缠绕到导线的绝缘层上。

(4) 压接完好后，进行绝缘层的恢复。

(5) 操作结束后，清理工作现场。

操作收获、存在问题及改进措施

1. 操作收获

____

____

2. 存在的问题

____

____

3. 改进的措施

____

____

项目5　导线与平尾螺钉桩座的连接

操作任务

（1）利用单股导线进行线头与平尾螺钉桩座的连接。
（2）利用多股导线进行线头与平尾螺钉桩座的连接。

操作目的

（1）掌握单股导线与平尾螺钉桩座连接时的制作工艺。
（2）掌握多股导线与平尾螺钉桩座连接时的制作工艺。
（3）掌握接线桩座中双螺钉的安装工艺。
（4）养成严谨负责的工作态度和团队合作精神。

工作环境

电能表、试验接线盒等设备的安装接线工作现场。

难度/复杂度等级

初等级别（初级）。

人员和物料

1. 人员配备及要求
（1）人员分工：工作负责人（兼安全监护人）1名、操作人员1名。
（2）着装要求：按电能计量工作现场要求规范着装。
（3）素质要求：符合电能计量外勤工作人员素质要求。
2. 物料配备及要求（见表1-5）

表1-5　物料配备及要求表

序号	物料类别	名称	型号、规格及要求	数量		备注
				单需量	本次总量	
1	个人工器具及仪表	安装接线常用工器具及仪表	标准配置	1套		
2	设备或者装置	操作演示台	1200mm×800mm×1000mm（$L\times W\times H$）实木台面（厚度100mm）	1台		
3		平尾螺钉桩座	配套的	1个		
4		尖尾螺钉桩座	对比用的	1个		

续表

序号	物料类别	名称	型号、规格及要求	数量		备注
				单需量	本次总量	
5	材料	多股铜芯绝缘导线	BV-16、3m	1 根		
6		单股铜芯绝缘导线	BV-6.0、1m	1 根		
7		砂纸	细砂	1 张		

基本操作原理

在各种电气设备、电气装置和电器用具上均设有供连接导线用的接线桩座。常用的接线桩座有尖尾螺钉桩座和平尾螺钉桩座，而接线耳是一种将线鼻子与线头利用压接钳压接后再接入接线桩座的接线端子。

1. 基本工艺要求

（1）单股导线的线头与接线桩座的连接处应有足够的机械强度和较小的电阻。

（2）多股线芯的线头，先进一步绞紧或压接端子后再与接线桩座连接。

（3）小截面铝芯线与桩座连接时，必须留有能供再剥削 2～3 次线头的余量。

（4）铝芯线与铝接线桩座连接时，小截面铝芯线与铝接线端子连接前应涂上凡士林锌膏并清除氧化层，大截面铝芯线与铜接线桩座连接时，应采用铜铝接线耳。

（5）导线应插入接线桩座孔底，导线绝缘层与桩座之间应保持适当距离（1～3mm）。

（6）不允许出现多股线芯松散、断股或外露现象。

2. 线头与平尾螺钉桩座的连接方法

平尾螺钉桩座依靠置于孔顶的压紧螺钉压住线头完成连接。电流容量较小的一般只用 1 个压紧螺钉；电流容量较大、机械强度要求高或接触电阻要求小的通常用 2 个压紧螺钉，2 个螺钉必须同时压紧线头，压紧程度相等。

3. 接线桩座中双螺钉的安装工艺

应先拧里面螺钉，再拧外面螺钉，以确保连接可靠；螺钉压痕深度不得达到导线直径的 1/3，因为外面的螺钉比里面的螺钉容易腐蚀，所以应做到：里面的螺钉紧而不死，外面的螺钉固而不动。

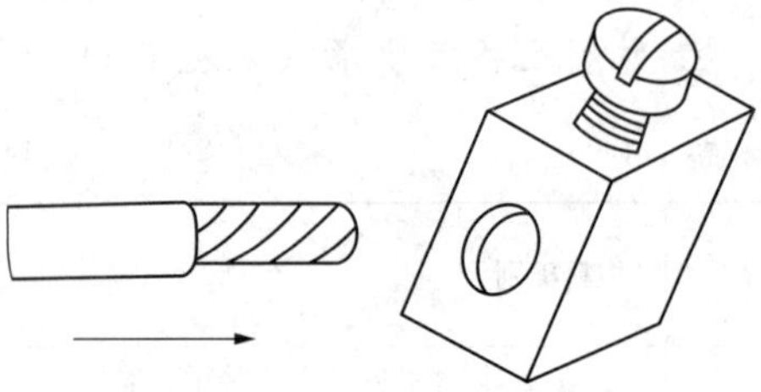

图 1-55　导线与平尾螺钉桩座的连接方法

导线与平尾螺钉桩座的连接方法如图 1-55 所示。导线与电能表端子盒的连接方法如图 1-56 所示。导线与试验接线端子盒的连接方法如图 1-57 所示。

小技巧

减小接触电阻的措施。（用零号砂纸）打磨接头，清除氧化层；（用棉纱蘸无水酒精）擦洗接触面；搪锡加固减阻；涂上电力复合脂（即导电膏）。

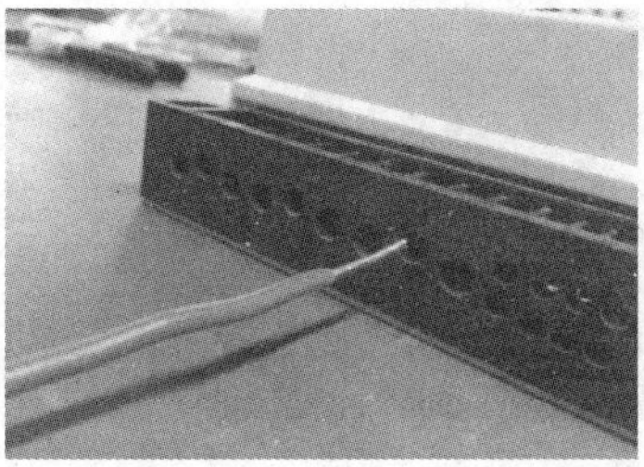

(a)

(b)

图 1-56　导线与电能表端子盒的连接方法

（a）步骤一；（b）步骤二

图 1-57　导线与试验接线端子盒的连接方法

操作方法及步骤

1. 作业准备

（1）规范着装。

（2）准备工器具和材料。

（3）准备平尾接线桩座设备。

2. 单股线头的连接方法

（1）线径与孔径大小相配时，将线头的线芯折成双股并列后插入孔内，使螺钉顶在双股线芯的正中间。

（2）线芯直径较大时，应在单股线芯插入孔前将线头略折一下，折转的线头翘向孔上部。

3. 多股线头的连接方法

连接前，必须将多股线芯按原拧绞方向用虎口钳进一步绞缠紧密，要保证多股线芯受压紧螺钉顶压而不松散。为了防止多股线头脱出，可将线芯端头分三级处理。

（1）线径与孔径大小相配时，将线头绞紧后装入孔中即可。

（2）孔径过大时，应选一根直径合适的单股线头在绞紧后的线头上紧绕一层，然后装入孔中。

（3）孔径过小时，应将多股线芯处于中心部位的线芯剪去若干股，绞紧后装入孔中。

小技巧

多股导线线头防脱的三级处理法。以 7 股导线为例，将 2 股剪得最短、4 股稍长（长出单股直径的 4 倍）、1 股最长（长出应能在 4 股稍长线芯上紧绕 2 圈的用量）；绞紧线芯后将最长线芯紧绕在线头上（见图 1-58）。

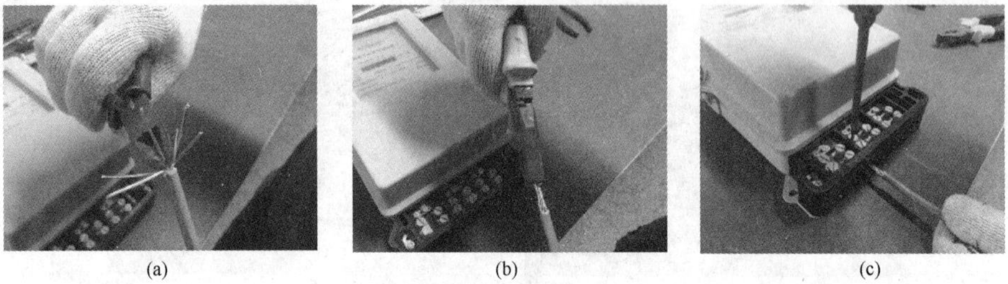

图 1-58　多股导线线头防脱的三级处理法示意图
(a) 断股；(b) 绞紧；(c) 插入

4. 安装接线

(1) 将线头与平尾接线桩座安装连好。

(2) 检查安装接线质量是否合格。

5. 操作结束

清理工作现场；物品还原；报完工后撤离工作现场。

操作安全要求及技术要求

1. 操作的安全要求

(1) 着装规范，工作服、安全帽、手套整洁完好。

(2) 操作时应注意工器具的正确选择和使用，不损坏工器具。

(3) 注意电工刀的使用，防止伤人或伤及导线线芯和绝缘。

2. 操作的技术要求

(1) 电工刀的刀口朝外剥削以免伤手，刀面与导线呈较小的锐角以免割伤线芯。

(2) 电工刀使用完毕，随时关闭刀口，严禁传递未将刀口折进刀柄的电工刀。

(3) 绞紧线芯应使用虎口钳。

(4) 线芯缠绕紧密，接触良好。

(5) 不得将线芯缠绕到导线的绝缘层上。

(6) 操作结束后，清理工作现场，无不安全现象发生。

操作收获、存在问题及改进措施

1. 操作收获

2. 存在的问题

3. 改进的措施

第三节　电能计量装置的选择与使用

项目 6　钳形电流表和针式电压表的选择与使用

操作任务

（1）钳形电流表的选择与检查。

（2）使用钳形电流表测量绝缘导线电流。

（3）针式电压表的选择与检查。

（4）使用针式电压表测量绝缘导线电压。

操作目的

（1）正确选择与检查钳形电流表和针式电压表。

（2）能够使用钳形电流表正确测量直接接入式电能表相线（俗称火线，以下均按此表达）和零线电流。

（3）能够使用针式电压表正确测量相电压和线电压。

（4）数据记录完整正确。

（5）养成严谨负责的工作态度和团队合作精神。

工作环境

电能计量及反窃电工作现场常用钳形电流表和针式电压表。

难度/复杂度等级

初等级别（初级）。

人员和物料

1. 人员配备及要求

（1）人员分工：工作负责人（兼安全监护人）1 名、操作人员 1 名。

（2）着装要求：按电能计量工作现场要求规范着装。

（3）素质要求：符合电能计量外勤工作人员素质要求。

2. 物料配备及要求（见表 1-6）

表 1-6　物料配备及要求表

序号	物料类别	名称	型号、规格及要求	数量		备注
				单需量	总需量	
1	个人工器具及仪表	安装接线常用工器具及仪表	标准配置	1 套		
2	设备或者装置	电能表	正在通电运行的低压电能表	1 只		
3		钳形电流表	数字式钳形电流表、模拟式低压钳形电流表各 1 块	1 组		
4		针式电压表	数字式低压针式电压表	1 只		

续表

序号	物料类别	名称	型号、规格及要求	数量		备注
				单需量	总需量	
5	材料	纱布	干净、干燥	1块		
6		汽油	4mL	1份		
7	安全专用品	第二种工作票	A4	1张		
8		线手套	干净、干燥	1双		
9		绝缘台垫	1200mm×1000mm×20mm（$L\times W\times H$）	1块		
10	其他	测试记录表	A4	1张		
11		文具	常用文具	1套		

基本操作原理

1. 常用钳形电流表

钳形电流表能实现在电路不开路的情况下测量其电流的大小。常用钳形电流表的外形如图1-59所示。

钳形电流表由单匝贯穿式电流互感器（TA）和整流系（即带整流器的磁电系）电流表组成，其操作使用方法如图1-60所示。

(a) (b)

图1-59　常用钳形电流表的外形

（a）机械式；（b）数字式

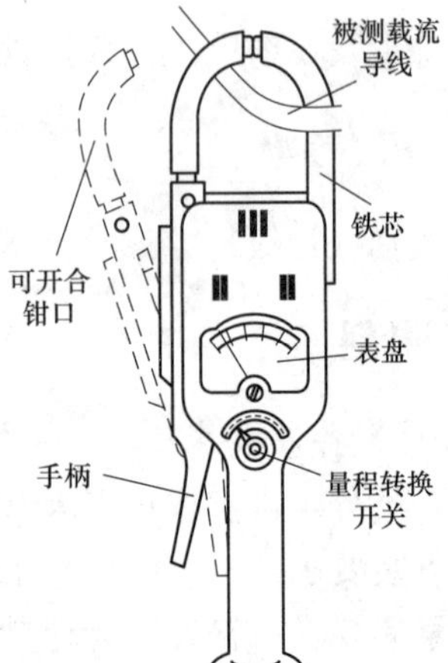

图1-60　钳形电流表的操作使用方法

小提示

高压钳形电流表能带电直接测量3kV或10kV高压线电流、高压电流互感器变比；可无线传输高压侧电流，绝缘安全可靠。

2. 针式电压表

在电能计量装置的误接线及故障的带电检查、电能表的现场实负荷检验、现场反窃电等工作中，经常要测量电能计量装置的电压，此时必须打开计量装置及计量设备的封印和表盖及防护装置，这些无疑大大增加了现场工作的烦琐性和困难，更为重要的是：在现场反窃电取证时难以区别问题责任，导致窃电证据无法让法庭采信，违法犯罪行为得不到惩处。

由本书作者发明的针式电压表，其关键部件是电压测量微针装置，其最大优点是能够在绝缘导体上测量电压。电压测量微针装置的内部结构示意图如图 1-61 所示。

针式电压表的工作原理是：推送装置套设在防护筒膛内部；推送装置和微型探针固定连接，微型探针随着推送装置在防护筒膛内部做前后活塞式运动（微型探针是采用高强度铜合金或纳米材料制成，直径为 100nm 左右）；测试导线的一端通过针座与微型探针连接，另一端与电压测量计连成一体，实现电压信号的采集与测量。

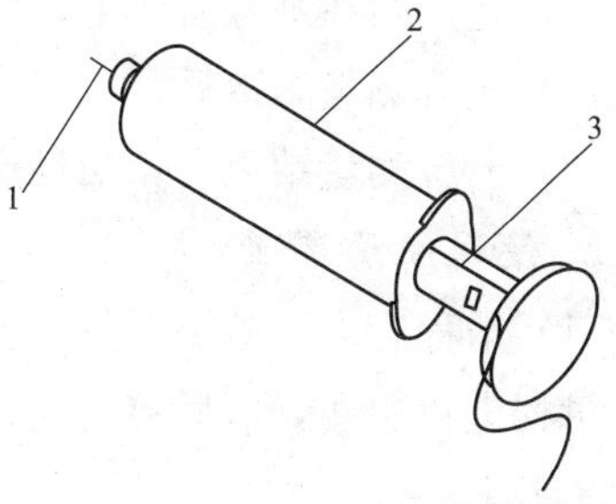

图 1-61　电压测量微针装置内部结构示意图

1—微型探针；2—防护筒膛；3—推送装置

操作方法及步骤

1. 履行开工手续（清楚危险点和防范措施）

2. 钳形电流表的选择与使用

（1）选择并检查钳形电流表：外观完好无损；绝缘良好；合格证有效；量程合适。

（2）将转换开关置于交流电流的最大量程，然后根据测量情况逐渐降低直到量程合适。

（3）测量时按动手柄使钳口张开，将被测导线钳入并置于钳口中心，闭合压紧钳口。

（4）仪表指示或显示的数值稳定后读取数据并记录。

3. 针式电压表的选择与使用

（1）选择并检查针式电压表：外观完好无损；绝缘良好；合格证有效。

（2）打开针头防护盖；慢慢推动推送杆使测试探针插入被测导线内部；当带电指示灯亮起且电压显示值稳定后停止推动。

（3）等待测试探针自动回缩到防护筒膛，或将测试探针缓慢用力拔出被测绝缘导体后，盖上防护盖。

（4）记录测量电压值。

4. 操作结束

清理工作现场；物品还原；报完工后撤离工作现场。

操作安全要求及使用注意事项

1. 操作的安全要求

（1）遵守电力安全工作规程。

（2）测量时应注意电压等级，本次只对低压带电设备进行测量。

（3）正确选择和使用仪表，严防触电及损坏仪表。

（4）使用前应检查外观、绝缘是否良好。

（5）严禁测量裸导线的电流和电压，严防相间短路。

（6）测量时，测量人员（头部）要与带电体保持安全距离。

（7）注意站在绝缘台垫上，以防触电。

（8）电流测量结束后，应将表计量程开关扳到最大量程位置，以便下次安全使用。

（9）电压测量结束后，当推送杆退回到尽头后，应立即将防护盖盖好旋紧。

2. 使用注意事项

（1）量程应大于被测量且小于 1.5 倍被测量，被测电流大小难以估计时，首先利用最大量程进行粗测，然后再根据粗测值将量程开关放在合适的量程上。

小技巧

估测时，如果发现指针迅速向最大值方向偏转，说明电流很大，已超过钳形电流表的最大量程。为避免损坏钳形电流表，应立即张开活动铁芯，将待测载流导线移出铁芯卡口。

（2）转换量程时要将被测导线移出铁芯，以免在开关转换时因电流互感器二次绕组开路而产生高压。

（3）测量时铁芯钳口要紧密闭合、接触良好，如有振动声应将钳口重新开合一次。

（4）测量时应一相一相地测量，同时被测导线尽量置于孔中心以减少测量误差。

（5）若被测电流值较小，可将载流导线在钳口绕几匝，然后将读数除以所绕匝数。

（6）测量时，应在绝缘导线上测量（如果在裸导线上测量，要戴绝缘手套，事先应在其他两相上加装遮护，防止钳口造成两相短路）。

（7）使用钳形电流表测量电流时，钳形电流表特别是钳口应尽量远离其他大电流线。

小技巧

为消除钳形电流表铁芯中剩磁对测量结果的影响，在测量较大电流之后应将钳口开合数次。

（8）若需测量低压母线等裸露导体的电流时，测量前应将临近各相用绝缘物隔开，以防钳口张开触及临近导体，引起相间短路。

操作收获、存在问题及改进措施

1. 操作收获

____

____

2. 存在的问题

____

3. 改进的措施

附　录

测试记录表一份（见表 1-7）。

表 1-7　　测试记录表

电能表铭牌信息						
名称			型号		规格	
钳形电流表型号和规格						
钳形电流表的种类		额定电压		量程		
相线与零线电流的大小						
测量对象	U 相	V 相	W 相	零线		
测量结果						
针式电压表型号和额定电压						
针式电压表的种类			额定电压			
			额定电压			
相线压与线电压的高低						
U_{un}:	U_{vn}:	U_{wn}:	U_{uv}:	U_{vw}:	U_{wu}:	
测试员（签名）			测试日期	年　月　日		

项目 7 相位表和相序表的选择与使用

操作任务

（1）利用相位（伏安）表，测量电压、电流的大小以及两个电参数之间的相位差。

（2）利用相序表，测定三相电压相序的正与逆。

操作目的

（1）掌握双钳数字相位表的使用方法，包括正确接线、挡位正确、量程合适、读数正确。

（2）掌握数字式相序表的使用方法，包括正确接线、正确判断测试结果。

（3）测试结果记录完整正确。

（4）养成严谨负责的工作态度和团队合作精神。

工作环境

电能计量及反窃电现场常用相位表及相序表。

难度/复杂度等级

中等级别（中级）。

人员和物料

1. 人员配备及要求

（1）人员分工：工作负责人（兼安全监护人）1 名、操作人员 1 名。

（2）着装要求：按电能计量工作现场要求规范着装。

（3）素质要求：符合电能计量外勤工作人员素质要求。

2. 物料配备及要求（见表 1-8）

表 1-8 物料配备及要求表

序号	物料类别	名称	型号、规格及要求	数量		备注
				单需量	总需量	
1	个人工器具及仪表	不停电检查常用工器具及仪表	标准配置	1 套		
2	设备或者装置	电能计量模拟接线装置	能模拟正在通电运行的真实电能计量装置	1 台		
3		相位表	ML12A 数字式多功能双钳相位表	1 只		
4		相序表	数字式相序表（50～500V）	1 只		

续表

序号	物料类别	名称	型号、规格及要求	数量		备注
				单需量	总需量	
5	安全专用品	第二种工作票	A4	1 张		
6		绝缘台垫	1000mm×1200mm×20mm	1 块		
7		线手套	干净、干燥	1 双		
8		护目镜	全防护型	1 副		
9		试电笔	低压	1 支		
10	其他	测试记录表	A4	1 张		
11		文具	常用文具	1 套		

基本操作原理

1. 数字式双钳相位表

数字式双钳相位表的实物图和面板结构如图 1-62 所示。

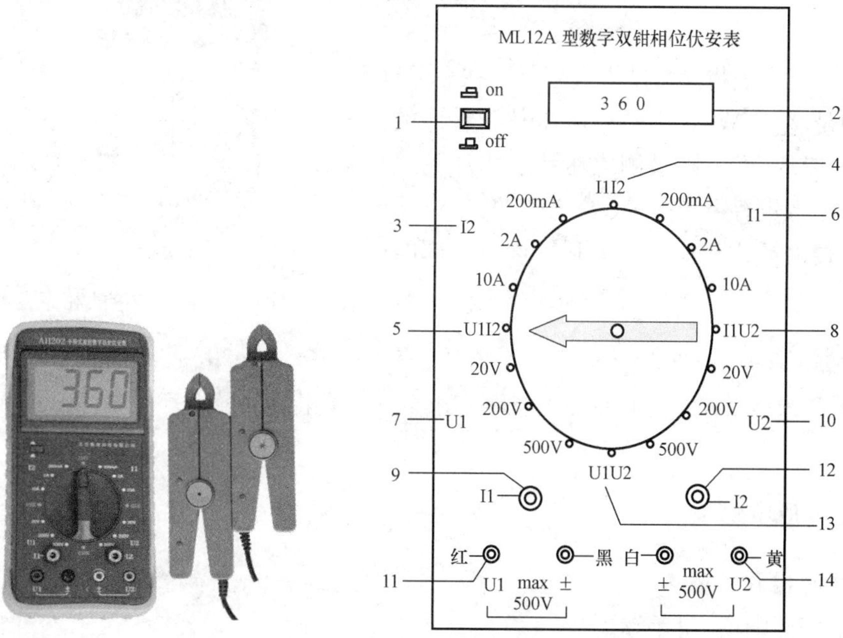

(a)　　(b)

图 1-62　数字式双钳相位表实物图和面板结构

（a）实物图；（b）面板结构

1—电源开关；2—显示屏；3—第二路电流量程挡；4—两路电流相位测量挡；5—电压与电流相位测量挡；6—第一路电流量程挡；7—第一路电压量程挡；8—电流与电压相位测量挡；9—第一路电流插孔；10—第二路电压量程挡；11—第一路电压插孔（红正、黑负）；12—第二路电流插孔；13—两路电压相位测量挡；14—第二路电压插孔（黄正、白负）

相位表是专为现场测量两个不同电参数之间的相位差而设计的一种便携手持式、双通道输入测量仪器。由于相位测量必须基于相对独立的两个测量回路，所以相位表一般制成双测量回路形式，有 2 把电流钳和 2 对电压测试线，因此通常一个相位表相当于内部带有 2 个电压表、2 个电流表和 4 个相位表。

目前相位表均做成多功能的，其主要用途有：

（1）直接测量任意两电压间、两电流间、电压电流间的相位差；

（2）在被测电路不开路的情况下，直接测量 0～500V 交流电压和 0～10A 交流电流；

（3）进行三相交流电压相序的判别；

（4）进行电路感性、容性的判别；

（5）间接测量电路的功率因数和功率。

另外，还有一种三相相位表。三相相位表可在不断开测电路的情况下同时测量三路交流电压、三路交流电流及其各电参量间的相位差，并以相量图或表格显示。

2. 数字式相序表

数字式相序表是用来判别三相交流电的正逆相序的一种电工仪表。常用数字式相序表的外形如图 1-63 所示。

数字式相序表将测量结果直接显示在显示屏上：若显示的是“UVW”，则被测电压是正相序的；若显示的是“UWV”，则被测电压是逆相序的。有的数字式相序表带有声光提示，非常直观。

还一种机械式相序表，它利用该表内部的旋转器显示测试相序。

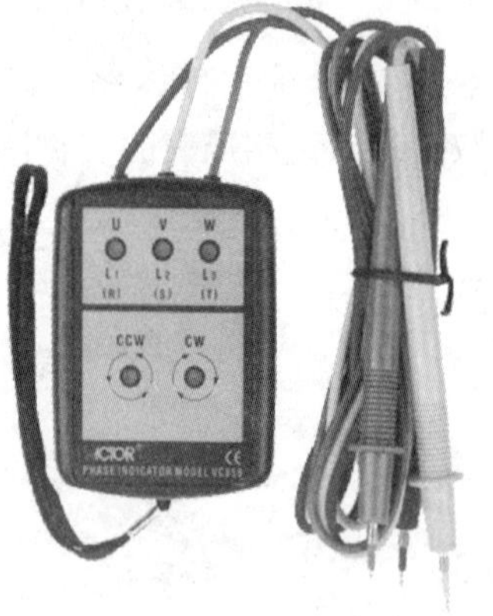

图 1-63　常用数字式相序表的外形

小技巧

如果测试接线良好，但相序表指示灯未全亮或旋转器不转，那么其中一相断相。

操作方法及步骤

1. 总的操作步骤

（1）履行工作许可手续。

（2）操作前检查测试仪表：相位表有 2 把电流钳及其配套电流测试线、2 对电压测试线，相序表有 3 根电压测试线，仪表应在有效使用期内，外观完好无破损，相位表内工作电池电压正常。

（3）明确被测对象，选择相应的测量仪表并做好相应的安全措施。

（4）接触模拟台前要利用“三步式验电法”进行验电，检查模拟台的接地是否良好。

（5）正确接线。

（6）正确选择测量挡位和量程。

（7）对被测量对象进行正确测量。

（8）测量完毕，记录测量数据，关闭测试仪表电源开关。

（9）清理工作现场；物品还原；报完工后撤离工作现场。

2. 利用相位表进行电压的测量

在测量电压时，将旋转开关旋至参数 U_1 对应的电压挡位，同时选择合适的量程。将被测电压从 U_1 侧的两个插孔通过两个对应的测棒输入即可进行测量；若将旋转开关旋至参数 U_2 对应的电压量程，将被测电压从 U_2 侧的两个插孔通过两个对应的测棒输入即可进行测量。利用相位表测量电压的外观及测试接线如图 1-64 所示。

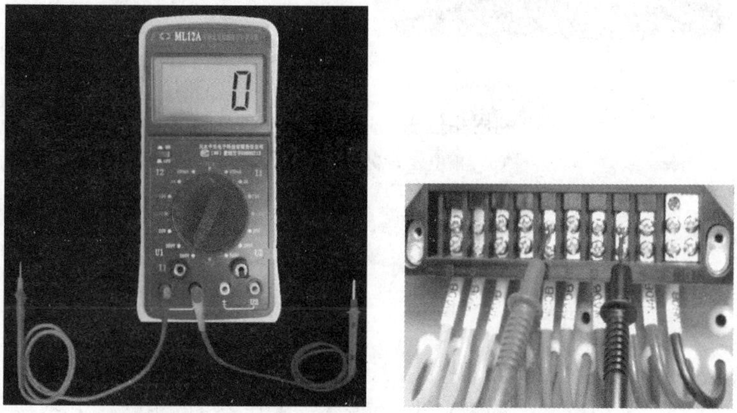

(a)　(b)

图 1-64　利用相位表测量电压的外观及测试接线

（a）相位表外观；（b）测试接线

注意：电压输入插孔（插入红测棒）旁边有“高”“H”或“+”标志的为电压参考方向的高端；电压输入插孔（插入黑测棒）旁边有“低”“L”或“−”标志的为电压参考方向的低端。电压测试接线柱的电压参考方向如图 1-65 所示。

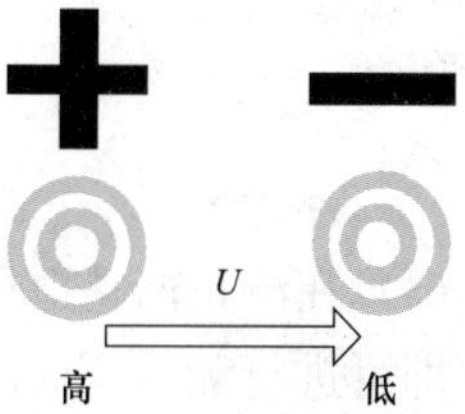

图 1-65　电压测试接线柱的电压参考方向

3. 利用相位表进行电流的测量

在测量电流时，将旋转开关旋至参数 I_1 对应的电流挡位，同时选择合适的量程。将被测电流从 I_1 插孔输入即可进行测量；若将旋转开关旋至参数 I_2 对应的电流量程，将被测电流从 I_2 插孔输入也可进行测量。利用相位表测量电流的外观及测试接线如图 1-66 所示。

注意：钳形电流互感器测试钳带“•”标志的为电流参考方向的流入端，带“×”标志的为电流参考方向的流出端。电流测试钳的电流参考方向如图 1-67 所示。

4. 利用相位表进行相位差的测量

测量相位差时，一定要注意电流和电压的参考方向。

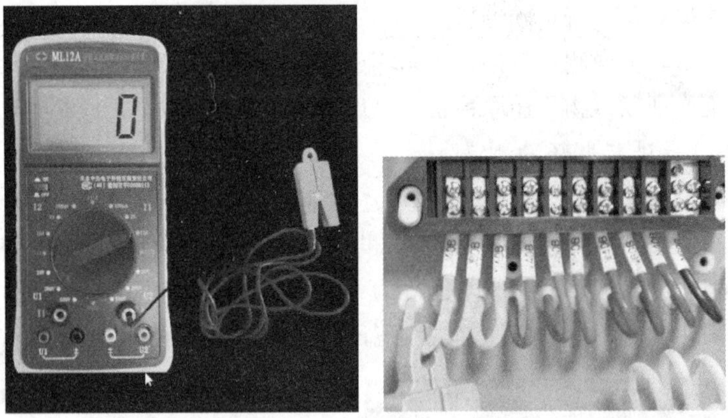

(a)　　　　(b)

图 1-66　利用相位表测量电流的外观及测试接线

（a）相位表外观；（b）测试接线

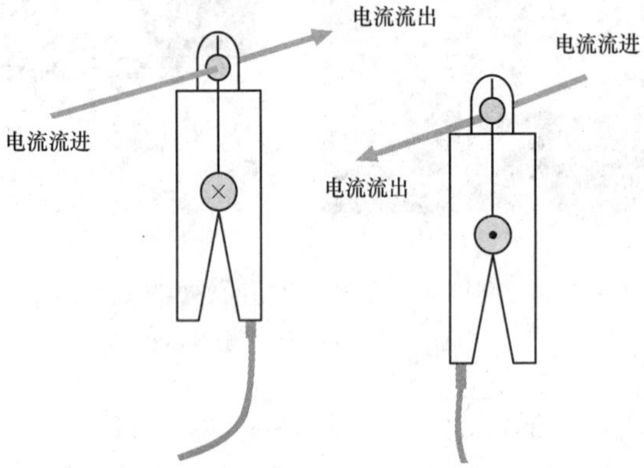

图 1-67　电流测试钳的电流参考方向

（1）在测量两路电压间的相位差时，将转换开关旋转到 U1U2 挡位，接入被测两路电压即可进行测量，此时相位表显示的是 1 路电压超前于 2 路电压的相位差。

（2）在测量两路电流间的相位差时，将转换开关旋转到 I1I2 挡位，接入被测两路电流即可进行测量，此时相位表显示的是 1 路电流超前于 2 路电流的相位差。

（3）在测量两路电压与电流间的相位差时，将转换开关旋转到 U1I2 挡位或 I1U2 挡位，接入被测量电压和电流即可进行测量。U1I2 测出的是电压超前于电流的相位差；I1U2 测出的是电流超前于电压的相位差。不可使用 U1I1 或 U2I2 挡位测量相位！利用相位表测量相位差的外观及测试接线如图 1-68 所示。

5. 利用相序表进行相序的测定

将相序表的三个测棒按顺序依次接入三相电能表的三个电压接线端子，若显示的是“UVW”则被测电压是正相序的，若显示的是“UWV”则被测电压是逆相序的。

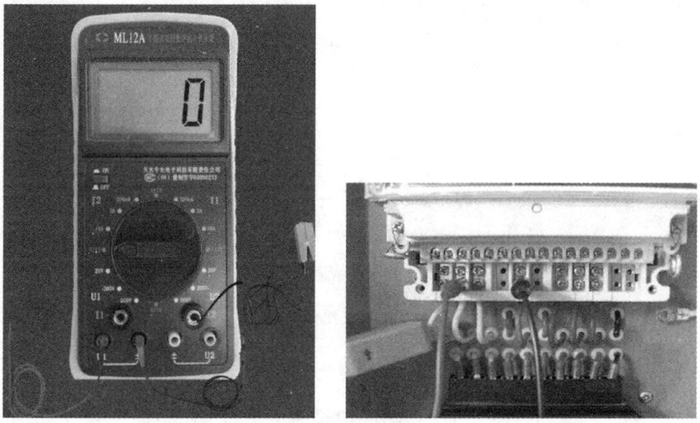

(a)　　　　(b)

图 1-68　利用相位表测量相位差的外观及测试接线

(a) 相位表外观；(b) 测试接线

小技巧

三相电流相序的判断。对于三相电流相序，可利用相位表的两把电流钳先测出三相电流中的两两电流之间的相位差，进而确定三相电流相序。

操作要求及注意事项

(1) 测量中不得触摸测试表笔的裸露部分或带电部分。

(2) 不得在输入被测电压时在表壳上拔插电压或电流测试线；相位表在换挡时要离开被测部分。

(3) 在测量不同量值时应与不同挡位对应，并选择合适的量程；当测量电流难以估计时，应将量程置于最大位置。

(4) 仪表电流钳具有专用性，每台仪表的电流钳号只与本台仪表对应电流端子配用，不可与另一台仪表调用；两个电流钳分别与两路测试电路对应，不可交叉。

(5) 用相位表测量相位时注意超前滞后关系，所测相位均为 1 路信号超前 2 路信号的相位。

(6) 相位表不能用于测量高压线路中的电流，测量电压不得高于 500V。

(7) 测量时应站在绝缘台垫上，并注意头部保持与带电体间的安全距离。

(8) 当相位表电池低于一定值时，需要更换电池；测量完毕，关闭相位表电源开关。

操作收获、存在问题及改进措施

1. 操作收获

2. 存在的问题

3. 改进的措施

附　录

测试记录表一份（见表1-9）。

表1-9　测试记录表

相位表的型号规格								
相序表的型号								
测量的对象	相位的测量			电流的测量		电压的测量		三相电压相序
测量次数	$\angle U_1/U_2$	$\angle I_1/I_2$	$\angle U_1/I_2$	I_1	I_2	U_1	U_2	正/逆相序
第一次								
第二次								
第三次								
测试员（签名）								

第二章　专业操作技能

第一节　计量装置的安装与接线

项目8　单相电能计量装置的停电安装

操作任务

（1）在停电的情况下，对单相电能计量装置进行安装接线。

（2）进行计量箱安装与线管敷设。

（3）在施工完毕检查合格后，对单相电能计量装置进行通电检查。

操作目的

（1）掌握单相电能表、绝缘导线、单相断路器的选择方法。

（2）熟练掌握单相电能表及断路器的安装、布线和接线方法。

（3）养成严谨负责的工作态度和团队合作精神。

工作环境

新装单相电能计量装置。

难度/复杂度等级

初等级别（初级）。

人员和物料

1. 人员配备及要求

（1）人员分工：工作负责人（兼安全监护人）1名、操作人员1名。

（2）着装要求：按电能计量工作现场要求规范着装。

（3）素质要求：符合电能计量外勤工作人员素质要求。

2. 物料配备及要求（见表 2-1）

表 2-1 **物料配备及要求表**

序号	物料类别	名称	型号、规格及要求	数量		备注
				单需量	总需量	
1	个人工器具及仪表	安装接线常用工器具及仪表	标准配置	1套		
2		钳形电流表	多量程	1只		
3		万用表	数字式	1只		
4	设备或者装置	单相电能表箱	HSD-1(40A) 单表位明装式透明塑料电能表箱	1个		
5		单相智能电能表（载波型）	DDZY-Z2.0级5（40）A 远程费控智能表	1只		
6		单相剩余电流动作断路器	DZ15LE-40-2P	1个		
7	材料	PVC线管	阻燃型，ϕ25mm	2.5m		
8		PVC管弯头	90°阻燃型，ϕ25mm	6个		
9		PVC管卡	阻燃型，带钉管卡，ϕ25mm	10个		
10		膨胀螺栓	金属型	4个		
11		单股铜芯绝缘导线	250/500V，BV-4.0， 黄、绿色或红色	2m		
12		单股铜芯绝缘导线	250/500V，BV-4.0，浅蓝色	2m		
13		自攻螺钉	15个ST3×30，10个ST4×20 （带垫圈）	1袋		
14		封堵泥	黏性防水型	0.2kg		
15		扎带	100mm尼龙扎带	20根		
16		封签	一次性	若干		
17		演示表板	1220mm×2440mm×30mm细木木芯板，配80mm安装滑轨	1块		
18	安全专用品	安全带	双保险五点式（带 ϕ50～70后备保护绳）	1副		
19		验电器	低压型	1支		
20		绝缘台垫	1200mm×1000mm×20mm （$L\times W\times H$）	1块		
21		围栏	安全遮栏4块	1套		
22		指示牌、标示牌和警示牌	“从此进出”指示牌、“在此工作”标示牌和“止步，高压危险”警示牌	1套		
23	施工工具	冲击钻	功率560W，配2支ϕ12.5mm钻头	1台		
24		切管器	PVC管切刀/管钳	1把		
25		临时电源	250/500V，带剩余电流保护	1套		
26	登高工具	绝缘梯	3m防滑限高型直梯	1架		
27		传递绳	棕绳或尼龙绳（含传物袋）ϕ20mm	20m		

基本操作原理

1. 单相电能计量的接线原则

先装设备、后装导线；先接负荷侧、后接电源侧；先接零线、后接火线；左装火线、右装零线。

2. 单相电能表的接线端子孔

正对电能表的接线端子盒从左向右看，第 1 个接线端子孔是进火线接线孔；第 2 个接线端子孔是出火线接线孔；第 3 个接线端子孔是进零线接线孔；第 4 个接线端子孔是出零线接线孔。其接线规律为：奇数孔，接电源；偶数孔，接负荷。单相电能表的接线端子孔如图 2-1 所示。

3. 单相电能表的安全接线顺序

在计量箱内部，将计量设备及辅助设备进行安装固定。

在电能表的第 4 个接线端子孔中连接出表零线，将出表零线的另一端引向负荷侧；在电能表的第 2 个接线端子孔中连接出表火线，将出表火线的另一端引向负荷侧；在电能表的第 3 个接线端子孔中连接进表零线，将进表零线的另一端引向电源侧；在电能表的第 1 个接线端子孔中连接进表火线，将进表火线的另一端引向电源侧。

4. 单相电能表的安装接线图

单相电能计量的表板演示安装接线图、实际效果图以及现场安装图，分别如图 2-2～图 2-4 所示。

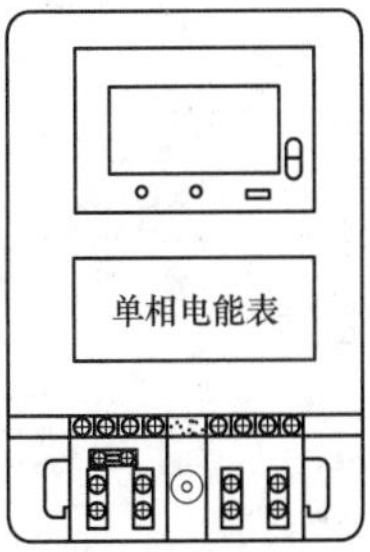

图 2-1　单相电能表的接线端子孔

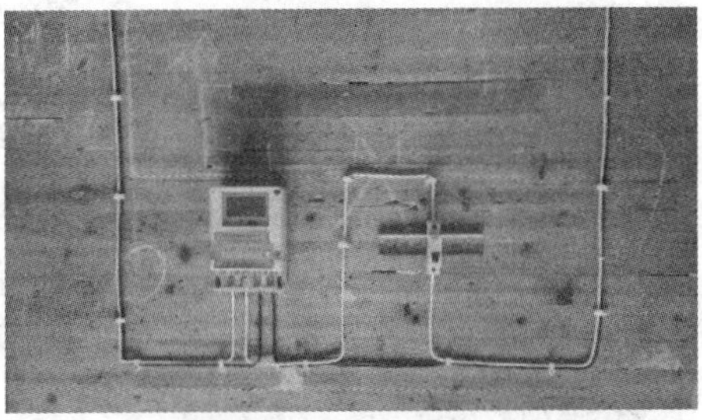

图 2-2　单相电能表的表板演示安装接线图

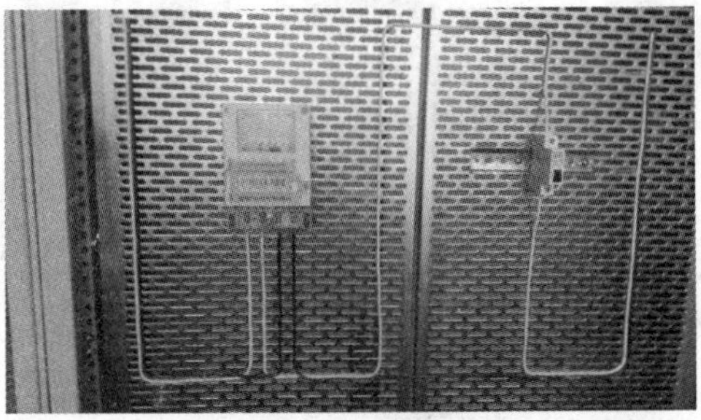

图 2-3　单相电能表的安装接线实际效果图

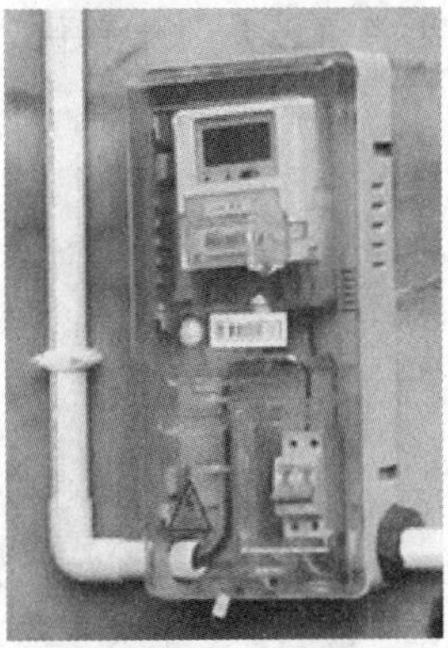

图 2-4　单相电能计量装置的现场安装图

小技巧

一火变多火。利用分线盒实现“一火变多火”的功能，如图 2-5 所示。

小提示

智能型电能表的尺寸。目前一般电能表的尺寸：单相智能表的尺寸均为 160mm×112mm，三相智能表的尺寸均为 290mm×170mm。

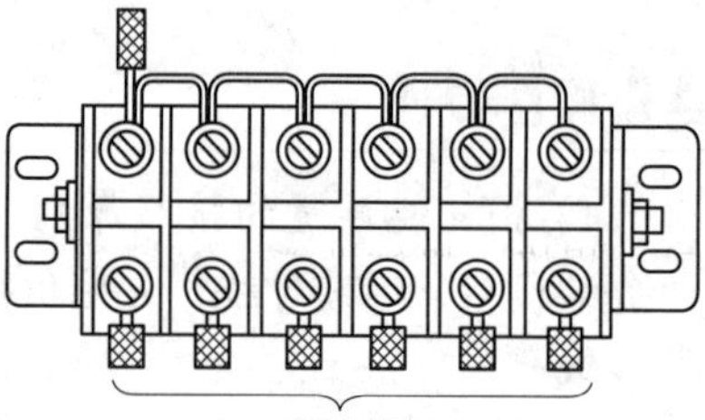

图 2-5 火线“一火变多火”分线盒的安装

操作方法及步骤

1. 接受工作任务

工作人员接受工作任务，明确工作负责人，清楚作业项目、工作内容、作业流程、作业时间和地点范围，填写工作单。

新增或变更电能计量装置，应通过营销管理系统形成电子工作单，按业务流程传递至装表接电班组。纸质工作单和电子工作单的信息必须完整、规范。

联系用户，约定现场勘察时间。

2. 检查安装场所符合安装要求

（1）检查是否具备计量装置现场安装条件，应便于抄表、现场检验、检查、更换、防窃电管理。

（2）查看现场安全状况和危险点，现场查勘如图 2-6 所示。

（3）确定具体安装方案。

（4）确定所需的材料、设备和工器具并正确配置。

（5）记录查勘情况，并与用户确定安装时间。

（6）经查勘结论为不符合有关规定或不具备安装条件的，将工作单退回。

3. 办理开工手续

填用工作票，履行工作许可手续，对工作人员交代危险点，指出安全措施，工作人员在工作票上签字。办理开工手续如图 2-7 所示。

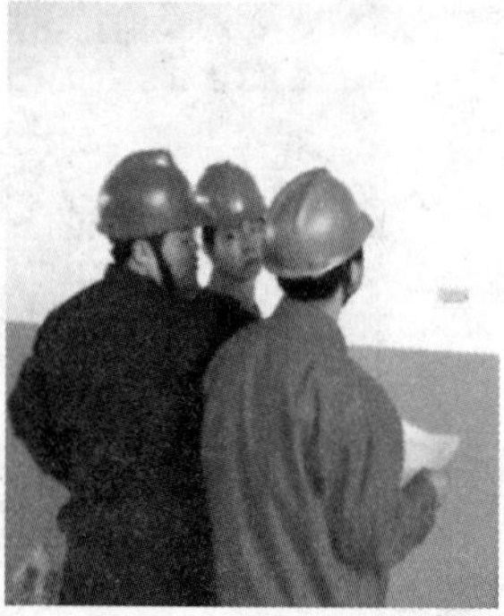

图 2-6 现场查勘

图 2-7 办理开工手续

4. 做好安装前的准备

（1）检查工作人员配备是否符合要求并规范着装。

（2）准备工器具及仪表，并检查是否齐全、合格：对于机械工具，主要检查其外观质量、规格、机械性能；对于电气工具，主要检查其外观质量、电气性能；对于电气仪表，主要检查其外观质量、测量对象和量程、电气性能。

（3）工作人员凭工作单到表库领取电能表及辅助设备材料，并检查是否齐全、合格。

1）核对领用的电能表、断路器以及材料与工作单所列型号、规格是否一致。

2）检查电能表及其他设备、材料选型是否与用户的供电方式和申请容量相适应，如有疑问及时向相关人员提出。

3）检查电能表的检定证书，应在有效期内。

4）进行电能表的直观检查：检查电能表外壳是否完好，检定封印、资产标记（条形码）、铭牌标识是否齐全、清晰；轻摇电能表应无异响，检查端子盒及接线螺钉是否牢固、完好。

5）检查计量箱是否完好无损。

6）检查线缆规格、颜色、截面和长度是否满足用电要求。

（4）检查完毕后，表库管理人员在营销管理系统中进行领取操作。

5. 现场布置安全措施

（1）工作负责人进行人员分工（见图 2-8），配置安全监护人员。

（2）工作负责人交代停电范围，落实安全措施。

（3）断开用户负荷侧总开关；断开电源侧开关（并取下熔体），在其下桩头验明无电后接地，悬挂“禁止合闸，有人工作”标示牌。

（4）在工作区域设置安全围栏并悬挂“有电危险”警示牌，出入口悬挂“从此进出”指示牌，计量装置本体上悬挂“在此工作”标示牌。

图 2-8　人员分工

6. 计量箱内部设备的安装与接线

安装和接线时应按照该表端子盒盒盖上接线图进行。安装接线按以下步骤进行：设备安装固定；线长测量与截取；线头剥削；导线布置及余端处理；导线与设备连接；导线整理与绑扎。线头的制作过程如图 2-9 所示；计量箱内部接线如图 2-10 所示。

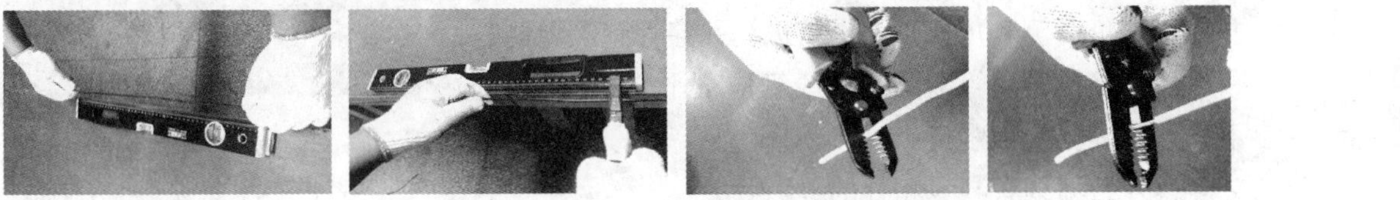

(a)　(b)　(c)　(d)

图 2-9　线头的制作过程

(a) 线长的测量；(b) 线长的截取；(c) 线头的剥削一；(d) 线头的剥削二

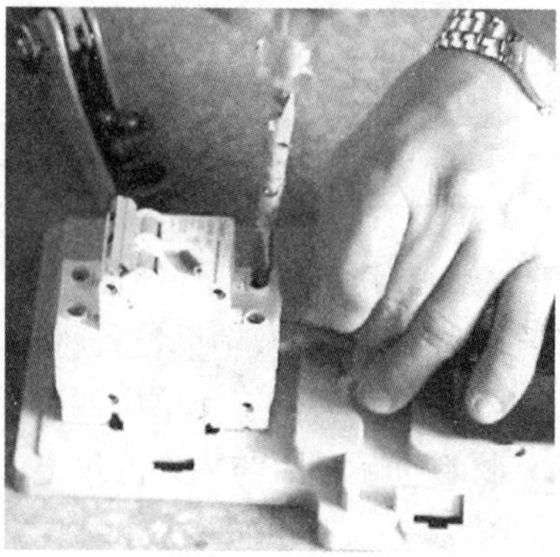

(a)

(b)

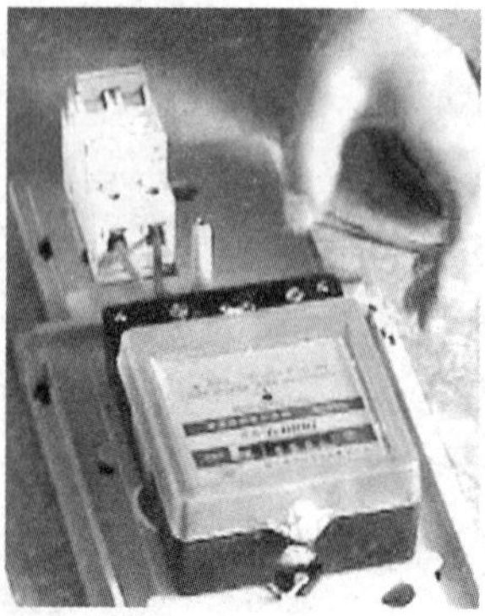

(c)

图 2-10　计量箱内部接线

(a) 设备安装；(b) 导线连接；(c) 接线检查

7. 计量箱安装与线管敷设

(1) 检查登高工具是否可靠。

(2) 计量箱定位：确定计量箱的具体安装位置（见图 2-11)，确定计量箱进出导线方向和长度，确定线管的走向和长度。

(3) 固定计量箱：利用冲击钻打孔，用膨胀螺栓将计量箱固定。

(4) 电源线接入计量箱并穿管：先连接计量箱出线并穿管到负荷侧，再连接计量箱进线并穿管到电源侧。

(5) 将线管用管卡固定，线管应横平竖直（管口向下）并做好导线滴水弯。

(6) 封堵线管与表箱处的缝隙。

图 2-11　确定计量箱的具体安装位置

也可以先在地上“线穿管”和“管进箱”，再在墙上固定计量箱和线管。

计量箱安装与线管敷设如图 2-12 所示。

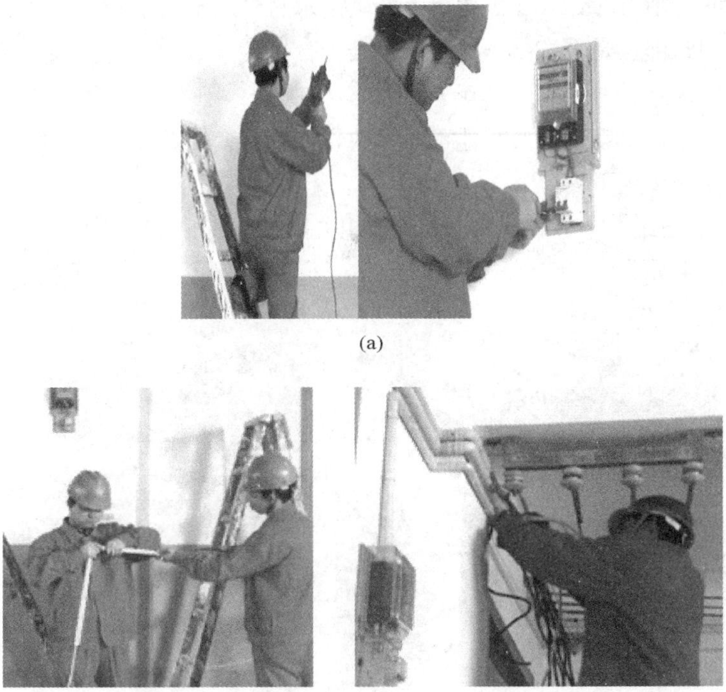

(a)

(b)　(c)

图 2-12　计量箱安装与线管敷设

(a) 表箱安装；(b) 穿管；(c) 线管敷设

8. 施工完毕检查（见图 2-13）

施工完毕后，工作负责人应检查确认：所有接线正确，安装全部规范；所有接地正确可靠；电源侧开关或熔断器、负荷侧开关均处于断开状态。

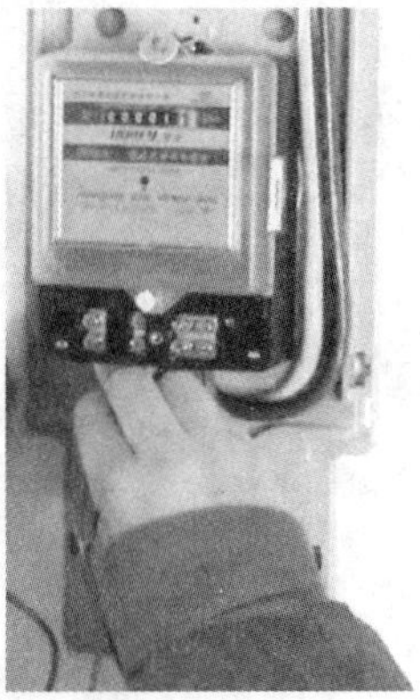

图 2-13　施工完毕检查

9. 通电检查

（1）拆除因停电工作所做的安全措施，断开负荷侧总开关。

（2）接通表前熔断器或隔离开关，或搭接接户线电源（先接零线、后接相线），或合上配电变压器高压熔断器。

（3）测量确认：电能表表尾各相、线电压正常。

（4）检查确认：电能表无报警提示；电能表无潜动；电能表实时时间显示正确，峰谷平各分时时段正确；通信地址、电能表序号、电能表通信规约正确。

（5）能够带负荷时，检查电能表有无报警提示、出错标识、欠压符号。

10. 加锁加封

（1）所有工作完毕，应对电能表加封，并将表箱锁好并施封；如有表前熔断器或隔离开关，也应加封。

（2）凡裸露的变压器低压端子均应采用护罩、护套等形式封闭。

（3）施封应清晰可靠，并在工作单上准确记录封号或塑封编号。

（4）检查加封部位是否齐全、加封质量是否合格。

11. 记录确认

（1）记录电能表底度示数及其他重要参数，互感器变比及其他重要信息。

（2）填写工作单余下内容。

（3）告知用户工作内容，核对封印和其他相关信息，供用双方确认并签字。核对信息及签字确认如图 2-14 所示。

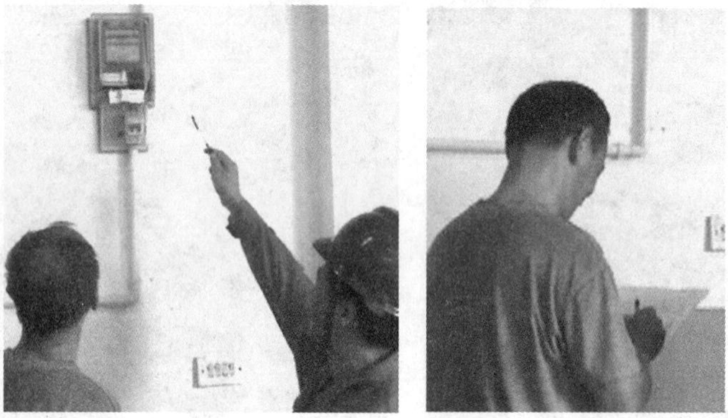

(a) (b)

图 2-14　核对信息及签字确认

（a）核对信息；（b）签字确认

12. 操作终结

清理工作现场，拆除所有安全措施；开总结会后报完工；终结工作票；撤离工作现场。

13. 结束工作任务

工器具及仪表还原；资料归档并完成管理系统流程。

危险点控制措施及操作注意事项

1. 危险点及控制措施

（1）不严格执行保证安全的措施，无票作业，无许可作业。严格执行工作票和工作许可制度及监护制度，个人防护措施正确落实。

（2）使用不合格的工器具及仪表。检查工器具的试验周期是否合格；检查电气绝缘是否符合安全要求。

（3）高处坠落。使用合格的登高作业工具，系好安全带，并由专人监护；高空作业中安全带应该系在牢固的构件上，并系好后备保护绳，确保双重保护，转向移位穿越时不得失去一重保护；梯子有防滑限高措施并有专人扶持，梯上操作人员站姿正确。

（4）高处落物。作业现场人员必须戴好安全帽，严禁在作业点下方逗留；上下传递物品必须使用传物袋并通过传递绳，严禁抛掷。

（5）单相接地和相间短路。工作时先断开负荷；安装时，使用合格的绝缘工具并站在绝缘台垫上，导电部分应采取绝缘措施；人体不得同时触及两根导线。

（6）误碰触电。在指定的工作范围内工作，明确带电设备位置，作业现场与带电部位有效隔离，并在工作区范围设立警示牌和安全围栏。

（7）误伤。严禁刀具对己或对人；防止舞动导线伤人。

（8）意外触电。临时接入的工作电源须用专用导线，并装设有剩余电流保护器；电动工具外壳应接地；在电源侧隔离开关接线时，隔离开关桩头负荷侧可能带电，必须验电，并做好安全措施；工作前务必挂好接地线。

2. 操作注意事项

（1）作业时规范着装，保证由两人及以上进行。

（2）电能表计的安装必须符合计量装置管理有关规定，满足防窃电要求，且应整齐规范。

（3）新装、更换电能表前应对现场情况进行核实，如发现用户违约用电、窃电、计量装置故障、电价不符、欠费、报装用电地址不同等情况，应停止新装、更换工作，向业务接待人员反映情况后再行处理。

（4）门栋零星装表应合理选择电能表安装位置，批户装表应考虑电能表整体布局；电能表表箱下沿高度宜为1.8～2.0m。

（5）登杆前要检查登高工具是否在试验期限内，对脚扣和安全带作冲击试验；登高作业时，应戴好安全帽、系好安全带，并将安全带和保护绳分别固定在牢固的构件上，检查确认扣环扣好后方可工作；严禁低挂高用，严防高处坠落。

（6）使用梯子作业时，应有专人看护扶梯，直梯应防滑限高，梯子与地面的角度为60°左右，“人”字梯应防滑限开；梯上人员与梯子应保持三点接触并将安全带系在牢固的构件上。

（7）临时接入的工作电源须用专用导线，并装设有剩余电流保护器；电动工具外壳应接地。

（8）在多雷地区，应增装低压避雷器或其他防雷保护。

操作收获、存在问题及改进措施

1. 操作收获

2. 存在的问题

3. 改进的措施

项目9　低压架空进户装置及单相电能表的安装

操作任务

（1）进行低压架空进户装置的安装接线。

（2）进行单相电能表的安装接线。

操作目的

（1）正确选择设备、导线及材料。

（2）导线展放方法正确，无扭绞、死弯，展放长度适中。

（3）正确对单相电能计量装置进行安装接线。

（4）正确绑扎接户线。

（5）登杆动作熟练、站位合适，正确佩戴安全带。

（6）养成严谨负责的工作态度和团队合作精神。

工作环境

在0.4kV一挡线路上进行，8m电杆，进户杆或墙上支持物已安装完毕。

难度/复杂度等级

中等级别（中级）。

人员和物料

1. 人员配备及要求

（1）人员分工：工作负责人（兼安全监护人）1名、主操作人员1名、辅操作人员1名。

（2）着装要求：按电能计量工作现场要求规范着装。

（3）素质要求：符合电能计量外勤工作人员素质要求。

2. 物料配备及要求（见表2-2）

表2-2　物料配备及要求表

序号	物料类别	名称	型号、规格及要求	数量		备注
				单需量	总需量	
1	个人工器具及仪表	安装接线常用工器具及仪表	标准配置	1套		
2		钳形电流表	多量程	1只		
3		万用表	数字式	1只		

续表

序号	物料类别	名称	型号、规格及要求	数量		备注
				单需量	总需量	
4	设备或者装置	单相电能表箱	HSD-1(40A)，单表位明装式透明电能表箱	1个		
5		单相智能电能表（载波型）	DDZY-Z 2.0级 5（40）A 远程费控智能表	1只		
6		单相剩余电流动作断路器	DZ15LE-40-2P	1个		
7	材料	PVC线管	阻燃型，ϕ40mm	3.5m		
8		PVC管弯头	90°阻燃型，ϕ40mm	6个		
9		PVC管卡	阻燃型绝缘管卡 ϕ40mm	10个		
10		自攻螺钉	ST5×20，ST3×30	各10个		
11		黄、绿色或红色绝缘导线	JKLYJ-16/AC 1kV	25m		
12		浅蓝色绝缘导线	JKLYJ-16/AC 1kV	25m		
13		横担	∠50mm×5mm×700mm	1根		
14		“工”字形墙铁	[50mm×5mm×500mm	1根		
15		U形抱箍	圆钢，ϕ200mm	1副		
16		绝缘子	ED-3低压蝶式	2套		
17		镀锌螺栓	穿芯螺杆（带2个M12平垫圈），M10×130	4套		
18		绑扎线	4mm^{2}单股绝缘铝芯线	3m		
19		接线耳	铜铝过渡型16mm^2，带配套螺栓	4个		
20		绝缘胶带1	0.4kV，黄、绿色或红色自黏型	1卷		
21		绝缘胶带2	0.4kV，浅蓝色自黏型	1卷		
22		封签	一次性	若干		
23		封堵泥	黏性防水型	0.2kg		
24		扎带	200mm尼龙	1袋		
25		并沟线夹	接户线用	2副		
26		过渡引流线及固定绝缘子	架空绝缘铝绞线2根	1组		
27		熔断器式隔离开关	户外式JDW2-0.5	1组		

续表

序号	物料类别	名称	型号、规格及要求	数量		备注
				单需量	总需量	
28	安全专用品	安全带	双保险全防护（带后备保护绳）	1副		
29		验电器	低压型	1支		
30		绝缘台垫	1200mm×1000mm×20mm（$L\times W\times H$）	1块		
31		围栏	安全遮栏4块	1套		
32		指示牌、标示牌和警示牌	“从此进出”指示牌、“在此工作”标示牌和“止步，高压危险”警示牌	1套		
33		绝缘手套	低压型	1双		
34		接地线	低压携带型	2套		
35		保安线	人身保护用	1副		
36	施工工具	断线钳	J130	1把		
37		压接钳	压接范围10～240mm^{2}液压钳	1把		
38		冲击钻	功率560W，配2支ϕ12.5mm钻头	1台		
39		切管器	PVC管切刀/管钳	1把		
40		临时电源	250/500V，带剩余电流保护	1套		
41	登高工具	脚扣	JK-T-250，登8m电杆	1副		
42		绝缘梯	3m防滑限高型直梯	1架		
43		传递绳	棕绳或尼龙绳（含传物袋），ϕ20mm	10m		
44	其他	油布	1000mm×1200mm	1块		
45		工作票	A4	1份		

基本操作原理

进户线应经过熔断器或隔离开关后进入电能表，一方面可以解决铝质进户线与电能表铜质桩座的铜铝过渡连接问题，另一方面方便后期接户装置与计量装置的维护与管理工作。

表前熔断器的容量应略大于表后熔断器的容量，表前熔断器的熔断电流可按电能表额定最大电流的1～2倍选择。表前熔断器或隔离开关应加封。

单相电能计量装置的现场安装效果图如图2-15所示。

操作方法及步骤

1. 接受工作任务

工作人员接受工作任务，明确工作负责人，清楚作业项目、工作内容、作业流程、作业时间和地点范围，填写工作单。

新增或变更电能计量装置，应通过营销管理系统形成电子工作单，按业务流程传递至装表接电班组。纸质工作单和电子工作单的信息必须完整、规范。

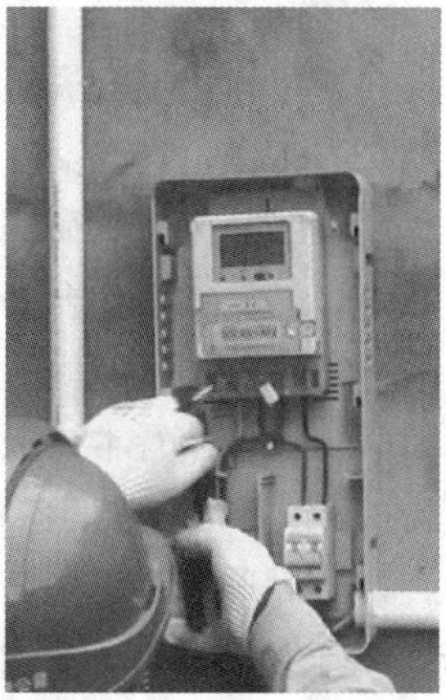

图 2-15　单相电能计量装置的现场安装效果图

2. 检查安装场所符合安装要求

(1) 检查是否具备计量装置现场安装条件，应便于抄表、现场检验、检查、更换、防窃电管理。

(2) 查看现场安全状况和危险点。

(3) 确定具体安装方案。

(4) 确定所需的材料、设备和工器具并正确配置。

(5) 记录查勘情况。

(6) 经查勘结论为不符合有关规定或不具备安装条件的，将工作单退回。

3. 办理开工手续

填用工作票，履行工作许可手续，对工作人员交代危险点，指出安全措施，工作人员在工作票上签字。

4. 做好安装前的准备

(1) 检查工作人员配备是否符合要求并规范着装，联系用户装表接电。

(2) 准备工器具及仪表，并检查是否齐全、合格：对于机械工具，主要检查其外观质量、规格、机械性能；对于电气工具，主要检查其外观质量、电气性能；对于电气仪表，主要检查其外观质量、测量对象和量程、电气性能。

(3) 工作人员凭工作单到表库领取电能表及辅助设备材料，并检查是否齐全、合格。

1) 核对领用的电能表、断路器以及材料与工作单所列型号、规格是否一致。

2) 检查电能表及其他设备、材料选型是否与用户的供电方式和申请容量相适应，如有疑问及时向相关人员提出。

3) 检查电能表的检定证书，应在有效期内。

4) 进行电能表的直观检查：检查电能表外壳是否完好，检定封印、资产标记（条形码）、铭牌标识是否齐全、清晰；轻摇电能表应无异响，检查端子盒及接线螺钉是否牢固、完好。

5) 检查计量箱是否完好无损。

6) 检查线缆规格、颜色、截面和长度是否满足用电要求。

(4) 检查完毕后，表库管理人员在营销管理系统中进行领取操作。

5. 现场布置安全措施

(1) 工作负责人进行人员分工，配置安全监护人员。

(2) 工作负责人交代停电范围，落实安全措施。

(3) 断开用户负荷侧总开关；断开电源侧开关（并取下熔体），在其下桩头验明无电后接地，悬挂“禁止合闸，有人工作”标示牌。

(4) 在工作区域设置安全围栏并悬挂“有电危险”警示牌，出入口悬挂“从此进出”指示牌，计量装置本体上悬挂“在此工作”标示牌。

6. 计量箱内部设备的安装与接线

安装和接线时应按照该表端子盒盒盖上接线图进行。安装接线原则：先固定设备、后安装导线；先接负荷侧、后接电源侧；先接零线、后接火线。

安装接线按以下步骤进行：设备安装固定；线长测量与截取；线头剥削；导线布置及余端处理；导线与设备连接；导线整理与绑扎。

7. 计量箱安装与线管敷设

(1) 检查登高工具是否可靠。

(2) 计量箱定位：确定计量箱的具体安装位置，确定计量箱进出导线方向和长度，确定线管的走向和长度。

(3) 固定计量箱：利用冲击钻打孔，用膨胀螺栓将计量箱固定。

(4) 连接计量箱出线并穿管到负荷侧。

(5) 将线管用管卡固定，线管应横平竖直（管口向下）并做好导线滴水弯。

(6) 封堵线管与表箱处的缝隙。

也可以先在地上“线穿管”和“管进箱”，再在墙上固定计量箱和线管。

8. 进户装置的安装与接线

接户线负荷侧横担或墙上支持物的安装；接户线负荷侧绝缘子安装；接户线的长度测量、截取与展放；接户线负荷侧导线绑扎；进户线穿管并接入计量箱。

作业人员登杆；接户线电源侧横担反背侧安装；接户线电源侧绝缘子安装；接户线在绝缘子上绑扎；作业人员下杆。

9. 施工完毕检查

施工完毕后，工作负责人应检查确认：所有接线正确，安装全部规范；所有接地正确可靠；负荷侧开关均处于断开状态。

10. 通电检查

(1) 拆除因停电工作所做的安全措施，断开负荷侧总开关。

(2) 接电：登杆、并沟线夹及导线接触表面清洁，引流线安装（先接零线、后接火线），并沟线夹引出线做防水弯，并沟线夹及导线搭接处做防水处理，下杆。

(3) 测量确认：电能表表尾各相、线电压正常。

(4) 检查确认：电能表无报警提示；电能表无潜动；电能表实时时间显示正确，峰谷平各分时时段正确；通信地址、电能表序号、电能表通信规约正确。

（5）能够带负荷时，检查电能表有无报警提示、出错标识、欠压符号。

11. 加锁加封

（1）所有工作完毕，应对电能表加封，并将表箱锁好并施封；如有表前熔断器或隔离开关也应加封。

（2）凡裸露的变压器低压端子均应采用护罩、护套等形式封闭。

（3）施封应清晰可靠，并在工作单上准确记录封号或塑封编号。

（4）检查加封部位是否齐全、加封质量是否合格。

12. 记录确认

（1）记录电能表底度示数及其他重要参数，互感器变比及其他重要信息。

（2）填写工作单余下内容。

（3）告知用户工作内容，核对封印和其他相关信息，供用双方确认并签字。

13. 操作终结

清理工作现场，拆除所有安全措施；开总结会后报完工；终结工作票；撤离工作现场。

14. 结束工作任务

工器具及仪表还原；资料归档并完成管理系统流程。

危险点控制措施及操作注意事项

1. 危险点分析及控制措施

（1）不严格执行保证安全的措施，无票作业，无许可作业。严格执行工作票和工作许可制度及监护制度，个人防护措施正确落实。

（2）使用不合格的工器具及仪表。检查工器具的试验周期是否合格；检查电气绝缘是否符合安全要求。

（3）高处坠落。使用合格的登高作业工具，系好安全带，并由专人监护；高空作业中安全带应该系在牢固的构件上，并系好后备保护绳，确保双重保护，转向移位穿越时不得失去一重保护；梯子有防滑限高措施并有专人扶持，梯上操作人员站姿正确。

（4）高处落物。作业现场人员必须戴好安全帽，严禁在作业点下方逗留；上下传递物品必须使用传物袋并通过传递绳，严禁抛掷。

（5）单相接地和相间短路。工作时先断开负荷；安装时，使用合格的绝缘工具并站在绝缘台垫上，导电部分应采取绝缘措施；人体不得同时触及两根导线。

（6）误碰触电。在指定的工作范围内工作，明确带电设备位置，作业现场与带电部位有效隔离，并在工作区范围设立警示牌和安全围栏。

（7）误伤。严禁刀具对己或对人；防止舞动导线伤人。

（8）意外触电。临时接入的工作电源须用专用导线，并装设有剩余电流保护器；电动工具外壳应接地；在电源侧隔离开关接线时，隔离开关桩头负荷侧可能带电，必须验电，并做好安全措施；工作前务必挂好接地线。

（9）防触电伤人。登杆前，作业人员应核准线路的双重编号后方可工作，并注意保持与邻近运行设备足够的安全距离。

（10）防倒杆伤人。登杆前检查杆根、杆身、埋深是否达到要求，拉线是否紧固。

2. 操作注意事项

（1）作业时规范着装，保证由两人及以上进行。

（2）电能表计的安装必须符合计量装置管理有关规定，满足防窃电要求，且应整齐规范。

（3）新装、更换电能表前应对现场情况进行核实，如发现用户违约用电、窃电、计量装置故障、电价不符、欠费、报装用电地址不同等情况，应停止新装、更换工作，向业务接待人员反映情况后再行处理。

（4）门栋零星装表应合理选择电能表安装位置，批户装表应考虑电能表整体布局；电能表表箱下沿高度宜为1.8～2.0m。

（5）登杆前要检查登高工具是否在试验期限内，对脚扣和安全带作冲击试验；登高作业时，应戴好安全帽，系好安全带，并将安全带和保护绳分别固定在牢固的构件上，检查确认扣环扣好后方可工作；严禁低挂高用，严防高处坠落。

（6）使用梯子作业时，应有专人看护扶梯，直梯应防滑限高，梯子与地面的角度为60°左右，“人”字梯应防滑限开；梯上人员与梯子应保持三点接触并将安全带系在牢固的构件上。

（7）临时接入的工作电源须用专用导线，并装设有剩余电流保护器；电动工具外壳应接地。

（8）在多雷地区，应增装低压避雷器或其他防雷保护。

操作收获、存在问题及改进措施

1. 操作收获

____

____

2. 存在的问题

____

____

3. 改进的措施

____

____

项目 10 低压电缆进户装置及单相电能表的安装

操作任务

(1) 进行低压电缆进户装置的安装接线。

(2) 进行单相电能表的安装接线。

操作目的

(1) 正确选择设备、导线及材料。

(2) 电缆敷设方法正确,无扭绞、弯曲,施放长度适中。

(3) 正确对单相电能表进行安装接线。

(4) 正确安装电缆分支箱。

(5) 养成严谨负责的工作态度和团队合作精神。

工作环境

在 0.4kV 一挡线路上进行,8m 电杆,进户杆已安装完毕,进户杆或墙上支持物已安装完毕。

难度/复杂度等级

高等级别(高级)。

人员和物料

1. 人员配备及要求

(1) 人员分工:工作负责人(兼安全监护人)1 名、主操作人员 1 名、辅操作人员 1 名。

(2) 着装要求:按电能计量工作现场要求规范着装。

(3) 素质要求:符合电能计量外勤工作人员素质要求。

2. 物料配备及要求(见表 2-3)

表 2-3 物料配备及要求表

序号	物料类别	名称	型号、规格及要求	数量		备注
				单需量	总需量	
1	个人工器具及仪表	安装接线常用工器具及仪表	标准配置	1 套		
2		钳形电流表	多量程	1 只		
3		万用表	数字式	1 只		
4		绝缘电阻表	1000V	1 只		

续表

序号	物料类别	名称	型号、规格及要求	数量		备注
				单需量	总需量	
5	设备或者装置	单相电能表箱	HSD-1(40A) 单表位明装式透明电能表箱	1个		
6		单相智能电能表（载波型）	DDZY-Z 2.0级5（40）A 远程费控智能表	1只		
7		单相剩余电流动作断路器	DZ15LE-40-2P	1个		
8		电缆分支箱	低压型（配套安装附件）	1个		
9	材料	PVC线管	阻燃型，ϕ40mm	3.5m		
10		PVC管弯头	90°阻燃型，ϕ40mm	6个		
11		PVC管卡	阻燃型绝缘管卡ϕ40mm	10个		
12		自攻螺钉	ST5×20	10个		
13		横担	∠50mm×5mm×700mm	3根		
14		"工"字形墙铁	[50mm×5mm×500mm	1根		
15		U形抱箍	镀锌圆钢ϕ200mm	2个		
16		接线耳	10mm^{2}铜接线耳4个， 10mm^{2}铜铝接线耳2个	1组		配套螺栓
17		绝缘胶带1	0.4kV黄、绿色或红色 自黏型	2卷		
18		绝缘胶带2	0.4kV浅蓝色自黏型	2卷		
19		封签	一次性	若干		
20		封堵泥	黏性防水型	0.2kg		
21		扎带	150mm尼龙	1袋		
22		单芯铜芯绝缘导线	BV-4.0黄、绿、红、浅蓝色各3m	1组		
23		双芯铜电缆	YJV-0.6/1kV2×10 配有电缆固定支架	6m		
24		电缆保护管	塑料波纹电缆管	2m		
25		过渡引流线及固定绝缘子	架空绝缘铝绞线2根	1组		
26		熔断器式隔离开关	户外式JDW2-0.5	1组		
27	安全专用品	安全带	双保险全防护（带后备保护绳）	1副		
28		验电器	低压型	1支		
29		绝缘台垫	1200mm×1000mm×20mm ($L\times W\times H$)	1块		
30		围栏	安全遮栏4块	1套		
31		指示牌、标示牌和警示牌	"从此进出"指示牌、"在此工作"标示牌和"止步，高压危险"警示牌	1套		
32		接地线	低压携带型	2套		

续表

序号	物料类别	名称	型号、规格及要求	数量		备注
				单需量	总需量	
33	施工工具	断线钳	J130	1把		
34		压接钳	压接范围 10～240mm²液压钳	1把		
35		冲击钻	功率 560W，配 2 支 ϕ12.5mm 钻头	1台		
36		切管器	PVC 管切刀/管钳	1把		
37		临时电源	250/500V，带剩余电流保护	1套		
38		电缆剥线钳	JLQ-720	1把		
39	登高工具	登高工具	常规全套	1套		
40		绝缘梯	3m 防滑限高型直梯	1架		
41		传递绳	棕绳或尼龙绳（含传物袋）ϕ20mm	20m		
42	其他	油布	1000mm×1200mm	1块		
43		工作票	A4	1份		

基本操作原理

1. 电力电缆简介

电力电缆是用于传输和分配电能的电缆，按电压等级可分为中、低压电力电缆（35kV 及以下）、高压电缆（110kV 及以上）、超高压电缆（275～800kV）以及特高压电缆（1000kV 及以上）。电力电缆的基本结构（见图 2-16）由线芯导体、绝缘层、屏蔽层和保护层四部分组成。

图 2-16　电力电缆的基本结构

2. 电缆绝缘电阻的测量接线方法

先在绝缘层上个加一金属屏蔽环，将电缆的线芯导体接在绝缘电阻表（兆欧表）的“L”端子上，屏蔽环接在“G”端子上，保护层接在“E”端子上。

测量电缆绝缘电阻的测量接线示意图如图 2-17 所示。

小技巧

用绝缘电阻表法检测电力电缆的两端属于同一相的端子。在线路的始端一相接绝缘电阻表的“L”端子，绝缘电阻表的“E”端子接地，在线路末端逐相接地进行测量，若指示为零，则末端接地相与始端测量相属同一相。

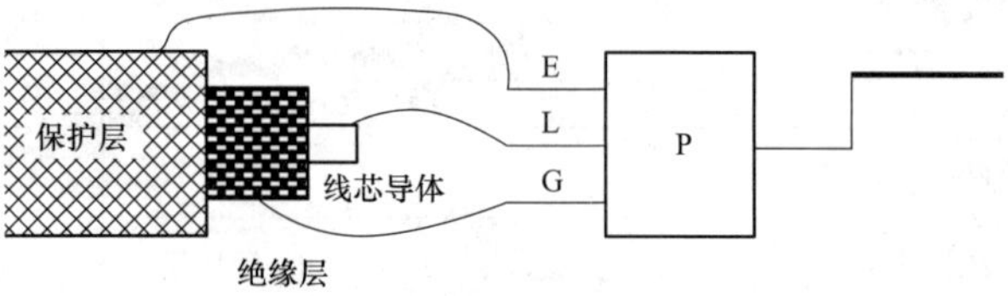

图 2-17　测量电缆绝缘电阻的测量接线示意图

3. 电缆敷设时的技术要求

(1) 电缆在敷设前应进行检查和试验，检查和试验项目：电缆的额定电压是否与电源电压相符；型号和截面是否符合设计要求；外表是否有外力损伤；电缆有无受潮等情况；进行直流耐压试验。

小提示

3kV 及以下电缆用 1kV 绝缘电阻表测量，其绝缘电阻（20℃）每千米不得低于 50MΩ；6～10kV 电缆用 2.5kV 绝缘电阻表测量，其绝缘电阻（20℃）每千米不得低于 100MΩ。

(2) 电缆在敷设时应留有裕度。

(3) 当电缆穿管敷设时，其管径应满足要求。保护管内径应满足的要求：电缆保护管的长度在 30m 以下时，管内径应不小于电缆外径的 1.5 倍；电缆保护管的长度在 30m 以上时，管内径应不小于电缆外径的 2.5 倍。

小技巧

金属外包的三根电缆芯线不能接在一相上使用，以防止外包金属发热。

(4) 当电缆敷设在有腐蚀性介质的环境时，宜采用塑料护套电缆。

4. 单相电能表的现场安装

单相电能表现场安装效果图如图 2-18 所示。

图 2-18　单相电能表现场安装效果图

操作方法及步骤

1. 接受工作任务

工作人员接受工作任务，明确工作负责人，清楚作业项目、工作内容、作业流程、作业时间和地点范围，填写工作单。

新增或变更电能计量装置，应通过营销管理系统形成电子工作单，按业务流程传递至装表接电班组。纸质工作单和电子工作单的信息必须完整、规范。

2. 检查安装场所符合安装要求

（1）检查是否具备计量装置现场安装条件，应便于抄表、现场检验、检查、更换、防窃电管理。

（2）查看现场安全状况和危险点。

（3）确定具体安装方案。

（4）确定所需的材料、设备和工器具并正确配置。

（5）记录查勘情况。

（6）经查勘结论为不符合有关规定或不具备安装条件的，将工作单退回。

3. 办理开工手续

填用工作票，履行工作许可手续，对工作人员交代危险点，指出安全措施，工作人员在工作票上签字。

4. 做好安装前的准备

（1）检查工作人员配备是否符合要求并规范着装，联系用户装表接电。

（2）准备工器具及仪表，并检查是否齐全、合格：对于机械工具，主要检查其外观质量、规格、机械性能；对于电气工具，主要检查其外观质量、电气性能；对于电气仪表，主要检查其外观质量、测量对象和量程、电气性能。

（3）工作人员凭工作单到表库领取电能表及辅助设备材料，并检查是否齐全、合格。

1）核对领用的电能表、断路器以及材料与工作单所列型号、规格是否一致。

2）检查电能表及其他设备、材料选型是否与用户的供电方式和申请容量相适应，如有疑问及时向相关人员提出。

3）检查电能表的检定证书，应在有效期内。

4）进行电能表的直观检查：检查电能表外壳是否完好，检定封印、资产标记（条形码）、铭牌标识是否齐全、清晰；轻摇电能表应无异响，检查端子盒及接线螺钉是否牢固、完好。

5）检查计量箱是否完好无损。

6）检查线缆规格、颜色、截面和长度是否满足用电要求。

（4）检查完毕后，表库管理人员在营销管理系统中进行领取操作。

5. 现场布置安全措施

（1）工作负责人进行人员分工，配置安全监护人员。

（2）工作负责人交代停电范围，落实安全措施。

（3）断开用户负荷侧总开关；断开电源侧开关（并取下熔体），在其下桩头验明无电后接地，悬挂“禁止合闸，有人工作”标示牌。

（4）在工作区域设置安全围栏并悬挂“有电危险”警示牌，出入口悬挂“从此进出”指示牌，计量装置本体上悬挂“在此工作”标示牌。

6. 计量箱内部设备的安装与接线

安装和接线时应按照该表端子盒盒盖上接线图进行。安装接线原则：先固定设备、后安装导线；先接负荷侧、后接电源侧；先接零线、后接火线。

安装接线按以下步骤进行：设备安装固定；线长测量与截取；线头剥削；导线布置及余端处理；导线与设备连接；导线整理与绑扎。

7. 计量箱安装与线管敷设

（1）检查登高工具是否可靠。

（2）计量箱定位：确定计量箱的具体安装位置，确定计量箱进出导线方向和长度，确定线管的走向和长度。

（3）固定计量箱：利用冲击钻打孔，用膨胀螺栓将计量箱固定。

（4）低压电缆分支箱的安装固定。

（5）电源线接入计量箱并穿管：先连接计量箱出线并穿管到负荷侧，再连接计量箱进线并穿管到电源侧（电缆分支箱内）。

（6）将线管用管卡固定，线管应横平竖直（管口向下）并做好导线滴水弯。

（7）封堵线管与表箱处的缝隙。

8. 进户装置的安装与接线

电缆的长度测量、裁截与展放；接户线负荷侧电缆一端护套层切除、电缆头绝缘层的剥削、接线耳的制作；电缆校直；电缆穿管；电缆固定支架安装及电缆固定；电缆头接入电缆分支箱。

接户线电源侧电缆一端护套层切除、电缆头的制作；登杆；杆上安装电缆固定支撑金具、熔断器式隔离开关安装金具、引流线固定绝缘子金具；使用滑轮吊绳提升电缆到隔离开关出线侧下方；电缆校直与方向调整；将电缆用卡具固定在电杆金具上；电缆头出线与低压熔断器式隔离开关连接；过渡线安装后与架空主线可靠搭接；下杆。

9. 施工完毕检查

施工完毕后，工作负责人应检查确认：所有接线正确，安装全部规范；所有接地正确可靠；电源侧开关或熔断器、负荷侧开关均处于断开状态。

10. 通电检查

（1）拆除因停电工作所做的安全措施，断开负荷侧总开关。

（2）接通表前熔断器或隔离开关，或搭接接户线电源（先接零线、后接火线），或合上配电变压器高压熔断器。

（3）测量确认：电能表表尾各相、线电压正常。

（4）检查确认：电能表无报警提示；电能表无潜动；电能表实时时间显示正确，峰谷平各分时时段正确；通信地址、电能表序号、电能表通信规约正确。

（5）能够带负荷时，检查电能表有无报警提示、出错标识、欠压符号。

11. 加锁加封

（1）所有工作完毕，应对电能表加封，并将表箱锁好并施封；如有表前熔断器或隔离开关也应加封。

（2）凡裸露的变压器低压端子均应采用护罩、护套等形式封闭。

（3）施封应清晰可靠，并在工作单上准确记录封号或塑封编号。

（4）检查加封部位是否齐全，加封质量是否合格。

12. 记录确认

（1）记录电能表底度示数及其他重要参数，互感器变比及其他重要信息。

（2）填写工作单余下内容。

（3）告知用户工作内容，核对封印和其他相关信息，供用双方确认并签字。

13. 操作终结

清理工作现场，拆除所有安全措施；开总结会后报完工；终结工作票；撤离工作现场。

14. 结束工作任务

工器具及仪表还原；资料归档并完成管理系统流程。

危险点控制措施及操作注意事项

1. 危险点分析及控制措施

（1）不严格执行保证安全的措施，无票作业，无许可作业。严格执行工作票和工作许可制度及监护制度，个人防护措施正确落实。

（2）使用不合格的工器具及仪表。检查工器具的试验周期是否合格；检查电气绝缘是否符合安全要求。

（3）高处坠落。使用合格的登高作业工具，系好安全带，并由专人监护；高空作业中安全带应该系在牢固的构件上，并系好后备保护绳，确保双重保护，转向移位穿越时不得失去一重保护；梯子有防滑限高措施并有专人扶持，梯上操作人员站姿正确。

（4）高处落物。作业现场人员必须戴好安全帽，严禁在作业点下方逗留；上下传递物品必须使用传物袋并通过传递绳，严禁抛掷。

（5）单相接地和相间短路。工作时先断开负荷；安装时使用合格的绝缘工具并站在绝缘台垫上，导电部分应采取绝缘措施；人体不得同时触及两根导线。

（6）误碰触电。在指定的工作范围内工作，明确带电设备位置，作业现场与带电部位有效隔离，并在工作区范围设立警示牌和安全围栏。

（7）误伤。严禁刀具对己或对人；防止舞动导线伤人。

（8）意外触电。临时接入的工作电源须用专用导线，并装设有剩余电流保护器；电动工具外壳应接地；在电源侧隔离开关接线时，隔离开关桩头负荷侧可能带电，必须验电，并做好安全措施；工作前务必挂好接地线。

（9）防触电伤人。登杆前，作业人员应核准线路的双重编号后方可工作，并注意保持与邻近运行设备足够的安全距离。

（10）防倒杆伤人。登杆前检查杆根、杆身、埋深是否达到要求，拉线是否紧固。

2. 操作注意事项

（1）作业时规范着装，保证由两人及以上进行。

（2）电能表计的安装必须符合计量装置管理有关规定，满足防窃电要求，且应整齐规范。

（3）新装、更换电能表前应对现场情况进行核实，如发现用户违约用电、窃电、计量装置故障、电价不符、欠费、报装用电地址不同等情况，应停止新装、更换工作，向业务接待人员反映情况后再行处理。

（4）门栋零星装表应合理选择电能表安装位置，批户装表应考虑电能表整体布局；电能表表箱下沿高度宜为1.8～2.0m。

（5）登杆前要检查登高工具是否在试验期限内，对脚扣和安全带作冲击试验；登高作业时，应戴好安全帽，系好安全带，并将安全带和保护绳分别固定在牢固的构件上，检查确认扣环扣好后方可工作；严禁低挂高用，严防高处坠落。

（6）使用梯子作业时，应有专人看护扶梯，直梯应防滑限高，梯子与地面的角度为60°左右，“人”字梯应防滑限开；梯上人员与梯子应保持三点接触并将安全带系在牢固的构件上。

（7）临时接入的工作电源须用专用导线，并装设有剩余电流保护器；电动工具外壳应接地。

（8）在多雷地区，应增装低压避雷器或其他防雷保护。

操作收获、存在问题及改进措施

1. 操作收获

____

____

2. 存在的问题

____

____

3. 改进的措施

____

____

项目 11　直接接入式三相四线电能表的停电安装

操作任务

（1）在停电的情况下，对直接接入式三相四线电能表进行安装接线。

（2）进行计量箱安装与线管敷设。

（3）在施工完毕检查合格后，对三相四线电能表进行通电检查。

操作目的

（1）掌握电能表、电源隔离开关、三相断路器和导线的选择方法。

（2）熟练掌握直接接入式三相四线电能表及辅助设备的安装、布线和接线方法。

（3）养成严谨负责的工作态度和团队合作精神。

工作环境

新装直接接入式三相四线电能表。

难度/复杂度等级

初等级别（初级）。

人员和物料

1. 人员配备及要求

（1）人员分工：工作负责人（兼安全监护人）1 名、操作人员 1 名。

（2）着装要求：按电能计量工作现场要求规范着装。

（3）素质要求：符合电能计量外勤工作人员素质要求。

2. 物料配备及要求（见表 2-4）

表 2-4　　物料配备及要求表

序号	物料类别	名称	型号、规格及要求	数量		备注
				单需量	总需量	
1	个人工器具及仪表	安装接线常用工器具及仪表	标准配置	1 套		
2		钳形电流表	数字式	1 只		
3		万用表	数字式	1 只		
4		相序表	数字式	1 只		
5	设备或者装置	三相四线电能表	3×220/380V、3×5（40）/10（40）A、2.0 级；DTZY-Z 载波型	1 只		

续表

序号	物料类别	名称	型号、规格及要求	数量		备注
				单需量	总需量	
6	设备或者装置	三相计量箱	低压三相单表位明装式透明塑料电能表箱 HSD-1(40A)	1个		
7		三相低压断路器	DZ47-63-380V，3P 式断路器	1个		
8		或：三相剩余电流动作断路器	DZ47LE 系列低压型	1个		
9		电源隔离开关	开启式隔离开关，四级，HD11F-100/48	1个		
10		或：熔断器及其把手	3个 RTO200A 熔断器	1组		
11	材料	PVC 线管	阻燃型，ϕ40mm	3m		
12		PVC 管弯头	90°阻燃型，ϕ40mm	7个		
13		PVC 管卡	阻燃型绝缘带钉管卡 ϕ40mm	10个		
14		多股绝缘导线 1	BV7-16，黄色（7 股）6m	1根		
15		多股绝缘导线 2	BV7-16，绿色（7 股）6m	1根		
16		多股绝缘导线 3	BV7-16，红色（7 股）6m	1根		
17		多股绝缘导线 4	BV7-16，浅蓝色（7 股）6m	1根		
18		单股塑料硬质铜芯线	250/500V，BV-2.5 浅蓝色 1m	1根		
19		螺钉	各种配套的安装螺钉和垫圈	1盒		
20		绝缘胶带	0.4kV 自黏型黄、绿、红、浅蓝色各1卷	1组		
21		自攻螺钉	ST3×30/ST4×20（带垫圈）	各10个		
22		封堵泥	黏性防水型	0.2kg		
23		砂纸	细砂	若干		
24		扎带	200mm 尼龙扎带	1袋		
25		接线耳	16mm^{2}铜接线耳	3个		
26		膨胀螺栓	金属型	4个		
27		封签	一次性	若干		
28		演示表板	1220mm×2440mm×30mm 细木木芯板，配 150mm 安装滑轨	1块		
29	安全专用品	安全带	双保险五点式（带 ϕ50～70mm 后备保护绳）	1副		
30		验电器	低压型	1支		
31		绝缘台垫	1200mm×1000mm×20mm（$L\times W\times H$）	1块		
32		围栏	安全遮栏 4 块	1套		
33		指示牌、标示牌和警示牌	“从此进出”指示牌、“在此工作”标示牌和“止步，高压危险”警示牌	1套		

续表

序号	物料类别	名称	型号、规格及要求	数量		备注
				单需量	总需量	
34	施工工具	冲击钻	功率 560W，配 2 支 ϕ12.5mm 钻头	1 台		
35		切管器	PVC 管切刀/管钳	1 把		
36		临时电源	250/500V，带剩余电流保护	1 套		
37		压接钳	压接范围 10～240mm^{2}液压钳	1 把		
38		断线钳	J130	1 把		
39	登高工具	绝缘梯	3m 防滑限高型直梯	1 架		
40		传递绳	棕绳或尼龙绳（含传物袋）ϕ20mm	20m		

基本操作原理

1. 直接接入式三相四线电能表的接线原则

先装设备、后装导线；先接负荷侧、后接电源侧；先接零线、后接火线；从左向右依次按 U 相、V 相、W 相、零线安装接线。

2. 直接接入式三相四线电能表的接线端子孔

正对电能表的接线端子盒从左向右看，第 1 个、第 3 个、第 5 个接线端子孔分别是 U、V、W 三相进火线接线孔，第 2 个、第 4 个、第 6 个接线端子孔分别是 U、V、W 三相出火线接线孔，第 7 个和第 8 个接线端子孔均为零线进、出线接线孔。其接线规律为：奇数孔，接电源；偶数孔，接负荷。直接接入式三相四线电能表的接线端子孔如图 2-19 所示。

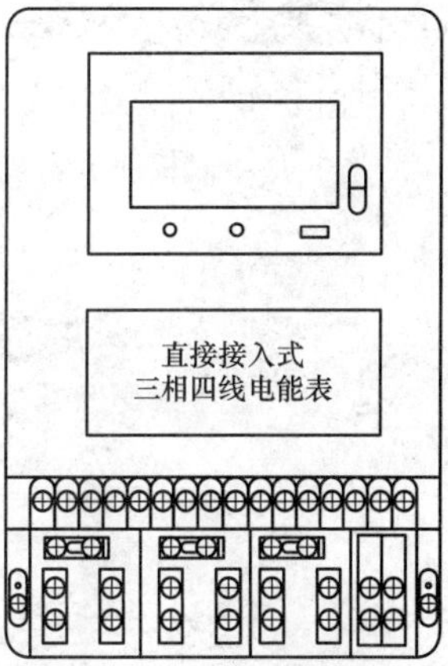

图 2-19　直接接入式三相四线电能表接线端子孔

3. 直接接入式三相四线电能表的安全接线顺序

在计量箱内部，将计量设备及辅助设备进行安装固定。

（1）零线的安装接线：准备一条适当长度的电源零线和一条适当长度的电压零线；利用“T”接法将电压零线的一端与电源零线的适当位置进行连接；将电压零线的另一端接入电能表的第 7 个接线端子孔中；分别将电源零线的两端依次接入负荷侧、电源侧。

（2）火线的安装接线：在电能表的第 2 个接线端子孔中连接黄色出表火线，将该火线的另一端接到负荷侧；在电能表的第 4 个接线端子孔中连接绿色出表火线，将该火线的另一端接到负荷侧；在电能表的第 6 个接线端子孔中连接红色出表火线，将该火线的另一端接到负荷侧。

在电能表的第 1 个接线端子孔中连接黄色进表火线，将该火线的另一端接到电源侧；

在电能表的第 3 个接线端子孔中连接绿色进表火线，将该火线的另一端接到电源侧；在电能表的第 5 个接线端子孔中连接红色进表火线，将该火线的另一端接到电源侧。

小提示

“T”接的电压零线应使用截面不小于 2.5mm^2 的浅蓝色绝缘导线。

4. 三相四线电能表的安装接线图

直接接入式低压三相四线电能表的表板演示安装接线图、实际效果图以及现场安装图，分别如图 2-20～图 2-22 所示。

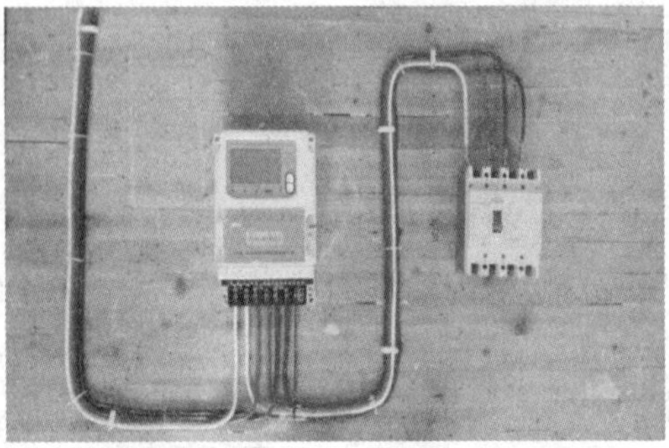

图 2-20　直接接入式三相四线电能表表板演示安装接线图

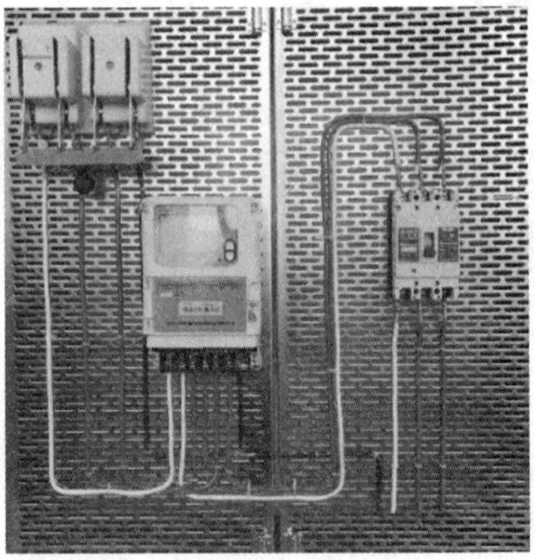

图 2-21　直接接入式三相四线电能表安装接线实际效果图

(a)　(b)

图 2-22　直接接入式三相四线电能表现场安装图

(a) 局部图；(b) 整体图

操作方法及步骤

1. 接受工作任务

（1）工作人员接受工作任务，明确工作负责人，清楚作业项目、工作内容、作业流程、作业时间和地点范围，填写工作单。

（2）新增或变更电能计量装置，应通过营销管理系统形成电子工作单，按业务流程传递至装表接电班组。纸质工作单和电子工作单的信息必须完整、规范。

（3）联系用户，约定现场勘察时间。

2. 检查安装场所符合安装要求

（1）检查是否具备计量装置现场安装条件，应便于抄表、现场检验、检查、更换、防窃电管理。

（2）查看现场安全状况和危险点。

（3）确定具体安装方案。

（4）确定所需的材料、设备和工器具并正确配置。

（5）记录查勘情况，并与用户确定安装时间。

（6）经查勘结论为不符合有关规定或不具备安装条件的，将工作单退回。

3. 办理开工手续

填用工作票，履行工作许可手续，对工作人员交代危险点，指出安全措施，工作人员在工作票上签字。

4. 做好安装前的准备

（1）检查工作人员配备是否符合要求并规范着装。

（2）准备工器具及仪表，并检查是否齐全、合格：对于机械工具，主要检查其外观质量、规格、机械性能；对于电气工具，主要检查其外观质量、电气性能；对于电气仪表，主要检查其外观质量、测量对象和量程、电气性能。

（3）工作人员凭工作单到表库领取电能表及辅助设备材料，并检查是否齐全、合格。

1）核对领用的电能表、断路器以及材料与工作单所列型号、规格是否一致。

2）检查电能表及其他设备、材料选型是否与用户的供电方式和申请容量相适应，如有疑问及时向相关人员提出。

3）检查电能表的检定证书，应在有效期内。

4）进行电能表的直观检查：检查电能表外壳是否完好，检定封印、资产标记（条形码）、铭牌标识是否齐全、清晰；轻摇电能表应无异响，检查端子盒及接线螺钉是否牢固、完好。电能表的直观检查如图 2-23 所示。

5）检查计量箱是否完好无损。

6）检查线缆规格、颜色、截面和长度是否满足用电要求。

（4）检查完毕后，表库管理人员在营销管理系统中进行领取操作。

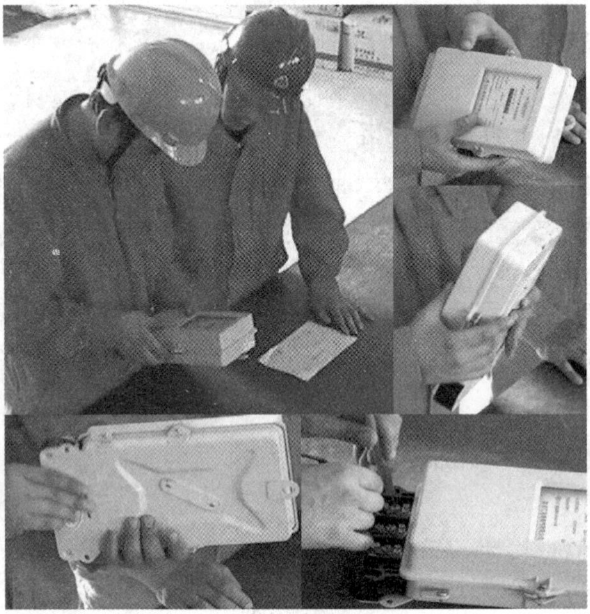

图 2-23　电能表的直观检查

5. 现场布置安全措施

（1）工作负责人进行人员分工，配置安全监护人员。

（2）工作负责人交代停电范围，落实安全措施。

（3）断开用户负荷侧总开关；断开电源侧开关（并取下熔体），在其下桩头验明无电后接地，悬挂“禁止合闸，有人工作”标示牌。

（4）在工作区域设置安全围栏并悬挂“有电危险”警示牌，出入口悬挂“从此进出”指示牌，计量装置本体上悬挂“在此工作”标示牌。

6. 计量箱内部设备的安装与接线

安装和接线时应按照该表端子盒盒盖上接线图进行。安装接线按以下步骤进行：设备安装固定；线长测量与截取；线头剥削；压接圈制作或接线耳制作（包括绝缘恢复）；电压线“T”接（包括绝缘恢复）；导线布置及余端处理；导线与设备连接；导线整理与绑扎。

（1）零线的“T”接。零线“T”接的操作如图 2-24 所示。

（2）接线耳的制作。接线耳的制作过程如图 2-25 所示。

（3）接线耳绝缘的恢复。接线耳绝缘的恢复操作如图 2-26 所示。

（4）导线与设备的连接。导线与设备的连接操作如图 2-27 所示。

（5）计量箱内部接线。计量箱内部接线如图 2-28 所示。

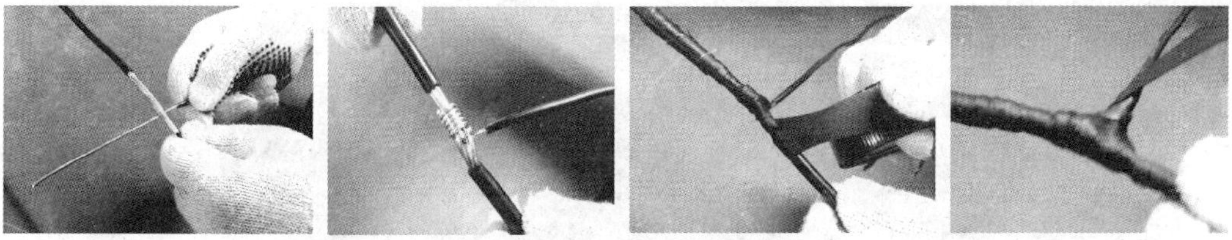

(a)　(b)

图 2-24　零线的“T”接

（a）零线“T”接的缠绕操作；（b）零线绝缘的恢复

(a)　(b)　(c)

图 2-25　接线耳的制作过程

（a）套入线鼻子；（b）压接；（c）压接成型

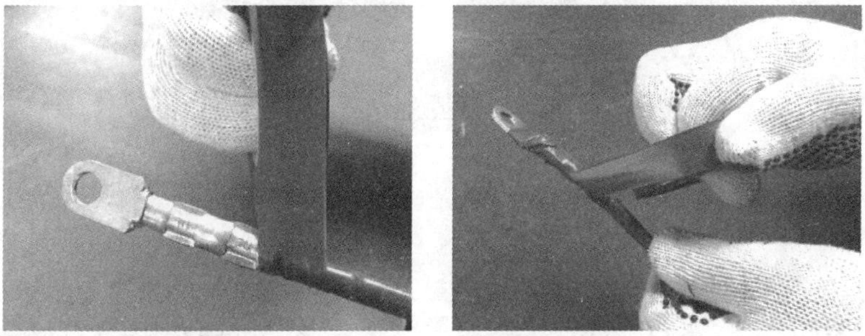

(a)　(b)

图 2-26　接线耳绝缘的恢复操作

（a）绝缘胶带底层缠绕；（b）绝缘胶带面层缠绕

7. 计量箱安装与线管敷设（见图 2-29）

（1）检查登高工具是否可靠。

（2）计量箱定位：确定计量箱的具体安装位置，确定计量箱进出导线方向和长度，确定线管的走向和长度。

（3）固定计量箱：利用冲击钻打孔，用膨胀螺栓将计量箱固定。

（4）电源线接入计量箱并穿管：先连接计量箱出线并穿管到负荷侧，再连接计量箱进线并穿管到电源侧。

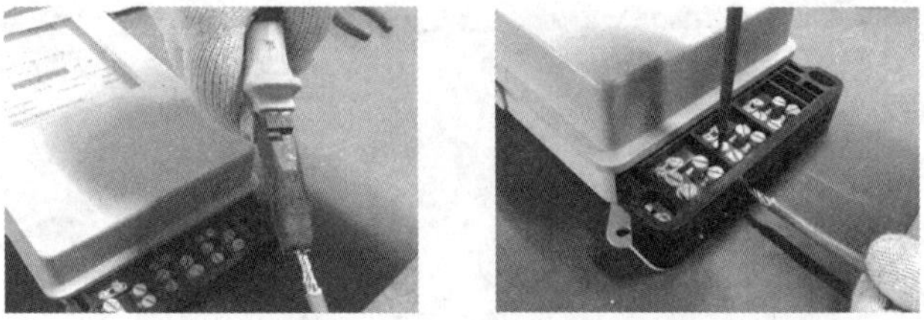

(a) (b) (c)

图 2-27 导线与设备的连接操作

（a）导线处理；（b）与电能表的连接；（c）与断路器的连接

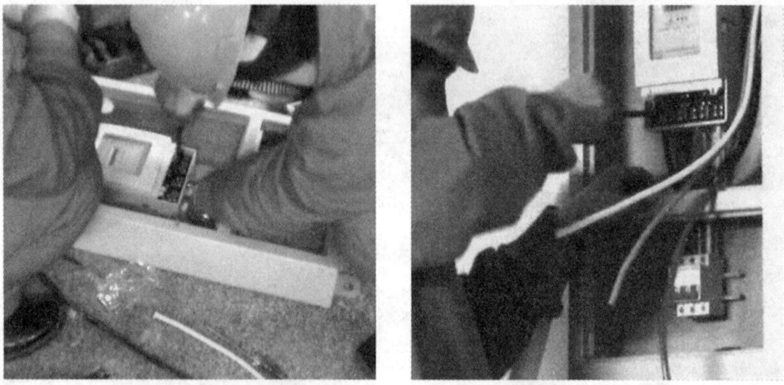

(a) (b)

图 2-28 计量箱内部接线

（a）设备安装 ；（b）导线连接

(a) (b) (c) (d)

图 2-29 计量箱安装与线管敷设

（a）定位；（b）打孔；（c）安装；（d）穿管

（5）将线管用管卡固定，线管应横平竖直（管口向下）并做好导线滴水弯。

（6）封堵线管与表箱处的缝隙。

也可以先在地上“线穿管”和“管进箱”，再在墙上固定计量箱和线管。

8. 施工完毕检查（见图 2-30）

施工完毕后，工作负责人应检查确认：所有接线正确，安装全部规范；所有接地正确可靠；电源侧开关或熔断器、负荷侧开关均处于断开状态。

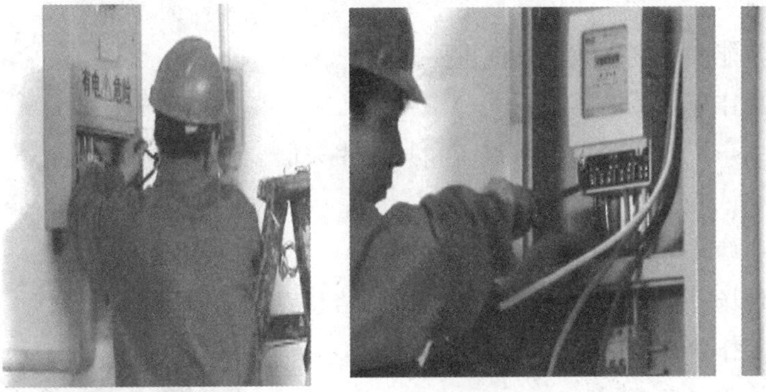

(a)　　(b)

图 2-30　施工完毕检查

（a）场景一；（b）场景二

9. 通电检查（见图 2-31）

（1）拆除因停电工作所做的安全措施，断开负荷侧总开关。

（2）接通表前熔断器或隔离开关，或搭接接户线电源（先接零线、后接火线，三相逐相进行），或合上配电变压器高压熔断器。

（3）测量确认：电能表表尾各相、线电压正常，核对相序正相序。

（4）能够带负荷时，检查电能表有无报警提示、出错标识、欠压符号。

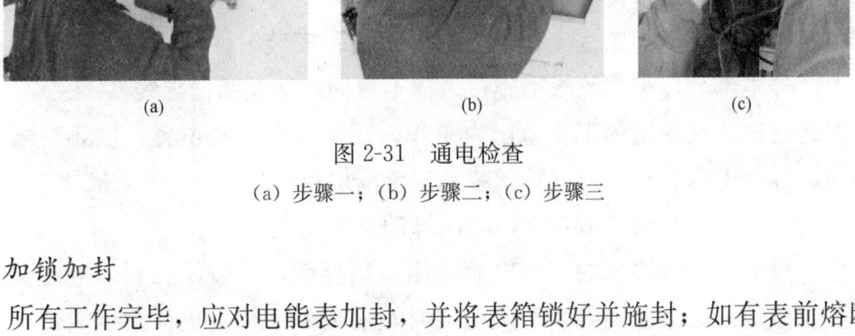

(a)　　(b)　　(c)

图 2-31　通电检查

（a）步骤一；（b）步骤二；（c）步骤三

10. 加锁加封

（1）所有工作完毕，应对电能表加封，并将表箱锁好并施封；如有表前熔断器或隔离开关也应加封。

（2）凡裸露的变压器低压端子均应采用护罩、护套等形式封闭。

（3）施封应清晰可靠，并在工作单上准确记录封号或塑封编号。

（4）检查加封部位是否齐全，加封质量是否合格。

11. 记录确认

（1）记录电能表底度示数及其他重要参数。

（2）填写工作单余下内容。

（3）告知用户工作内容，核对封印和其他相关信息，供用双方确认并签字（见图 2-32）。

12. 操作终结

清理工作现场，拆除所有安全措施；开总结会后报完工；终结工作票；撤离工作现场。

13. 结束工作任务

工器具及仪表还原；资料归档并完成管理系统流程。

图 2-32 用户签字

危险点控制措施及操作注意事项

1. 危险点分析及控制措施

（1）不严格执行保证安全的措施，无票作业，无许可作业。严格执行工作票和工作许可制度及监护制度，个人防护措施正确落实。

（2）使用不合格的工器具及仪表。检查工器具的试验周期是否合格；检查电气绝缘是否符合安全要求。

（3）高处坠落。使用合格的登高作业工具，系好安全带，并由专人监护；高空作业中安全带应该系在牢固的构件上，并系好后备保护绳，确保双重保护，转向移位穿越时不得失去一重保护；梯子有防滑限高措施并有专人扶持，梯上操作人员站姿正确。

（4）高处落物。作业现场人员必须戴好安全帽，严禁在作业点下方逗留；上下传递物品必须使用传物袋并通过传递绳，严禁抛掷。

（5）单相接地和相间短路。工作时先断开负荷；安装时使用合格的绝缘工具并站在绝缘台垫上，导电部分应采取绝缘措施；人体不得同时触及两根导线。

（6）误碰触电。在指定的工作范围内工作，明确带电设备位置，作业现场与带电部位有效隔离，并在工作区范围设立警示牌和安全围栏。

（7）误伤。严禁刀具对己或对人；防止舞动导线伤人。

（8）意外触电。临时接入的工作电源须用专用导线，并装设有剩余电流保护器；电动工具外壳应接地；在电源侧隔离开关接线时，隔离开关桩头负荷侧可能带电，必须验电，并做好安全措施；工作前务必挂好接地线。

2. 操作注意事项

（1）作业时规范着装，保证由两人及以上进行。

（2）电能表计的安装必须符合计量装置管理有关规定，满足防窃电要求，且应整齐规范。

（3）新装、更换电能表前应对现场情况进行核实，如发现用户违约用电、窃电、计量装置故障、电价不符、欠费、报装用电地址不同等情况，应停止新装、更换工作，向业务接待反映情况后再行处理。

（4）门栋零星装表应合理选择电能表安装位置，批户装表应考虑电能表整体布局；电能表表箱下沿高度宜为1.8～2.0m。

（5）登杆前要检查登高工具是否在试验期限内，对脚扣和安全带作冲击试验；登高作业时，应戴好安全帽，系好安全带，并将安全带和保护绳分别固定在牢固的构件上，检查确认扣环扣好后方可工作；严禁低挂高用，严防高处坠落。

（6）使用梯子作业时，应有专人看护扶梯，直梯应防滑限高，梯子与地面的角度为60°左右，“人”字梯应防滑限开；梯上人员与梯子应保持三点接触并将安全带系在牢固的构件上。

（7）临时接入的工作电源须用专用导线，并装设有剩余电流保护器；电动工具外壳应接地。

（8）在多雷地区，应增装低压避雷器或其他防雷保护。

操作收获、存在问题及改进措施

1. 操作收获

____

____

2. 存在的问题

____

____

3. 改进的措施

____

____

项目 12　经电流互感器接入式三相四线电能表的停电安装

操作任务

（1）在停电的情况下，对经电流互感器接入式三相四线电能表进行安装接线。

（2）进行计量箱安装与线管敷设。

（3）在施工完毕检查合格后，对三相四线电能表进行通电检查。

操作目的

（1）掌握电能表、电流互感器、电源隔离开关、三相断路器和导线的选择方法。

（2）熟练掌握经电流互感器接入式三相四线电能表及辅助设备的安装、布线和接线方法。

（3）养成严谨负责的工作态度和团队合作精神。

工作环境

新装经电流互感器接入式三相四线电能表。

难度/复杂度等级

中等级别（中级）。

人员和物料

1. 人员配备及要求

（1）人员分工：工作负责人（兼安全监护人）1名、主操作人员1名、辅操作人员1名。

（2）着装要求：按电能计量工作现场要求规范着装。

（3）素质要求：符合电能计量外勤工作人员素质要求。

2. 物料配备及要求（见表2-5）

表2-5　物料配备及要求表

序号	物料类别	名称	型号、规格及要求	数量		备注
				单需量	总需量	
1	个人工器具及仪表	安装接线常用工器具及仪表	标准配置	1套		
2		不停电检查常用工器具及仪表	标准配置	1套		
3	设备或者装置	经电流互感器接入式三相四线电能表	有功1.0/无功2.0级，DTZY-Z，3×220/380V，3×1.5(6)A	1只		
4		电流互感器	3台低压0.5S级，LMZJ-0.5，150/5A	1组		

续表

序号	物料类别	名称	型号、规格及要求	数量		备注
				单需量	总需量	
5	设备或者装置	试验接线盒	三相四线型	1个		
6		三相计量箱	带电流互感器三相单表位明装式透明塑料电能表箱 HSD	1个		
7		三相低压断路器	DZ47-63-380V，3P 式断路器	1个		
8		或：三相剩余电流动作断路器	DZ15LD-40/390（带缺相保护）	1个		
9		低压电源隔离开关	三相四级开启式隔离开关，HD11F-100/48	1个		
10		或：低压熔断器及其把手	3 个 RTO200A 熔断器	1组		
11	材料	PVC 线管	阻燃型，ϕ40mm	4m		
12		PVC 管弯头	90°阻燃型，ϕ40mm 含固定环	7个		
13		PVC 管卡	阻燃型绝缘带钉管卡 ϕ40mm	10个		
14		多股铜芯绝缘导线	BV-16，黄、绿、红、浅蓝色各 7m	1组		
15		单股铜芯绝缘导线 1	BV-4.0，黄、绿、红色各 4m	1组		
16		单股铜芯绝缘导线 2	BV-2.5，黄、绿、红、浅蓝色各 2m	1组		
17		或：计量专用电缆	KVV20 型，$4\times2.5\text{mm}^2+6\times4.0\text{mm}^2$	1根		不带铠的
18		绝缘胶带	0.4kV 自黏型，黄、绿、红、浅蓝色 J-20 各 1 卷	1组		
19		铜芯通信 2 芯屏蔽线	BVVB300/500V，$2\times1.0\text{mm}^2$ 双芯双色屏蔽线	1m		
20		封签	一次性	若干		
21		螺钉	各种配套的安装螺钉和垫圈	1盒		
22		自攻螺钉	ST3×30/ST4×20 带垫片	各10个		
23		封堵泥	黏性防水型	0.2kg		
24		砂纸	细砂	若干		
25		扎带	200mm 尼龙扎带	1袋		
26		接线耳	16mm^2铜接线耳及其配套螺栓、单螺母、两垫圈	4套		
27		膨胀螺栓	金属型	4个		
28		钢丝刷	小号	1把		
29		演示表板	1220mm×2440mm×30mm（$L\times W\times H$）细木木芯板，配 200mm 安装滑轨	1块		

续表

序号	物料类别	名称	型号、规格及要求	数量		备注
				单需量	总需量	
30	安全专用品	安全带	双保险五点式（带 ϕ50～70mm 后备保护绳）	1 副		
31		验电器	低压型	1 个		
32		绝缘台垫	1200mm×1000mm×20mm（$L\times W\times H$）	1 块		
33		围栏	安全遮栏四块	1 套		
34		指示牌、标示牌和警示牌	“从此进出”指示牌、“在此工作”标示牌和“止步，高压危险”警示牌	1 套		
35	施工工具	冲击钻	功率 560W，配 2 支 ϕ12.5mm 钻头	1 台		
36		切管器	PVC 管切刀/管钳	1 把		
37		临时电源	250/500V 带剩余电流保护	1 套		
38		压接钳	压接范围 10～240mm^{2}液压钳	1 把		
39		断线钳	J130	1 把		
40	登高工具	绝缘梯	3m 防滑限高型直梯	1 架		
41		传递绳	棕绳或尼龙绳（含传物袋）ϕ20mm	20m		
42		梯子	防滑限高型	1 架		
43	其他	工作票	A4	1 份		
44		工作单	A4	1 份		

基本操作原理

1. 电能表的安装接线孔

对于经电流互感器接入式电能表，第 1 个、第 4 个、第 7 个接线端子孔，它们分别是 U、V、W 三相电流进表线接线孔；第 3 个、第 6 个、第 9 个接线端子孔分别是 U、V、W 三相电流出表线接线孔，第 2 个、第 5 个、第 8 个接线端子孔分别是 U、V、W 三相电压线接线孔，第 10、11 个接线端子孔均是零线接线孔。其接线规律为：147、S1，(369、S2)，258、永电压；找到十号孔，零线“T”接它；遇到三线表，46 空着它。经电流互感器接入式电能表的安装接线孔如图 2-33 所示。

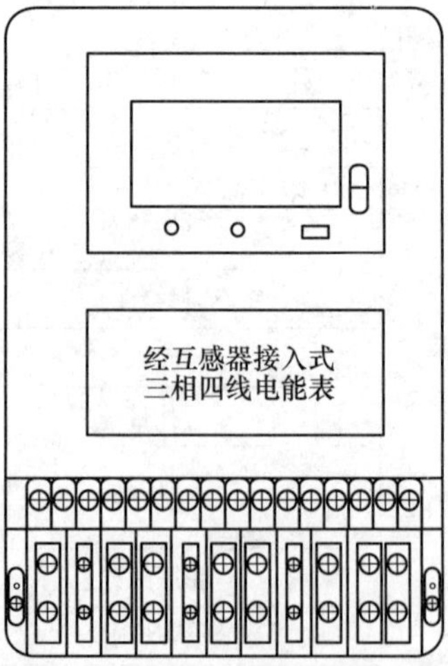

图 2-33　经电流互感器接入式电能表安装接线孔

2. 电流互感器的接线端子

对于低压穿芯式电流互感器，L2 或 P2 是电流互感器的负荷侧，L1 或 P1 是电流互感器的电源侧，它们是电流互感器的一次电源侧；K1 或 S1 接线端子接电能表的电流进线接线端子孔，K2 或 S2 接线端子接电能表的电流出线接线端子孔，它们是电流互感器的二次电流侧接线端子；经电流互感器接入式三相四线电能表一共带有 3 台电流互感器。低压穿芯式电流互感器的接线端子如图 2-34 所示。

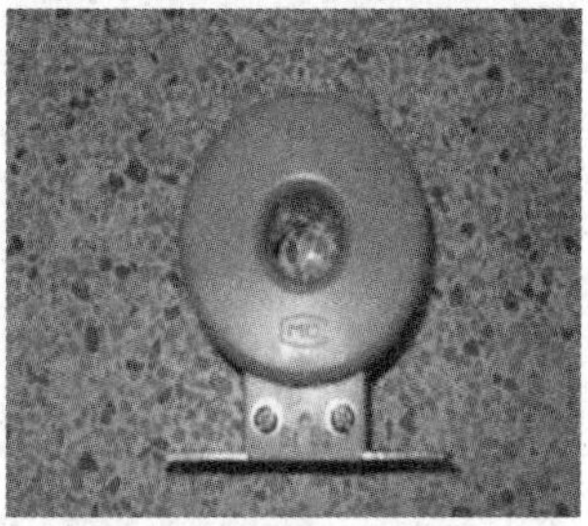

图 2-34　低压穿芯式电流互感器接线端子

3. 接线盒的接线端子孔

接线式接线盒一般由 7 组端子组成，其中电流回路用 3 组，每组有 3 只接线端子，每只端子上下是一个整体，端子间用连接片进行连通或断开。电压回路用 4 组，每组有 1～3 只接线孔，它们是一个整体，上下是断开的，采用连接片进行连通或断开。试验接线盒接线端子孔如图 2-35 所示。

图 2-35　试验接线盒接线端子孔

试验接线盒的推荐安装接线方式为：水平正装，且电流线从接线盒下方的电流接线端子（从左至右）的第 2、第 3 孔接入，对应的电流线从接线盒上方的电流接线端子（从左至右）的第 1、第 3 孔接出。

小提示

试验接线盒正确安装接线的 7 点要求。不可倒置；不可倾斜大于 2°；不可电流直通；不准电压短路；不可电压开路；不准电流开路；不可电流短路。

4. 安装接线原则

经电流互感器接入式三相四线电能表的接线原则：先装设备、后装导线；先接二次线、后接一次线，一次线先接负荷侧、后接电源侧，二次线先接电能表侧、后接互感器侧；先接零线、后接火线；从左向右依次按 U 相、V 相、W 相、零线安装接线。

5. 三相四线电能表的安全接线顺序

（1）在计量箱内部，将计量设备及辅助设备进行安装固定。

（2）在计量箱内部，导线的安全接线顺序。

1）二次零线的安装和接线：用一根适当长度的零线，将电能表的第 10 个接线端子孔与接线盒的第 4 组电压端子的出线部分进行连接；再将另一根适当长度的零线、接入接线盒的第 4 组电压端子的进线部分，它的另一端留作接入电源零线用。

2）电能表与接线盒间的安装和接线：用一根截面不小于 $4.0mm^2$ 的黄色铜导线，将电能表的第 1 个接线端子孔与接线盒的第 1 组电流端子出线部分的第 1 孔进行连接；再用另一根截面不小于 $4.0mm^2$ 的黄色铜导线，将电能表的第 3 个接线端子孔与接线盒的第 1 组电流端子出线部分的第 3 孔进行连接。其余绿色和红色的二次电流进出线依此进行连接。

3）接线盒与互感器间的安装和接线：用一根截面不小于 $4.0mm^2$ 的黄色铜导线，连接电流互感器的 K1 或 S1 端子和接线盒的第 1 组电流端子进线部分的第 2 孔；再用另一根截面不小于 $4.0mm^2$ 的黄色铜导线，连接电流互感器的 K2 或 S2 端子和接线盒的第 1 组电流端子进线部分的第 3 孔。其余绿色和红色的二次电流进出线依此进行连接。

4）二次电压线的安装和接线：用一根适当长度的截面不小于 $2.5mm^2$ 的黄色铜导线，将电能表的第 2 个接线端子孔与接线盒的第 1 组电压出线端子进行连接；再将另一根适当长度的截面不小于 $2.5mm^2$ 的黄色铜导线接入接线盒的第 1 组电压端子的进线端子，它的另一端留作接入电源 U 相火线用。其余绿色和红色的 V 相、W 相电压线依此进行连接。

5）一次电源线的安装和接线：根据负荷大小选择合适截面的 3 根火线和 1 根零线；将 1 根一次电源零线从负荷侧直接引到电源侧，将 3 根一次电源相线从负荷侧穿入互感器后引到电源侧，先进行零线的安装接线，再进行火线的安装接线，先接负荷侧、后接电源侧，三相逐相进行。

6）二次电压线与一次电源线的安装和接线。在一次零线的适当位置剥开绝缘层；将进接线盒的零线的另一端与一次零线的裸露部分相接；将零线上裸露的金属部分用黑色绝缘胶带包好。在电流互感器的电源侧，将一次黄色导线的适当位置剖开绝缘层；将进接线盒的黄色电压线的另一端与一次黄色导线的裸露部分相接；将导线上裸露的金属部分用黄色绝缘胶带包好。其余绿色和红色的电压线依此进行“T”接。

6. 三相四线电能表的安装接线图

经电流互感器接入式低压三相四线电能表的表板演示安装接线图、实际效果图以及现场安装图，分别如图 2-36～图 2-38 所示。

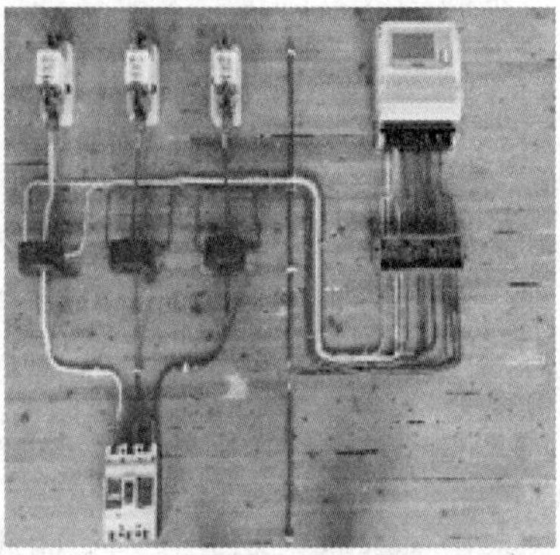

图 2-36　经电流互感器接入式三相四线电能表表板演示安装接线图

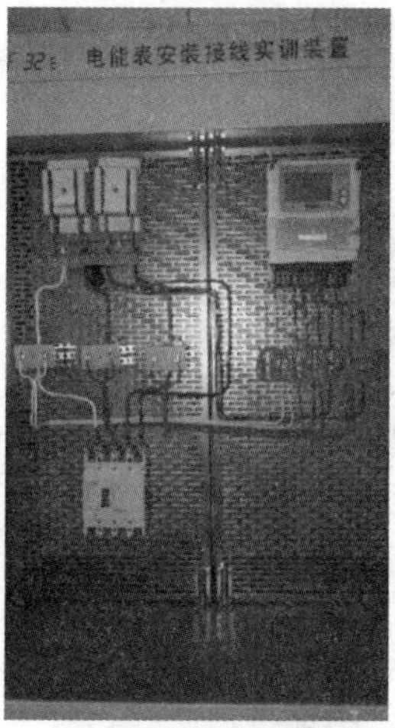

图 2-37 经电流互感器接入式三相四线电能表安装接线实际效果图

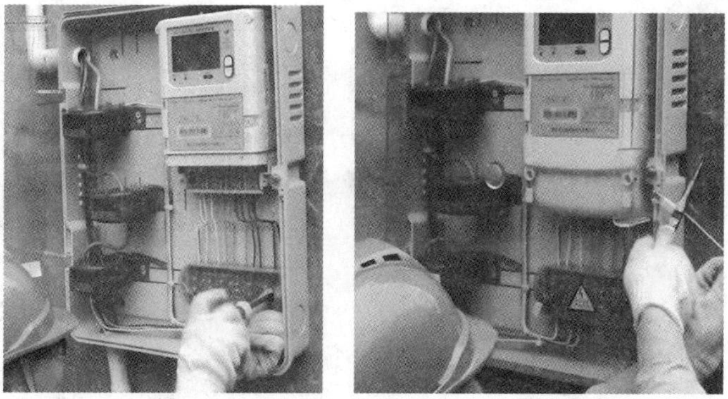

(a) (b)

图 2-38 经电流互感器接入式三相四线电能装置现场安装图

(a) 内部；(b) 外部

小技巧

带电源隔离开关或熔断器的接法，可以解决铝质进户线与电能表铜线的转换问题，同时也方便搭火接电和后期表计更换工作，便于用电管理工作。

7. 主要工器具及设备

经电流互感器接入式三相四线电能表安装接线的主要工器具如图 2-39 所示。

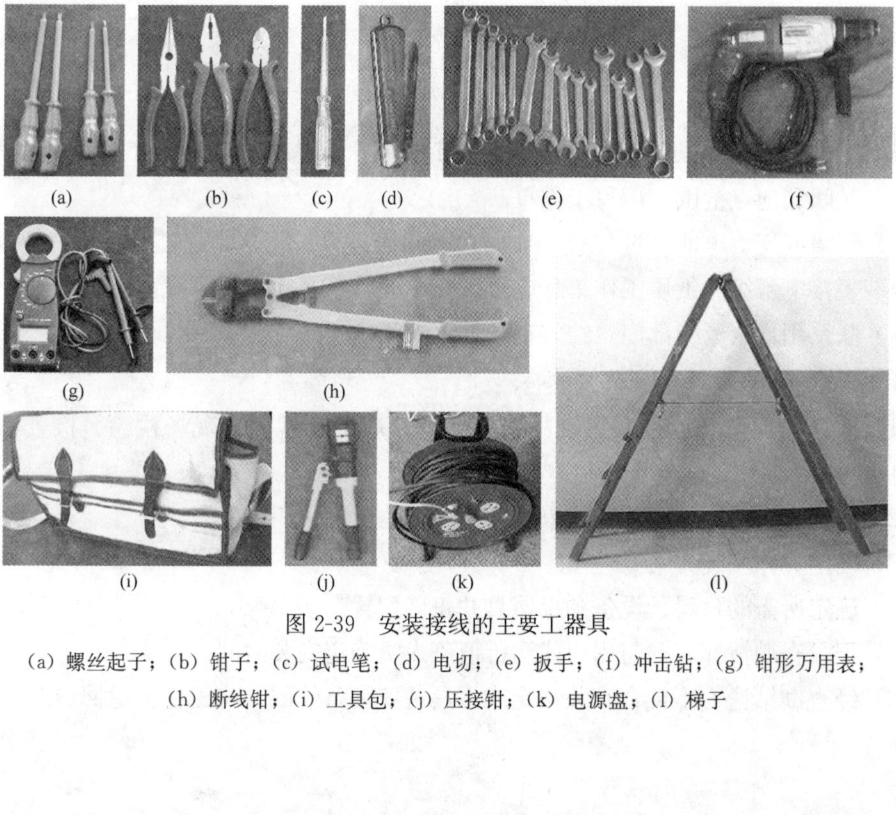

图 2-39 安装接线的主要工器具

(a) 螺丝起子；(b) 钳子；(c) 试电笔；(d) 电切；(e) 扳手；(f) 冲击钻；(g) 钳形万用表；(h) 断线钳；(i) 工具包；(j) 压接钳；(k) 电源盘；(l) 梯子

经电流互感器接入式三相四线电能表安装的主要设备如图 2-40 所示。

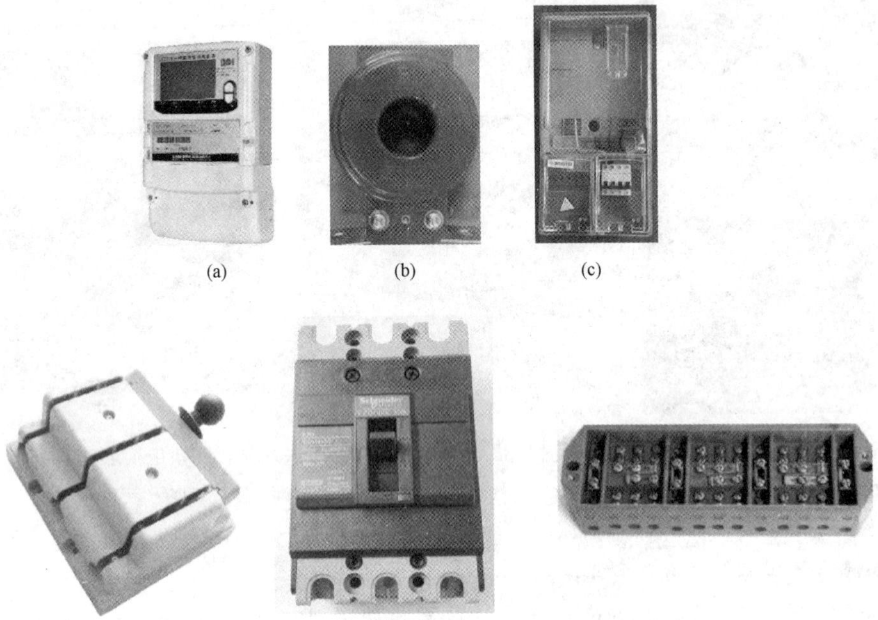

(a) (b) (c)

(d) (e) (f)

图 2-40　主要设备

(a) 电能表；(b) 互感器；(c) 计量箱；(d) 隔离开关；(e) 断路器；(f) 接线盒

操作方法及步骤

1. 接受工作任务

（1）工作人员接受工作任务，明确工作负责人，清楚作业项目、工作内容、作业流程、作业时间和地点范围，填写工作单。

（2）新增或变更电能计量装置，应通过营销管理系统形成电子工作单，按业务流程传递至装表接电班组。纸质工作单和电子工作单的信息必须完整、规范。

（3）联系用户或运行部门，约定现场勘察时间。

2. 检查安装场所符合安装要求

（1）检查是否具备计量装置现场安装条件，应便于抄表、现场检验、检查、更换、防窃电管理。

（2）查看现场安全状况和危险点。

（3）确定具体安装方案。

（4）确定所需的材料、设备和工器具并正确配置。

（5）记录查勘情况，并与用户或运行值班人员确定安装时间。

（6）经查勘结论为不符合有关规定或不具备安装条件的，将工作单退回。

3. 办理开工手续

填用工作票，履行工作许可手续，对工作人员交代危险点，指出安全措施，工作人员在工作票上签字。

4. 做好安装前的准备

（1）检查工作人员配备是否符合要求并规范着装。

（2）准备工器具及仪表，并检查是否齐全、合格：对于机械工具，主要检查其外观质量、规格、机械性能；对于电气工具，主要检查其外观质量、电气性能；对于电气仪表，主要检查其外观质量、测量对象和量程、电气性能。

（3）工作人员凭工作单到表库领取电能表、互感器等计量设备及辅助设备材料，并检查是否齐全、合格。

1）核对领用的电能表、互感器和断路器以及材料与工作单所列型号、规格是否一致。

2）检查电能表和互感器的配置及其他设备、材料选型是否与用户的供电方式和申请容量相适应，如有疑问及时向相关人员提出。

3）检查电能表和互感器的检定证书（含封印），应在有效期内。

4）进行电能表的直观检查：检查电能表外壳是否完好，检定封印、资产标记（条形码）、铭牌标识是否齐全、清晰；轻摇电能表应无异响，检查端子盒及接线螺钉是否牢固、完好。电能表的安装前检查如图 2-41 所示。

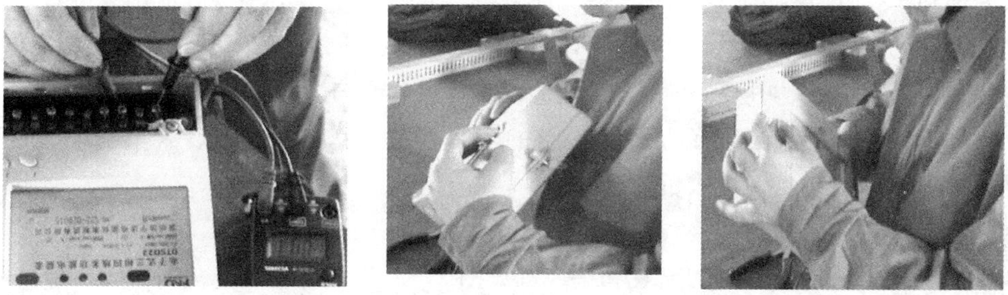

(a)　(b)　(c)

图 2-41　电能表的安装前检查

5）进行电流互感器的直观检查：核对变比是否与工作单上所列一致；核对极性是否正确，外壳是否完好，铭牌标识是否齐全、清晰；检查接线端子螺钉是否牢固、完好。互感器的直观检查如图 2-42 所示。

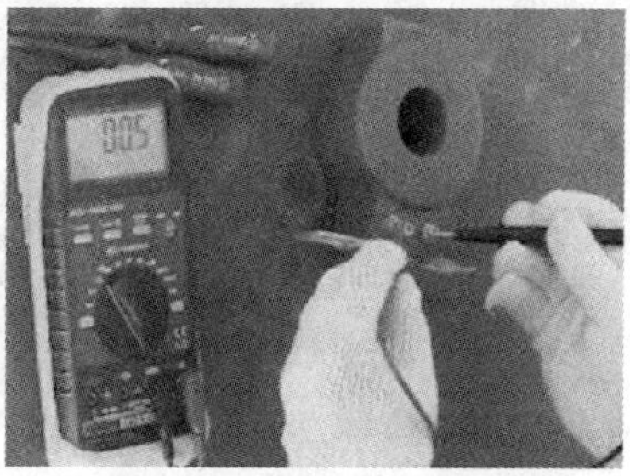

图 2-42　互感器的直观检查

6）检查试验接线盒是否完好无损。检查接线盒的各接线端子是否完好；检查接线盒的电流、电压连接片是否正常。接线盒的安装前检查如图 2-43 所示。

7）检查计量箱是否完好无损。

8）检查线缆规格、颜色、截面和长度是否满足用电要求，测试绝缘电阻是否合格。

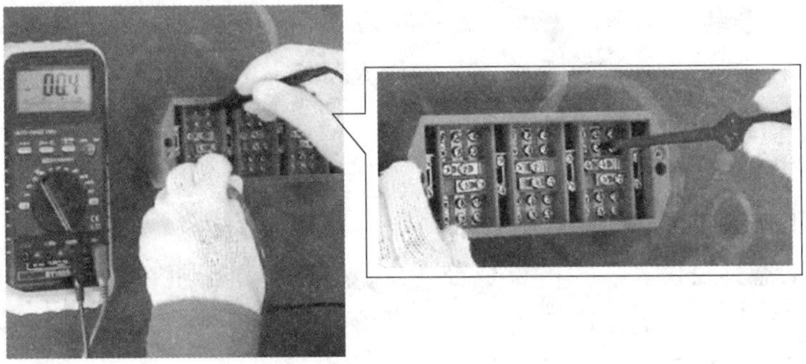

图 2-43　接线盒的安装前检查

（4）检查完毕后，表库管理人员在营销管理系统中进行领取操作。

5. 现场布置安全措施

（1）工作负责人进行人员分工，配置安全监护人员。

（2）工作负责人交代停电范围，落实安全措施。

（3）断开用户负荷侧总开关；断开电源侧开关（并取下熔体），在其下桩头验明无电后接地，悬挂“禁止合闸　有人工作”标示牌。

（4）在工作区域设置安全围栏并悬挂“有电危险”警示牌，出入口悬挂“从此进出”指示牌，计量装置本体上悬挂“在此工作”标示牌。

6. 计量箱内部设备的安装与接线

安装和接线时应按照该表端子盒盒盖上接线图进行。安装接线按以下步骤进行：设备安装固定；线长测量与截取；线头剥削；压接圈制作或接线耳制作（包括绝缘恢复）；电压线“T”接（包括绝缘恢复）；导线布置及余端处理；导线与设备连接；导线整理与绑扎。

（1）计量箱内部计量设备及辅助设备的安装固定。安装电能表、采集终端、3 个电流互感器、试验接线盒，接入负荷开关。

（2）二次零线的安装和接线（见图 2-24）。

（3）电能表与接线盒间的安装和接线（见图 2-44）。

（4）互感器与接线盒间的安装和接线（见图 2-45）。

(a)

(b)

图 2-44　电能表与接线盒间的安装和接线

（a）装接中；（b）接线完成

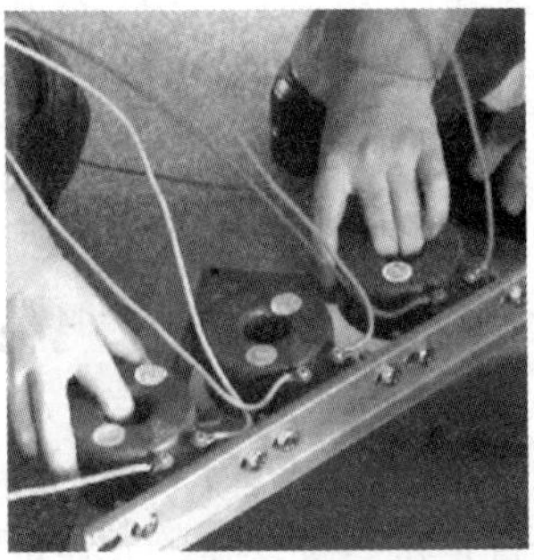

图 2-45　互感器与接线盒间的安装和接线

（5）二次电压线互感器侧的安装和接线（见图 2-46）。

（6）一次电源线穿越互感器和 PVC 线管以及线管穿越计量箱并固定。

（7）二次电压线与一次电源线的“T”接。

7. 计量箱安装与线管敷设

（1）检查登高工具是否可靠。

（2）计量箱定位：确定计量箱的具体安装位置，确定计量箱进出导线方向和长度，确定线管的走向和长度。

（3）固定计量箱（见图 2-47）：利用冲击钻打孔，用膨胀螺栓将计量箱固定。

（4）电源线接入计量箱并穿管（见图 2-48）：一次电源线穿过电流互感器和计量箱；先连接计量箱出线并穿管到负荷侧，再连接计量箱进线并穿管到电源侧，最后将二次电压线接入一次电源线。

图 2-46　二次电压线互感器侧的安装和接线

图 2-47　固定计量箱

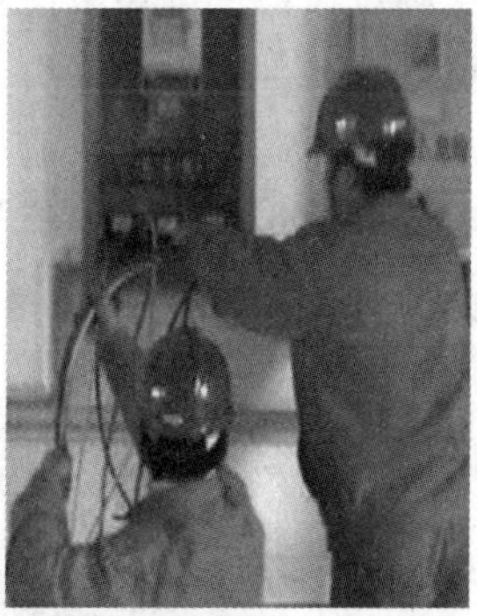

图 2-48　电源线接入计量箱并穿管

（5）将线管用管卡固定，线管应横平竖直（管口向下）并做好导线滴水弯。

（6）封堵线管与表箱处的缝隙。

8. 施工完毕检查

施工完毕后，工作负责人应检查确认：所有接线正确，安装全部规范；熔断器电气导通；所有接地正确可靠；电源侧开关或熔断器、负荷侧开关均处于断开状态（见图 2-49）。

9. 通电检查

（1）拆除因停电工作所做的安全措施，断开负荷侧总开关。

（2）接通表前熔断器或隔离开关，或搭接接户线电源（先接零线、后接火线，三相逐相进行），或合上配电变压器高压熔断器。

（3）测量确认：电能表表尾各相、线电压正常，核对相序正相序。

图 2-49　施工完毕检查

（4）检查确认：电能表无报警提示；电能表无潜动；电能表实时时间显示正确，峰谷平各分时时段正确；通信地址、电能表序号、电能表通信规约正确。

（5）能够带负荷时，检查电能表有无报警提示、出错标识、欠压符号。

（6）检查电流互感器运行声音、温升是否正常。

（7）测量各电流的大小和电压电流间的相位差，确保计量接线正确。

通电检查如图 2-50 所示。

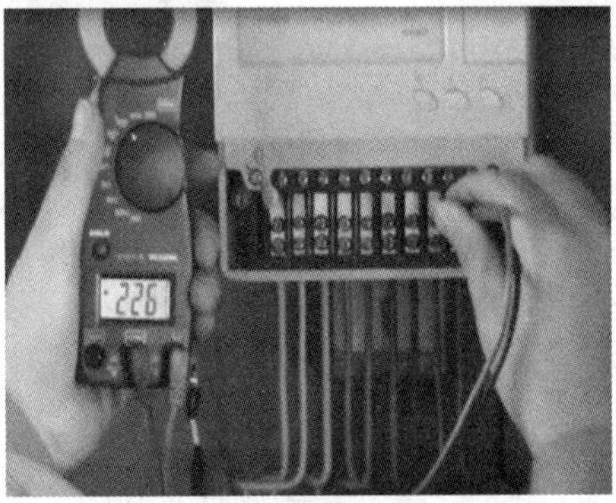

图 2-50　通电检查

10．加锁加封

（1）所有工作完毕，应对电能表、互感器、接线盒加封，并将表箱锁好并施封；如有表前熔断器或隔离开关也应加封。

（2）凡裸露的变压器低压端子、计量互感器一次端子均应采用护罩、护套等形式封闭。

（3）施封应清晰可靠，并在工作单上准确记录封号或塑封编号。

（4）检查加封部位是否齐全，加封质量是否合格。

11. 记录确认

（1）记录电能表底度示数及其他重要参数，互感器变比及其他重要信息。

（2）填写工作单余下内容。

（3）告知用户工作内容，核对封印和其他相关信息，供用双方确认并签字。

12. 操作终结

清理工作现场，拆除所有安全措施；开总结会后报完工；终结工作票；撤离工作现场。

13. 结束工作任务

工器具及仪表还原；资料归档并完成管理系统流程。

危险点控制措施及操作注意事项

1. 危险点分析及控制措施

（1）不严格执行保证安全的措施，无票作业，无许可作业。严格执行工作票和工作许可制度及监护制度，个人防护措施正确落实。

（2）使用不合格的工器具及仪表。检查工器具的试验周期是否合格；检查电气绝缘是否符合安全要求。

（3）高处坠落。使用合格的登高作业工具，系好安全带，并由专人监护；高空作业中安全带应该系在牢固的构件上，并系好后备保护绳，确保双重保护，转向移位穿越时不得失去一重保护；梯子有防滑限高措施并有专人扶持，梯上操作人员站姿正确。

（4）高处落物。作业现场人员必须戴好安全帽，严禁在作业点下方逗留；上下传递物品必须使用传物袋并通过传递绳，严禁抛掷。

（5）单相接地和相间短路。工作时先断开负荷；安装时使用合格的绝缘工具并站在绝缘台垫上，导电部分应采取绝缘措施；人体不得同时触及两根导线。

（6）电流互感器开路。确保互感器二次接线端子接触可靠、接线盒的电流连接片不开路、电能表和接线盒的电流接线端子安装可靠。

（7）误碰触电。在指定的工作范围内工作，明确带电设备位置，作业现场与带电部位有效隔离，并在工作区范围设立警示牌和安全围栏。

（8）误伤。严禁刀具对己或对人；防止舞动导线伤人。

（9）意外触电。临时接入的工作电源须用专用导线，并装设有剩余电流保护器；电动工具外壳应接地；在电源侧隔离开关接线时，隔离开关桩头负荷侧可能带电，必须验电，并做好安全措施；工作前务必挂好接地线。

（10）意外伤害。电能计量装置具备送电条件后，应关闭装置柜门，撤离高压室，防止因装置一次设备不能经受冲击电压而引起绝缘爆裂伤人。

（11）防触电伤人。登杆前，作业人员应核准线路的双重编号后方可工作；注意保持与邻近运行设备足够的安全距离。

（12）防倒杆伤人。登杆前检查杆根、杆身、埋深是否达到要求，拉线是否紧固。

2. 操作注意事项

（1）作业时规范着装，保证由两人及以上进行。

（2）电能表计的安装必须符合计量装置管理有关规定，满足防窃电要求，且应整齐规范。

（3）新装、更换电能表前应对现场情况进行核实，如发现用户违约用电、窃电、计量装置故障、电价不符、欠费、报装用电地址不同等情况，应停止新装、更换工作，向业务接待人员反映情况后再行处理。

（4）门栋零星装表应合理选择电能表安装位置，批户装表应考虑电能表整体布局；电能表表箱下沿高度宜为1.8～2.0m。

（5）登杆前要检查登高工具是否在试验期限内，对脚扣和安全带作冲击试验；登高作业时，应戴好安全帽，系好安全带，并将安全带和保护绳分别固定在牢固的构件上，检查确认扣环扣好后方可工作；严禁低挂高用，严防高处坠落。

（6）使用梯子作业时，应有专人看护扶梯，直梯应防滑限高，梯子与地面的角度为60°左右，“人”字梯应防滑限开；梯上人员与梯子应保持三点接触并将安全带系在牢固的构件上。

（7）临时接入的工作电源须用专用导线，并装设有剩余电流保护器；电动工具外壳应接地。

（8）在多雷地区，应增装低压避雷器或其他防雷保护。

操作收获、存在问题及改进措施

1. 操作收获

____

____

2. 存在的问题

____

____

3. 改进的措施

____

____

项目 13　经电流互感器接入式三相四线电能表及采集终端的停电安装

操作任务

（1）在停电的情况下，对经电流互感器接入式三相四线电能表及采集终端进行安装接线。

（2）进行电能计量箱安装与线管敷设。

（3）在施工完毕检查合格后，对三相四线电能表及采集终端进行通电检查。

操作目的

（1）掌握电能表、电流互感器、熔断器或电源隔离开关、三相断路器、采集终端和导线的选择方法。

（2）熟练掌握经电流互感器接入式三相四线电能表及采集终端的安装和联合接线方法。

（3）养成严谨负责的工作态度和团队合作精神。

工作环境

新装经电流互感器接入式三相四线电能表及采集终端，计量箱已安装完毕。

难度/复杂度等级

高等级别（高级）。

人员和物料

1. 人员配备及要求

（1）人员分工：工作负责人（兼安全监护人）1 名、主操作人员 1 名、辅操作人员 1 名。

（2）着装要求：按电能计量工作现场要求规范着装。

（3）素质要求：符合电能计量外勤工作人员素质要求。

2. 物料配备及要求（见表 2-6）

表 2-6　　物料配备及要求表

序号	物料类别	名称	型号、规格及要求	数量		备注
				单需量	总需量	
1	个人工器具及仪表	安装接线常用工器具及仪表	标准配置	1 套		
2		不停电检查常用工器具及仪表	标准配置	1 套		

续表

序号	物料类别	名称	型号、规格及要求	数量		备注
				单需量	总需量	
3	设备或者装置	经电流互感器接入式三相四线电能表	有功 1.0/无功 2.0 级 DTZY-Z，3×220/380V，3×1.5(6)A	1只		
4		低压采集终端	三相四线终端，3×220/380V，3×1.5(6)A	1只		
5		电流互感器	3 台低压 0.5S 级 LMZJ-0.5，150/5A	1组		
6		试验接线盒	FJ6/DFY1	1个		
7		三相计量箱	带电流互感器三相双表位明装式透明塑料电能表箱，HSD	1个		
8		三相低压断路器	DZ47-63-380V，3P 式断路器	1个		
9		或：三相剩余电流动作断路器	DZ15LD-40/390（带缺相保护）	1个		
10		低压电源隔离开关	三相四级开启式隔离开关，HD11F-100/48	1个		
11		或：低压熔断器及其拔手	3 个 RTO200A 熔断器	1组		
12	材料	PVC 线管	阻燃型，ϕ40mm	4m		
13		PVC 管弯头	90°阻燃型，ϕ40mm 含固定环	7个		
14		PVC 管卡	阻燃型绝缘带钉管卡，ϕ40mm	10个		
15		多股铜芯绝缘导线	BV-16，黄、绿、红、浅蓝色各 7 m	1组		
16		单股铜芯绝缘导线 1	BV-4.0，黄、绿、红色各 5m	1组		
17		单股铜芯绝缘导线 2	BV-2.5，黄、绿、红、浅蓝色各 3m	1组		
18		绝缘胶带	0.4kV 自黏型黄、绿、红、浅蓝色 J-20 各 1 卷	1组		
19		封签	一次性	若干		
20		螺钉	各种配套的安装螺钉和垫圈	1盒		
21		自攻螺钉	ST3×30/ST4×20 带垫片	各 10 个		
22		封堵泥	黏性防水型	0.2kg		
23		砂纸	细砂	若干		
24		扎带	200mm 尼龙扎带	1袋		
25		接线耳	ϕ16mm 铜接线耳及其配套的长螺栓、双螺母、三垫圈	6套		
26		铜芯通信 2 芯双绞屏蔽线	BVVB300/500V（2×0.75mm^2）	1m		
27		挂钩螺钉	M4 挂钩螺钉	2个		

续表

序号	物料类别	名称	型号、规格及要求	数量		备注
				单需量	总需量	
28	材料	膨胀螺栓	金属型	4个		
29		钢丝刷	小号	1把		
30		演示表板	1220mm×2440mm×30mm（$L\times W\times H$）细木木芯板、配200mm安装滑轨	1块		
31		普通螺钉	M4×10/M4×12普通螺钉	若干		
32		垫圈	M4平垫圈和弹簧垫圈	若干		
33	安全专用品	安全带	双保险五点式（带ϕ50～70mm后备保护绳）	1副		
34		验电器	低压型	1支		
35		绝缘台垫	1200mm×1000mm×20mm（$L\times W\times H$）	1块		
36		围栏	安全遮栏4块	1套		
37		指示牌、标示牌和警示牌	“从此进出”指示牌、“在此工作”标示牌和“止步，高压危险”警示牌	1套		
38	施工工具	冲击钻	功率560W，配2支ϕ12.5mm钻头	1台		
39		切管器	PVC管切刀/管钳	1把		
40		临时电源	250/500V，带剩余电流保护	1套		
41		压接钳	压接范围10～240mm^{2}液压钳	1把		
42		断线钳	J130	1把		
43		拔手	新型熔断器专用	1个		
44	登高工具	绝缘梯	3m防滑限高型直梯	1架		
45		传递绳	棕绳或尼龙绳（含传物袋），ϕ20mm	20m		

基本操作原理

对于高供低计专用电能表适用于变压器容量为315kVA及以下用户；0.4kV为中性点非绝缘系统，应采用三相四线电能计量方式；电流互感器应采用3台且其二次绕组与电能表之间应采用六线制连线。

1. 联合接线原理

电能表与采集终端之间的电流线应串联相接，电压线应并联接入。

485 数据通信：终端 485A（正极＋）与电能表 485A 相连、终端 485B（负极－）与电能表 485B 相连，A、B 导线不得接反，通常 A 为红色、B 为蓝色，A、B 间正常电压为 2～5V；屏蔽层必须一端接地。485 红、绿指示灯交替闪烁或运行红灯亮，则调试成功；电能表显示正常无报警，显示的时间和所处时段与标准时段对应。

脉冲测试数据采集：黄色线接电能表脉冲＋，绿色线接电能表脉冲－；脉冲线必须按照电能表和终端的接线要求一一对应可靠连接；脉冲信号收发正常。脉冲线尽量远离交流电源线及其他干扰源，在与交流电源线平行时，要保持尽可能大的间隙。

采集终端连接电能表原则上采取“一台终端与接入的所有电能表的 485 接口的同名端并联”方式，即每只电能表和数据设备连接终端装置共用一根屏蔽电缆用于 485 数据采集，连接电缆的网状屏蔽层应在终端一侧可靠接地。

采集终端的外观及其接线端子、RS485 通信线的连接、脉冲线的连接和天线的安装接线，分别如图 2-51～图 2-54 所示。

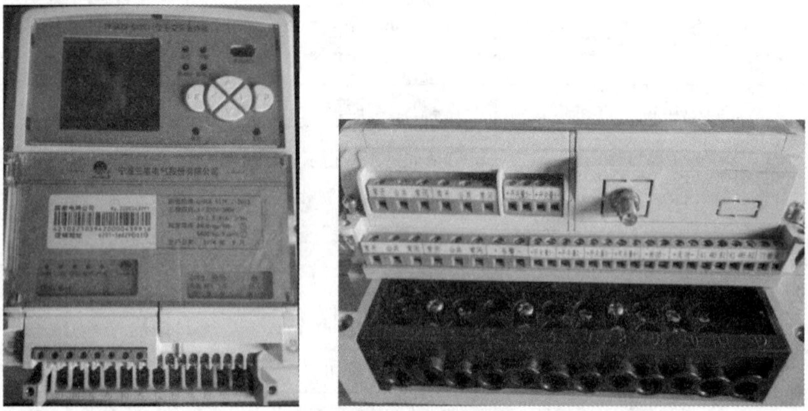

(a)　(b)

图 2-51　采集终端的外观及其接线端子

(a) 采集终端外观；(b) 接线端子

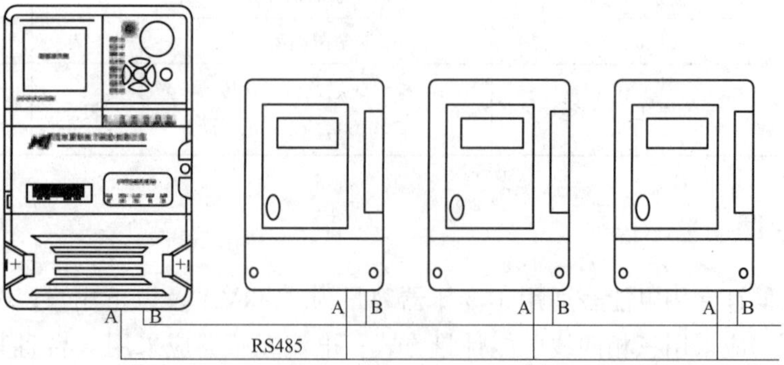

图 2-52　RS485 通信线的连接

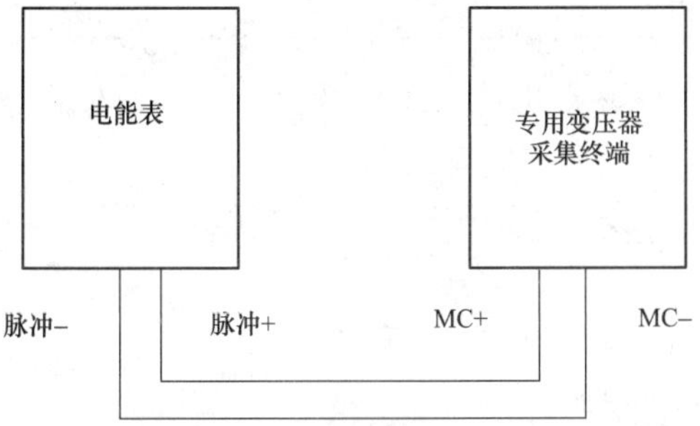

图 2-53　脉冲线的连接

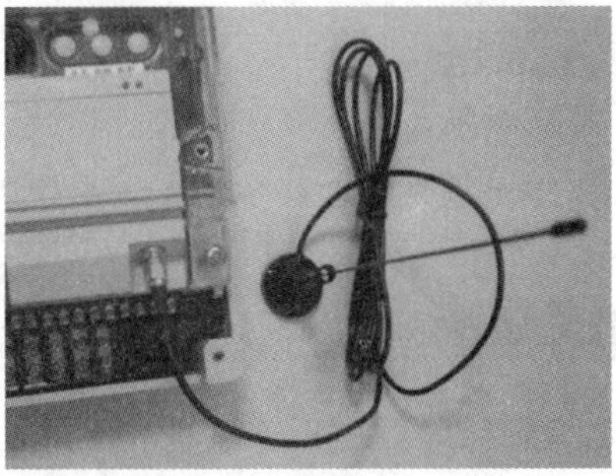

图 2-54　天线的安装接线

2. 联合接线原理图及实际安装效果图

电能表与采集终端的联合接线原理如图 2-55 所示，电能表与采集终端联合接线的实际安装效果如图 2-56 所示。

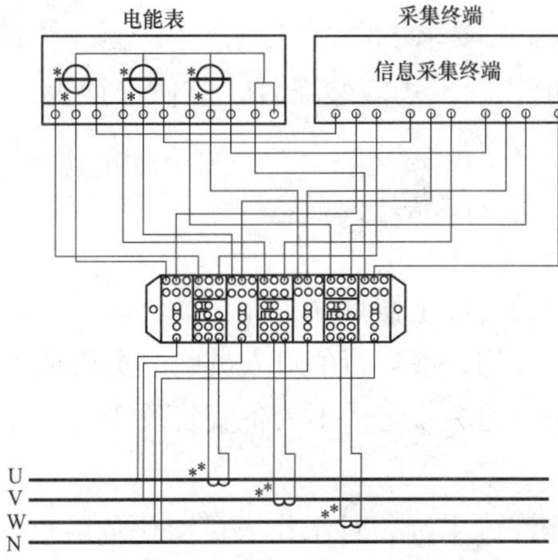

图 2-55　电能表与采集终端联合接线原理图

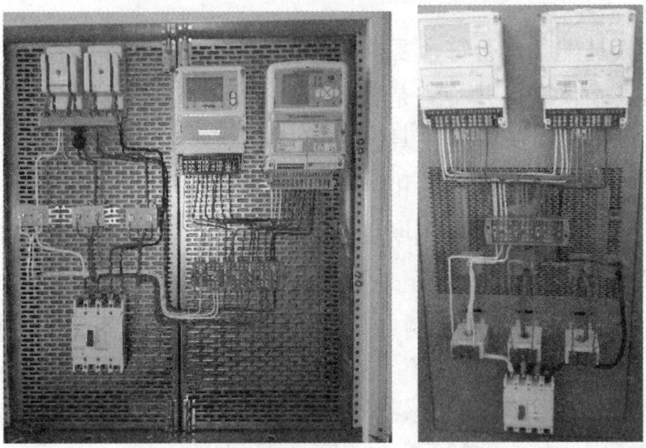

图 2-56　电能表与采集终端联合接线实际安装效果图

(a) 计量柜 1；(b) 计量柜 2

小技巧

带电源隔离开关或熔断器的接法，可以解决铝质进户线与电能表铜线的转换问题，同时也方便搭火接电和后期表计更换工作，便于用电管理工作。

操作方法及步骤

1. 接受工作任务

（1）工作人员接受工作任务，明确工作负责人，清楚作业项目、工作内容、作业流程、作业时间和地点范围，填写工作单。

（2）新增或变更电能计量装置，应通过营销管理系统形成电子工作单，按业务流程传递至装表接电班组。纸质工作单和电子工作单的信息必须完整、规范。

（3）联系用户或运行部门，约定现场勘察时间。

2. 检查安装场所符合安装要求

（1）检查是否具备计量装置现场安装条件，应便于抄表、现场检验、检查、更换、防窃电管理。

（2）查看现场安全状况和危险点。

（3）确定具体安装方案。

（4）确定所需的材料、设备和工器具并正确配置。

（5）记录查勘情况，并与用户或运行值班人员确定安装时间。

（6）经查勘结论为不符合有关规定或不具备安装条件的，将工作单退回。

3. 办理开工手续

填用工作票，履行工作许可手续，对工作人员交代危险点，指出安全措施，工作人员在工作票上签字。

4. 做好安装前的准备

（1）检查工作人员配备是否符合要求并规范着装。

（2）准备工器具及仪表，并检查是否齐全、合格：对于机械工具，主要检查其外观质量、规格、机械性能；对于电气工具，主要检查其外观质量、电气性能；对于电气仪表，主要检查其外观质量、测量对象和量程、电气性能。

（3）工作人员凭工作单到表库领取电能表、互感器等计量设备及辅助设备材料，并检查是否齐全、合格。

1）核对领用的电能表、采集终端、互感器和断路器以及材料与工作单所列型号、规格是否一致。

2）检查电能表、采集终端和互感器的配置及其他设备、材料选型是否与用户的供电方式和申请容量相适应，如有疑问及时向相关人员提出。

3）检查电能表和互感器的检定证书（含封印），应在有效期内。

4）进行电能表的直观检查：检查电能表外壳是否完好，检定封印、资产标记（条形码）、铭牌标识是否齐全、清晰；轻摇电能表应无异响，检查端子盒及接线螺钉是否牢固、完好。

5）进行电流互感器的直观检查：核对变比是否与工作单上所列一致；核对极性是否正确，外壳是否完好，铭牌标识是否齐全、清晰；检查接线端子螺钉是否牢固、完好。

6）检查试验接线盒是否完好无损。检查接线盒的各接线端子是否完好；检查接线盒的电流、电压连接片是否正常。

7）检查计量箱是否完好无损。

8）检查线缆规格、颜色、截面和长度是否满足用电要求。

（4）检查完毕后，表库管理人员在营销管理系统中进行领取操作。

5. 现场布置安全措施

（1）工作负责人进行人员分工，配置安全监护人员。

（2）工作负责人交代停电范围，落实安全措施。

（3）断开用户负荷侧总开关；断开电源侧开关（并取下熔体），在其下桩头验明无电后接地，悬挂“禁止合闸，有人工作”标示牌。

（4）在工作区域设置安全围栏并悬挂“有电危险”警示牌，出入口悬挂“从此进出”指示牌，计量装置本体上悬挂“在此工作”标示牌。

6. 计量箱内部设备的安装与接线

安装接线按以下步骤进行：设备安装固定；线长测量与截取；线头剥削；压接圈制作或接线耳制作（包括绝缘恢复）；电压线“T”接（包括绝缘恢复）；导线布置及余端处理；导线与设备连接；导线整理与绑扎。

（1）计量箱内部计量设备及辅助设备的安装固定：安装电能表、采集终端、3个电流互感器、试验接线盒，接入负荷开关。

（2）二次零线的安装和接线。

（3）电能表与接线盒间的安装和接线。

（4）接线盒与互感器间的安装和接线。

（5）二次电压线表计和互感器侧的安装和接线。

（6）安装RS485通信线，安装脉冲测试线，安装天线。

7. 计量箱安装与线管敷设

（1）检查登高工具是否可靠。

（2）计量箱定位：确定计量箱的具体安装位置，确定计量箱进出导线方向和长度，确定线管的走向和长度。

（3）固定计量箱：利用冲击钻打孔，用膨胀螺栓将计量箱固定。

（4）电源线接入计量箱并穿管：一次电源线穿过电流互感器和计量箱；先连接计量箱出线并穿管到负荷侧，再连接计量箱进线并穿管到电源侧，最后将二次电压线接入一次电源线。

（5）将线管用管卡固定，线管应横平竖直（管口向下）并做好导线滴水弯。

（6）封堵线管与表箱处的缝隙。

也可以先在地上“线穿管”和“管进箱”，再在墙上固定计量箱和线管。

8. 施工完毕检查

施工完毕后，工作负责人应检查确认：所有接线正确，安装全部规范；熔断器电气导通；所有接地正确可靠；电源侧开关或熔断器、负荷侧开关均处于断开状态。

9. 通电检查

（1）拆除因停电工作所做的安全措施，断开负荷侧总开关。

（2）接通表前熔断器或隔离开关，或搭接接户线电源（先接零线、后接火线，三相逐相进行），或合上配电变压器高压熔断器。

（3）测量确认：电能表表尾各相、线电压正常，核对相序正相序。

（4）检查确认：电能表无报警提示；电能表无潜动；电能表实时时间显示正确，峰谷平各分时时段正确；通信地址、电能表序号、电能表通信规约正确。

（5）检查确认：采集终端 RS485 A、B 间电压正常，脉冲信号收发正常；通信参数正常（包括行政区划码、IP 地址、端口号、APN 等）。

（6）能够带负荷时，检查电能表有无报警提示、出错标识、欠压符号。

（7）检查电流互感器运行声音、温升是否正常。

（8）测量各电流的大小和电压电流间的相位差，确保计量接线正确。

10. 加锁加封

（1）所有工作完毕，应对电能表、互感器、接线盒加封，并将表箱锁好并施封；如有表前熔断器或隔离开关也应加封。

（2）凡裸露的变压器低压端子、计量互感器一次端子均应采用护罩、护套等形式封闭。

（3）施封应清晰可靠，并在工作单上准确记录封号或塑封编号。

（4）检查加封部位是否齐全，加封质量是否合格。

11. 记录确认

（1）记录电能表底度示数及其他重要参数，互感器变比及其他重要信息。

（2）填写工作单余下内容。

（3）告知用户工作内容，核对封印和其他相关信息，供用双方确认并签字。

12. 操作终结

清理工作现场，拆除所有安全措施；开总结会后报完工；终结工作票；撤离工作现场。

13. 结束工作任务

工器具及仪表还原；资料归档并完成管理系统流程。

危险点控制措施及操作注意事项

1. 危险点分析及控制措施

（1）不严格执行保证安全的措施，无票作业，无许可作业。严格执行工作票和工作许可制度及监护制度，个人防护措施正确落实。

(2) 使用不合格的工器具及仪表。检查工器具的试验周期是否合格；检查电气绝缘是否符合安全要求。

(3) 高处坠落。使用合格的登高作业工具，系好安全带，并由专人监护；高空作业中安全带应该系在牢固的构件上，并系好后备保护绳，确保双重保护，转向移位穿越时不得失去一重保护；梯子有防滑限高措施并有专人扶持，梯上操作人员站姿正确。

(4) 高处落物。作业现场人员必须戴好安全帽，严禁在作业点下方逗留；上下传递物品必须使用传物袋并通过传递绳，严禁抛掷。

(5) 单相接地和相间短路。工作时先断开负荷；安装时使用合格的绝缘工具并站在绝缘台垫上，导电部分应采取绝缘措施；人体不得同时触及两根导线。

(6) 电流互感器开路。确保互感器二次接线端子接触可靠、接线盒的电流连接片不开路、电能表和接线盒的电流接线端子安装可靠。

(7) 误碰触电。在指定的工作范围内工作，明确带电设备位置，作业现场与带电部位有效隔离，并在工作区范围设立警示牌和安全围栏。

(8) 误伤。严禁刀具对己或对人；防止舞动导线伤人。

(9) 意外触电。临时接入的工作电源须用专用导线，并装设有剩余电流保护器；电动工具外壳应接地；在电源侧隔离开关接线时，隔离开关桩头负荷侧可能带电，必须验电，并做好安全措施；工作前务必挂好接地线。

(10) 意外伤害。电能计量装置具备送电条件后，应关闭装置柜门，撤离高压室，防止因装置一次设备不能经受冲击电压而引起绝缘爆裂伤人。

(11) 防触电伤人。登杆前，作业人员应核准线路的双重编号后方可工作；注意保持与邻近运行设备足够的安全距离。

(12) 防倒杆伤人。登杆前检查杆根、杆身、埋深是否达到要求，拉线是否紧固。

2. 操作注意事项

(1) 作业时规范着装，保证由两人及以上进行。

(2) 电能表计的安装必须符合计量装置管理有关规定，满足防窃电要求，且应整齐规范。

(3) 新装、更换电能表前应对现场情况进行核实，如发现用户违约用电、窃电、计量装置故障、电价不符、欠费、报装用电地址不同等情况，应停止新装、更换工作，向业务接待人员反映情况后再行处理。

(4) 门栋零星装表应合理选择电能表安装位置，批户装表应考虑电能表整体布局；电能表表箱下沿高度宜为1.8～2.0m。

(5) 登杆前要检查登高工具是否在试验期限内，对脚扣和安全带作冲击试验；登高作业时，应戴好安全帽，系好安全带，并将安全带和保护绳分别固定在牢固的构件上，检查确认扣环扣好后方可工作；严禁低挂高用，严防高处坠落。

(6) 使用梯子作业时，应有专人看护扶梯，直梯应防滑限高，梯子与地面的斜角度为 60°左右，“人”字梯应防滑限开；梯上人员与梯子应保持三点接触并将安全带系在牢固的构件上。

（7）临时接入的工作电源须用专用导线，并装设有剩余电流保护器；电动工具外壳应接地。

（8）在多雷地区，应增装低压避雷器或其他防雷保护。

操作收获、存在问题及改进措施

1. 操作收获

2. 存在的问题

3. 改进的措施

附　　录

带终端的低压计量装置的安装平面图如图 2-57 所示（安装在 1200mm×1000mm×20mm 的表板上，带尺寸规定和实际安装尺寸）。

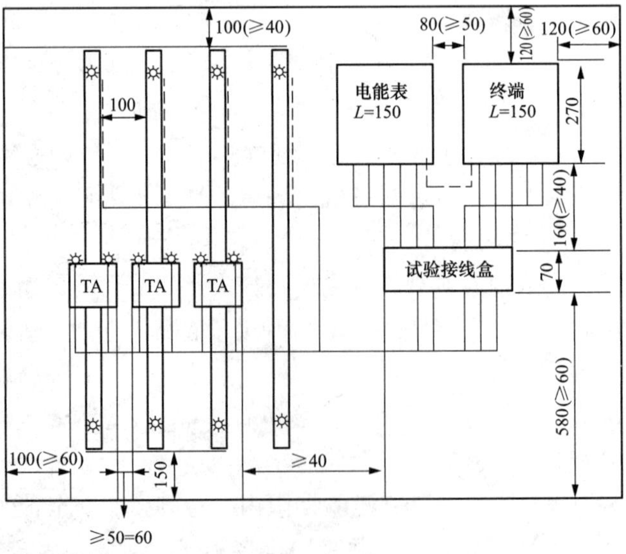

图 2-57　低压计量装置安装平面图

项目 14　高压三相三线电能表及采集终端的停电安装

操作任务

（1）选择安装工器具、仪表、10kV 计量设备、专用变压器采集终端。

（2）在停电情况下，进行高压三相三线电能表及采集终端的安装接线。

（3）在停电情况下，进行高压电流互感器和电压互感器（TV）的二次 V 形接线。

（4）在施工完毕检查合格后，对高压三相三线电能表及采集终端进行通电检查。

操作目的

（1）正确选择安装工器具、仪表、10kV 计量设备、专用变压器采集终端。

（2）掌握在停电情况下，进行高压三相三线电能表及采集终端的安装接线。

（3）掌握在停电情况下，进行高压电流互感器和电压互感器的 V 形安装接线。

（4）掌握在施工完毕检查合格后，对高压三相三线电能表及采集终端进行通电检查。

（5）养成严谨负责的工作态度和团队合作精神。

工作环境

在已安装完毕的电能计量柜中新装高压三相三线电能表及采集终端，现场一次设备已安装固定。

难度/复杂度等级

高等级别（高级）。

人员和物料

1. 人员配备及要求

（1）人员分工：工作负责人（兼安全监护人）1 名、主操作人员 1 名、辅操作人员 1 名。

（2）着装要求：按电能计量工作现场要求规范着装。

（3）素质要求：符合电能计量外勤工作人员素质要求。

2. 物料配备及要求（见表 2-7）

表 2-7　　物料配备及要求表

序号	物料类别	名称	型号、规格及要求	数量		备注
				单需量	本次总量	
1	个人工器具及仪表	安装接线常用工器具及仪表	标准配置	1 套		
2		不停电检查常用工器具及仪表	标准配置	1 套		

续表

序号	物料类别	名称	型号、规格及要求	数量		备注
				单需量	本次总量	
3	设备或者装置	高压三相三线电能表	DSZ，3×100V、3×1.5(6)A，有功0.5S/2.0级	1只		
4		采集终端	FKXA2X，3×100V、3×1.5(6)A 三相三线专用变压器采集终端	1只		
5		组合式互感器	JLSZV18-10W	1台		
6		或者：分体式互感器	2台10kV、200/5A、0.5S级（LZZBJ-10A1），2台10kV、10kV/100V、0.5级（JDZJ-10）	1套		
7		试验接线盒	三相三线接线盒	1个		
8		一次（高压）熔断器	3个XRNP-10/0.5、户内高压管式（0.5A）	1组		
9		电源隔离开关	三极闸刀式（10kV）GN30-10	1个		
10		PJ1型高压（整体式）电能计量柜	PJ1-10A(B)-J1型（10kV）	1台		
11	材料	单股塑料铜芯线1	4.0mm²，黄、红色各4m	1组		
12		单股塑料铜芯线2	2.5mm²，黄、绿、红、浅蓝色各3m	1组		
13		计量二次电压电缆	桔红色四芯四色，4×2.5mm²电缆4m	1根		
14		计量二次电流电缆	黑色四芯四色，4×4.0mm²电缆6m	1根		
15		专用接地线	25mm²	1组		
16		铜芯通信2芯双绞屏蔽线	BVVB300/500V(2×0.75mm²)	1m		
17		封签	一次性	若干		
18		扎带	尼龙150mm	若干		
19	安全专用品	验电器	GDY型验电器10kV	1支		
20		绝缘手套	10kV	1双		
21		绝缘靴	10kV	1双		
22		接地线	JDX10kV	1副		
23		绝缘台垫	5kV，1200mm×1000mm×20mm（$L \times W \times H$）	1块		
24		围栏	安全遮栏4块	1套		
25	其他	工作票	A4	1份		
26		工作单	A4	1份		
27		现场勘察记录单	A4	1份		

基本操作原理

高压三相三线计量接线方式为：10kV 为中性点绝缘系统，应采用三相三线多功能电能表。高压三相三线电能表实物图及其接线端子示意图如图 2-58 所示。

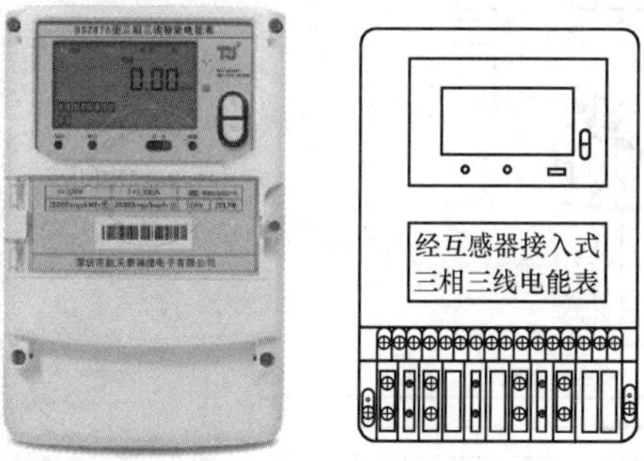

(a)　　　　　　　　(b)

图 2-58　高压三相三线电能表实物及接线端子示意图

（a）实物图；（b）接线端子示意图

PJ1-10A（B）型电能计量柜的额定电压为 10kV，是与 GG-A(F) 高压开关柜配合使用的整体式电能计量柜。B 型为上进线、上出线，A 型为上（下）进线、下（上）出线。

电压互感器宜采用 2 台，并按 Vv0 方式接线；电流互感器宜采用 2 台，其二次绕组与电能表之间应采用四线制连线。高压三相三线专用变压器互感器接线示意图如图 2-59 所示。

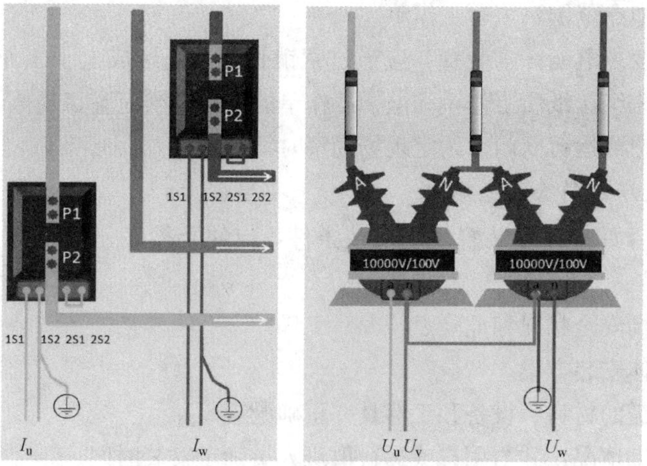

(a)　　　　　　　　(b)

图 2-59　高压三相三线专用变压器互感器接线示意图

（a）电流互感器；（b）电压互感器

高压三相三线专用变压器电能计量柜（带专用变压器采集终端）原理接线及其现场安装图如图 2-60 所示。

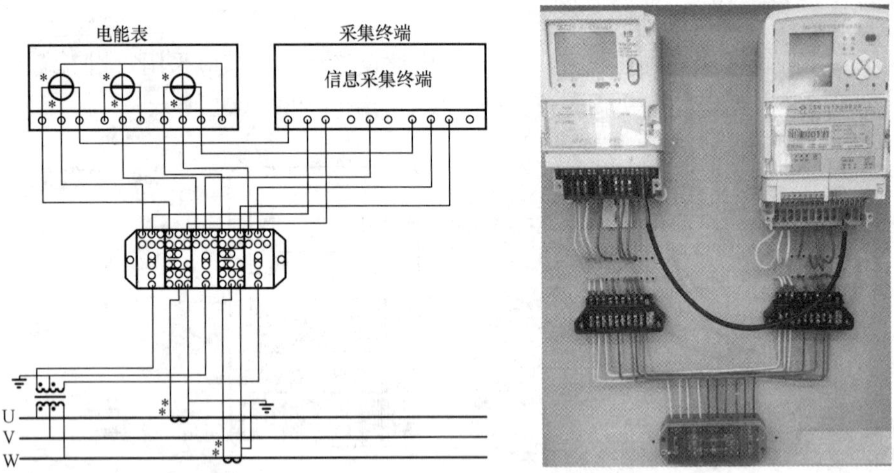

(a) (b)

图 2-60 高压三相三线专用变压器电能计量柜原理接线及现场安装图

(a) 原理接线图；(b) 现场安装图

操作方法及步骤

1. 接受工作任务

(1) 工作人员接受工作任务，明确工作负责人，清楚作业项目、工作内容、作业流程、作业时间和地点范围，填写工作单。

(2) 新增或变更电能计量装置，应通过营销管理系统形成电子工作单，按业务流程传递至装表接电班组。纸质工作单和电子工作单的信息必须完整、规范。

(3) 联系用户或运行部门，约定现场勘察时间。

2. 检查安装场所符合安装要求

(1) 检查是否具备计量装置现场安装条件，应便于抄表、现场检验、检查、更换、防窃电管理。

(2) 查看现场安全状况和危险点。

(3) 确定具体安装方案。

(4) 确定所需的材料、设备和工器具并正确配置。

(5) 记录查勘情况，并与用户或运行值班人员确定安装时间。

(6) 经查勘结论为不符合有关规定或不具备安装条件的，将工作单退回（退单应写明退单原因）。

3. 办理开工手续

填用工作票，履行工作许可手续，对工作人员交代危险点，指出安全措施，工作人员在工作票上签字。

4. 做好安装前的准备

(1) 检查工作人员配备是否符合要求并规范着装。

(2) 准备工器具及仪表，并检查是否齐全、合格：对于机械工具，主要检查其外观质量、规格、机械性能；对于电气工具，主要检查其外观质量、电气性能；对于电气仪表，主要检查其外观质量、测量对象和量程、电气性能。

(3) 工作人员凭工作单到表库领取电能表、互感器等计量设备及辅助设备材料，并检查是否齐全、合格。

1) 核对领用的电能表、采集终端、互感器和断路器以及材料与工作单所列型号、规格是否一致。

2) 检查电能表、采集终端和互感器的配置及其他设备、材料选型是否与用户的供电方式和申请容量相适应，如有疑问及时向相关人员提出。

3) 检查电能表和互感器的检定证书（含封印），应在有效期内。

4) 进行电能表的直观检查：检查电能表外壳是否完好，检定封印、资产标记（条形码）、铭牌标识是否齐全、清晰；轻摇电能表应无异响，检查端子盒及接线螺钉是否牢固、完好。

5) 进行电流互感器的直观检查：核对变比是否与工作单上所列一致；核对极性是否正确，外壳是否完好，铭牌标识是否齐全、清晰；检查接线端子螺钉是否牢固、完好。

6) 检查试验接线盒是否完好无损。检查接线盒的各接线端子是否完好；检查接线盒的电流、电压连接片是否正常。

7) 检查计量箱是否完好无损。

8) 检查线缆规格、颜色、截面和长度是否满足用电要求，测试绝缘电阻是否合格。

(4) 检查完毕后，表库管理人员在营销管理系统中进行领取操作。

5. 现场布置安全措施

(1) 工作负责人进行人员分工，配置安全监护人员。

(2) 工作负责人交代停电范围，落实安全措施。

(3) 高压计量装置一次装置安装完毕后，所涉及的高压互感器等一次设备全部停电，落实安全措施。

(4) 在工作区域设置安全围栏并悬挂“有电危险”警示牌，出入口悬挂“从此进出”指示牌，计量装置本体上悬挂“在此工作”标示牌。

6. 进行安装和接线。

(1) 安装固定电能表和接线盒以及采集终端。

1) 以保证安全运行为出发点，观察并确定电流、电压互感器的排列和放置（相间距离）。

2) 根据电源方向确定互感器一次极性端后固定互感器：无支架的加装支架，有支架的确定固定孔位后固定。

(2) 安装固定熔断器。

1）用万用表测量电压互感器熔断器是否导通，外观检查是否完好；

2）将熔断器一端与电压互感器一次用螺栓连接固定，另一端与电源侧用铝排或电缆可靠连接。

（3）先连接接线盒与电能表和采集终端之间的接线，后连接接线盒与互感器之间的接线。

1）用橘红色四芯四色 4×2.5mm² 电缆作电压互感器二次电缆（红×1、黄×1、绿×1、黑×1），分别以黄、绿、红色对应 u、v、w 相，绿、黑色线在电压互感器侧分接两只电压互感器的 v 相（Vv0 接线）；

2）用黑色四芯四色 4×4.0mm² 电缆作电流互感器二次电缆（红×1、黄×1、绿×1、黑×1），分别以黄、红色作 u、w 相电流进线，绿、黑色作 u、w 相电流出线（Vv0 接线）。

（4）电能表与采集终端的 RS485 的 A、B 分别对应相互连接。

（5）电流、电压二次电缆应顺计量柜边缘排列整齐并固定，固定时不要将电缆的绝缘层损坏。

（6）将电流互感器 S2、电压互感器 V 相二次侧以及互感器外壳均可靠接地。

（7）电缆以外的二次线色的区分及使用应和电缆的线色一致。

（8）位于用户处的须安装防窃门锁和进行计量柜封闭的，按有关要求施工。

小提示

电能计量专用电压互感器、电流互感器及其二次回路不得接入与计量无关的设备，电压互感器应安装在电流互感器的电源侧。

7. 施工完毕检查

施工完毕后，工作负责人应检查确认：所有接线正确，安装全部规范；高、低压熔断器电气导通；所有接地正确可靠。

8. 通电检查

（1）拆除因停电工作所做的安全措施，断开负荷侧总开关。

（2）合上配电变压器高压熔断器。

（3）测量确认：电能表表尾各相、线电压正常，核对相序正相序。

（4）检查确认：电能表无报警提示；电能表无潜动；电能表实时时间显示正确，峰谷平各分时时段正确；通信地址、电能表序号、电能表通信规约正确。

（5）检查确认：采集终端 RS485 A、B 间电压正常，脉冲信号收发正常；通信参数正常（包括行政区划码、IP 地址、端口号、APN 等）。

（6）能够带负荷时，检查电能表有无报警提示、出错标识、欠压符号。

（7）检查电流互感器运行声音、温升是否正常。

（8）测量各电流的大小和电压电流间的相位差，确保计量接线正确。

9. 加锁加封

(1) 所有工作完毕，应对电能表、互感器（端子盒）、接线盒等加封，并将表箱锁好并施封。

(2) 对用户可操作的计量互感器柜，在操作隔离开关上加封。

(3) 凡裸露的变压器低压端子、计量互感器一次端子均应采用护罩、护套等形式封闭。

(4) 施封应清晰可靠，并在工作单上准确记录封号或塑封编号。

(5) 检查加封部位是否齐全，加封质量是否合格。

10. 记录确认

(1) 记录电能表底度示数及其他重要参数，互感器变比及其他重要信息。

(2) 填写工作单余下内容。

(3) 告知用户或运行值班人员工作内容，核对封印和其他相关信息，供用双方确认并签字。

11. 操作终结

清理工作现场，拆除所有安全措施；开总结会后报完工；终结工作票；撤离工作现场。

12. 结束工作任务

工器具及仪表还原；资料归档并完成管理系统流程。

危险点控制措施及技术要求

1. 危险点分析及控制措施

(1) 不严格执行保证安全的措施，无票作业，无许可作业。严格执行工作票和工作许可制度及监护制度，个人防护措施正确落实。

(2) 使用不合格的工器具及仪表。检查工器具的试验周期是否合格；检查电气绝缘是否符合安全要求。

(3) 高处坠落。使用合格的登高作业工具，系好安全带，并由专人监护；高空作业中安全带应该系在牢固的构件上，并系好后备保护绳，确保双重保护，转向移位穿越时不得失去一重保护；梯子有防滑限高措施并有专人扶持，梯上操作人员站姿正确。

(4) 高处落物。作业现场人员必须戴好安全帽，严禁在作业点下方逗留；上下传递物品必须使用传物袋并通过传递绳，严禁抛掷。

(5) 单相接地和相间短路。工作时先断开负荷；安装时使用合格的绝缘工具并站在绝缘台垫上，导电部分应采取绝缘措施；人体不得同时触及两根导线。

(6) 电流互感器开路。确保互感器二次接线端子接触可靠、接线盒的电流连接片不开路、电能表和接线盒的电流接线端子安装可靠。

(7) 误碰触电。在指定的工作范围内工作，明确带电设备位置，作业现场与带电部位有效隔离，并在工作区范围设立警示牌和安全围栏。

（8）误伤。严禁刀具对己或对人；防止舞动导线伤人。

（9）意外触电。临时接入的工作电源须用专用导线，并装设有剩余电流保护器；电动工具外壳应接地；在电源侧隔离开关接线时，隔离开关桩头负荷侧可能带电，必须验电，并做好安全措施；工作前务必挂好接地线。

（10）意外伤害。电能计量装置具备送电条件后，应关闭装置柜门，撤离高压室，防止因装置一次设备不能经受冲击电压而引起绝缘爆裂伤人。

（11）防触电伤人。登杆前，作业人员应核准线路的双重编号后方可工作；注意保持与邻近运行设备足够的安全距离。

2. 技术要求

（1）计量箱（柜）的安装。

1）户外式电能计量装置的安装：户外式电能计量装置常见安装方式为将组合互感器与电能表箱分离，通过二次电缆引下，在距地面1.9m处安装表箱。这种方式既便于抄表与监视，又方便现场检验和电能表更换。必要时，二次电缆应穿入钢管或硬塑管内加以保护，以满足电能计量装置的封闭管理要求。

2）户内电能计量装置的安装：户内电能计量装置的安装一般是设置专用计量柜，柜体的安装由电气设备安装方随一次设备安装完成，装表接电工只需要检查计量柜的安装位置是否满足技术要求和封闭管理要求，检查互感器、高压熔断器、母线走向及安装位置是否满足技术要求和安全管理要求。安装箱式变电站时，箱内整体设置有计量间隔，高压互感器及配套设备安装在一次间隔，电能表、二次端子安装在二次间隔。

（2）电能表的安装。

1）电能表的安装场所：周围环境应干燥明亮，不易受损、受振；无自然磁场之外的磁场干扰及烟灰影响；无腐蚀性气体、易蒸发液体的侵蚀；运行安全可靠，抄表读数、校验、检查、轮换方便；电能表位置的环境温度应不超过电能表规定的工作温度范围。

2）电能表的一般安装规范：电能表的型号与互感器的连接方式、一次系统接地方式相对应，中性点非有效接地系统选用三相三线电能表，电能表的额定电压应为3×100V；户外安装的电能表应避免阳光直射。

（3）互感器的安装。

1）互感器安装必须牢固，互感器外壳的金属部分应可靠接地。

2）专用变压器安装户外组合互感器时，其一次U、W相连接桩头应使用热缩导管将裸露的金属包裹。推荐使用通信电缆外层辐射交联热缩管（RSYW型通信电缆用圆管式绝缘维护用热缩套管），该型管热缩比高，热缩后具有相当的硬度，防窃电效果更好。

3）一般户外组合互感器生产厂商都要求安装时在互感器线路侧安装一组避雷器。互感器安装时，应检查避雷器安装位置是否满足厂家技术要求，其接地装置及连接是否满足技术要求。

4）户内安装电压互感器，一次侧都配置有电压互感器专用熔断器，此类产品为限流式熔断器，主要是保护电压互感器内部短路，应选用正规厂家的产品。一般用于35kV

电压互感器保护的熔断器有户外、户内两类，由变电站标准设计配套，型号为 XRNP-40.5 的产品规格有 0.3、0.5、1、2、3、15A 六种，实际运用应按照变电站设计确定的规格配置。10kV 电压互感器一次熔断器常用型号为 XRNP-12、RN1、RN2、RN3 等，其中 XRNP-12 的产品规格有 0.3、0.5、1、2、3、15A，常规配置规格为 0.5A。熔断器支撑绝缘子及架构应牢固可靠，熔断器管卡簧应具有弹性，确保可靠接触。

5）同一组电流互感器应采用型号、额定电流比、准确度、二次容量相同的互感器，按同一方向安装，以保证该组电流互感器一次及二次回路电流的正方向均为一致。

6）对于二次多绕组互感器只用一个二次回路时，其余的次级绕组应可靠短接并接地。如果计量之外的绕组接有负荷（如电流表等），应检查回路的完整性，防止计量绕组完整而测量绕组开路的故障发生。对二次多抽头电流互感器，只能连接 S1 和选用的绕组抽头（S2、S3、S4 等），其余绕组抽头不得连接任何导线及回路。所有电流互感器二次绕组的一点接地，应选择在非极性端接地。

（4）二次回路的安装。

1）电能计量装置的一次与二次接线应根据批准的图纸施工。不同的电力系统采用相应的计量方式，对于中性点非有效接地系统，互感器应采用 Vv 接线，该接线方式广泛运用于 10kV、35kV 系统，电能表配置为 DSZ 型，3×100V、3×1.5(6)A。

2）电能表和互感器二次回路应有明显的标识，采用黄、绿、红色分别代表 U、V、W 相导线。对于采用户外组合型互感器的电能计量装置的二次回路，推荐使用 KVV22 计量专用铠装电缆（$3\times2.5mm^2+4\times4mm^2$，$2.5mm^2$ 导线绝缘相色：黄、绿、红色；$4mm^2$ 导线绝缘相色：黄、黄黑色，红、红黑色），专用计量电缆以直径和相色区分导线。对于互感器在场地、电能表在控制室的安装模式，两者之间可能相隔几十米至上百米，需要采用足够长的导线来连接互感器和电能表，而连接导线的阻抗的大小，直接影响互感器的实际二次负荷，进而影响电能计量装置的准确度；为满足计量准确度的要求，应根据现场实际，合理选择二次导线截面。

3）二次回路的导线绝缘不得有损伤和接头，导线与端子连接必须接触良好。弯角要求有弧度，不得出现死角。二次回路走线要合理、整齐、美观。

4）对于手车型（中置型）计量柜，互感器与电能表箱之间需要经过带锁紧（闭锁）装簧的专用插头或手车定位机构辅助触头转接，不论采用何种型号触头转接，其可靠性是决定计量准确性的关键点，也是装表接电工作需要检查的重点之一。二次回路进出此类转换触头时，选用绝缘软铜导线，该导线两侧需要先压接铜质镀银接线耳，压接的接线耳其压接部位必须做镀锡处理后，方可连接转接开关（互感器）。

5）在变电站中，采用 10kV 分段电压互感器柜一次隔离开关辅助触点控制中间继电器，利用中间继电器触点（采用多触点并联，以减小接触电阻）串接在电压互感器二次出口侧，利用继电器触点接触的可靠性，既解决了隔离开关辅助触点接触的不稳定，又满足断开电压互感器一次隔离开关时，同时断开互感器二次回路的技术要求。对于 35kV 及以下专用变压器高压电能计量装置，均不在电能计量装置二次回路安装隔离开关辅助触点和熔断器。

操作收获、存在问题及改进措施

1. 操作收获

____

____

2. 存在的问题

____

____

3. 改进的措施

____

____

附　　录

现场勘察记录单一份（见表 2-8）。

表 2-8　　现场勘察记录单

勘察单位________________　　编号________

勘察负责人________　勘察人员________________

勘察的线路或设备的双重名称（多回应注明双重名称）：

____

工作任务（工作地点或地段以及工作内容）：________________

____

现场勘察内容

1. 需要停电的范围：
2. 保留的带电部位：
3. 作业现场的条件、环境及其他危险点：
4. 应采取的安全措施：
5. 附图与说明：

记录人：________　　勘察日期：____年__月__日__时__分至__日__时__分

项目 15 高压三相四线电能表及采集终端的停电安装

操作任务

（1）选择安装工器具、仪表、110kV 计量设备、专用变压器采集终端。

（2）在停电情况下，进行高压三相四线电能表及采集终端的安装接线。

（3）在停电情况下，进行高压电流互感器和电压互感器的二次 Y 形接线。

（4）在施工完毕检查合格后，对高压三相四线电能表及采集终端进行通电检查。

操作目的

（1）正确选择安装工器具、仪表、110kV 计量设备、专用变压器采集终端。

（2）掌握在停电情况下，进行高压三相四线电能表及采集终端的安装接线。

（3）掌握在停电情况下，进行高压电流互感器和电压互感器的二次 Y 形接线。

（4）掌握在施工完毕检查合格后，对高压三相四线电能表及采集终端进行通电检查。

（5）养成严谨负责的工作态度和团队合作精神。

工作环境

在已安装完毕的电能计量屏中新装高压三相四线电能表及采集终端，现场一次设备已安装固定。

难度/复杂度等级

高等级别（高级）。

人员和物料

1. 人员配备及要求

（1）人员分工：工作负责人（兼安全监护人）1 名；主操作人员 1 名；辅操作人员 1 名。

（2）着装要求：按电能计量工作现场要求规范着装。

（3）素质要求：符合电能计量外勤工作人员素质要求。

2. 物料配备及要求（见表 2-9）

表 2-9 物料配备及要求表

序号	物料类别	名称	型号、规格及要求	数量		备注
				单需量	本次总量	
1	个人工器具及仪表	安装接线常用工器具及仪表	标准配置	1 套		
2		不停电检查常用工器具及仪表	标准配置	1 套		

续表

序号	物料类别	名称	型号、规格及要求	数量		备注
				单需量	本次总量	
3	设备或者装置	高压三相四线电能表	DTZ，3×57.7/100V、3×1.5(6)A，有功0.5S/2.0级			
4		采集终端	3×57.7/100V，3×1.5(6)A 三相四线专用变压器采集终端			
5		电流互感器	LB6-110，0.2S级	1组		
6		电压互感器	TYD110/$\sqrt{3}$-0.02H，0.2级	1组		
7		试验接线盒	三相四线接线盒	1个		
8		计量屏	110kV线路计量用	1台		
9	材料	单股塑料铜芯线1	4.0mm^2，黄、绿、红色各7m	1组		
10		单股塑料铜芯线2	2.5mm^2，黄、绿、红、浅蓝色各4m	1组		
11		计量二次电缆	KVVP2-22计量专用铠装电缆100m	1根		
12		专用接地线	25mm^2	1组		
13		铜芯通信2芯双绞屏蔽线	BVVB300/500V(2×0.75mm^2)	1m		
14		封签	一次性	若干		
15		扎带	尼龙150mm	若干		
16	安全专用品	验电器	GDY验电器110kV	1支		
17		绝缘手套	110kV	1双		
18		绝缘靴	110kV	1双		
19		接地线	JDX110kV	1副		
20		绝缘台垫	5kV，1200mm×1000mm×20mm (L×W×H)	1块		
21		围栏	安全遮栏4块	1套		
22	其他	工作票	A4	1份		
23		工作单	A4	1份		
24		现场勘察记录单	A4	1份		

基本操作原理

高压三相四线计量接线方式为：110kV及以上为中性点非绝缘系统，应采用三相四线多功能电能表；电压互感器宜采用3台，并按YNyn0方式接线；电流互感器宜采用3台，其二次绕组与电能表之间应采用六线制连线。高压三相四线电能表实物及其接线端子示意图如图2-61所示。

110kV电能计量装置现场接线示意图如图2-62所示。

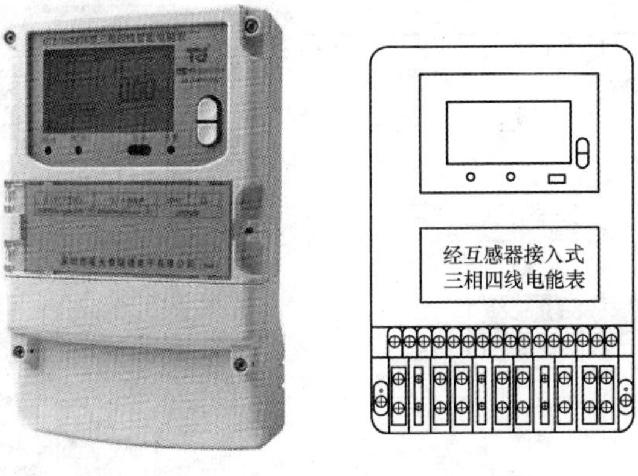

(a)　　　　(b)

图 2-61　高压三相三四电能表实物及其接线端子示意图

（a）实物图；（b）接线端子示意图

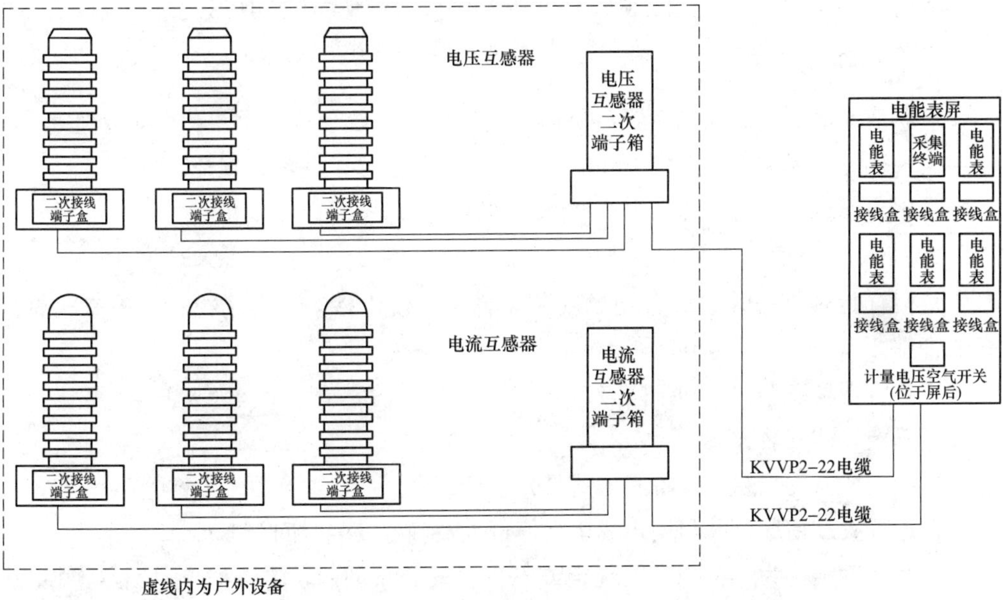

图 2-62　110kV 电能计量装置现场接线示意图

高压三相四线专用变压器电能计量屏（带采集终端）原理接线图及现场实际安装图如图 2-63 所示。

操作方法及步骤

1. 接受工作任务

（1）工作人员接受工作任务，明确工作负责人，清楚作业项目、工作内容、作业流程、作业时间和地点范围，填写工作单。

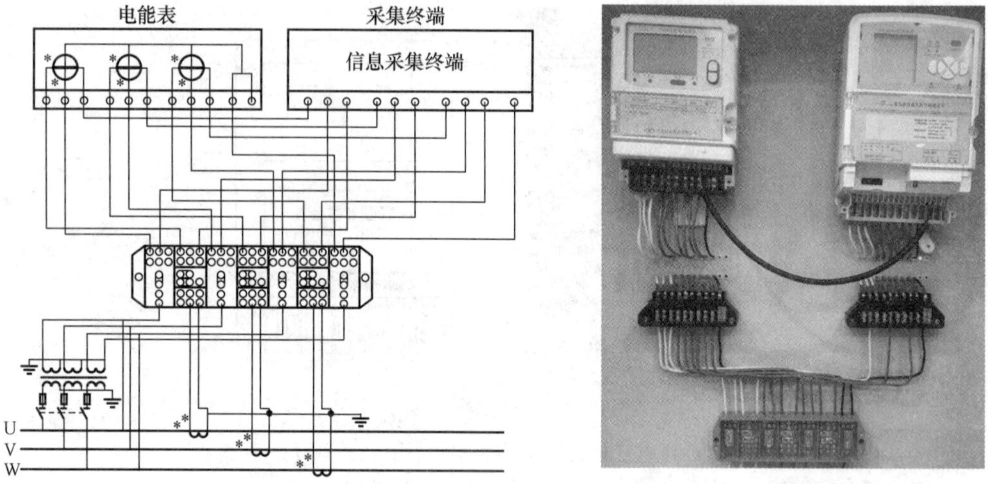

(a)　　　　(b)

图 2-63　高压三相四线专用变压器电能计量屏原理接线及现场安装图

（a）原理接线图；（b）现场安装图

（2）新增或变更电能计量装置，应通过营销管理系统形成电子工作单，按业务流程传递至装表接电班组。纸质工作单和电子工作单的信息必须完整、规范。

联系用户或运行部门，约定现场勘察时间。

2. 检查安装场所符合安装要求

（1）检查是否具备计量装置现场安装条件，应便于抄表、现场检验、检查、更换、防窃电管理。

（2）查看现场安全状况和危险点。

（3）确定具体安装方案。

（4）确定所需的材料、设备和工器具并正确配置。

（5）记录查勘情况，并与用户或运行值班人员确定安装时间。

（6）经查勘结论为不符合有关规定或不具备安装条件的，将工作单退回（退单应写明退单原因）。

3. 办理开工手续

填用工作票，履行工作许可手续，对工作人员交代危险点，指出安全措施，工作人员在工作票上签字。

4. 做好安装前的准备

（1）检查工作人员配备是否符合要求并规范着装。

（2）准备工器具及仪表，并检查是否齐全、合格：对于机械工具，主要检查其外观质量、规格、机械性能；对于电气工具，主要检查其外观质量、电气性能；对于电气仪表，主要检查其外观质量、测量对象和量程、电气性能。

（3）工作人员凭工作单到表库领取电能表、互感器等计量设备及辅助设备材料，并检查是否齐全、合格。

1）核对领用的电能表、采集终端、互感器和断路器以及材料与工作单所列型号、规格是否一致。

2）检查电能表、采集终端和互感器的配置及其他设备、材料选型是否与用户的供电方式和申请容量相适应，如有疑问及时向相关人员提出。

3）检查电能表和互感器的检定证书（含封印），应在有效期内。

4）进行电能表的直观检查：检查电能表外壳是否完好，检定封印、资产标记（条形码）、铭牌标识是否齐全、清晰；轻摇电能表应无异响，检查端子盒及接线螺钉是否牢固、完好。

5）进行电流互感器的直观检查：核对变比是否与工作单上所列一致；核对极性是否正确，外壳是否完好，铭牌标识是否齐全、清晰；检查接线端子螺钉是否牢固、完好。

6）检查试验接线盒是否完好无损。检查接线盒的各接线端子是否完好；检查接线盒的电流、电压连接片是否正常。

7）检查计量箱是否完好无损。

8）检查线缆规格、颜色、截面和长度是否满足用电要求，测试绝缘电阻是否合格。

（4）检查完毕后，表库管理人员在营销管理系统中进行领取操作。

5. 现场布置安全措施

（1）工作负责人进行人员分工，配置安全监护人员。

（2）工作负责人交代停电范围，落实安全措施。

（3）高压计量装置一次装置安装完毕后，所涉及的高压互感器等一次装置全部停电，落实安全措施。

（4）在工作区域设置安全围栏并悬挂“有电危险”警示牌，出入口悬挂“从此进出”指示牌，计量装置本体上悬挂“在此工作”标示牌。

6. 进行安装和接线

安装接线原则：先固定设备、后安装导线；先接负荷侧、后接电源侧；先接零线、后接火线；先电流线、后电压线；从左向右依次按U相、V相、W相、零线接线。

（1）检查电流互感器、电压互感器二次侧端子连接状态：检查110kV计量屏屏后的计量电压空气开关处于断开位置，对应电流互感器二次端子箱的计量端子已短接。

（2）安装电能表、采集终端、试验接线盒等设备。

（3）二次零线的安装和接线。

（4）电能表与接线盒间的安装和接线。

（5）接线盒与互感器间的安装和接线。

（6）二次电压线的安装和接线。

（7）一次电源线的安装和接线。

（8）二次电压线与一次电源线的安装和接线。

（9）安装 RS485 通信线，安装脉冲测试线，安装天线。

（10）将互感器的二次接地端子和外壳均可靠接地。

小提示

电能计量专用电压互感器、电流互感器及其二次回路不得接入与计量无关的设备，电压互感器应安装在电流互感器的电源侧。

7. 施工完毕检查

施工完毕后，工作负责人应检查确认：所有接线正确，安装全部规范；高、低压熔断器电气导通；所有接地正确可靠。

8. 通电检查

（1）拆除因停电工作所做的安全措施，断开负荷侧总开关。

（2）合上计量屏后计量电压空气开关，拆除电流互感器二次端子箱计量端子短接线后通电。

（3）测量确认：电能表表尾各相、线电压正常，核对相序正相序。

（4）检查确认：电能表无报警提示；电能表无潜动；电能表实时时间显示正确，峰谷平各分时时段正确；通信地址、电能表序号、电能表通信规约正确。

（5）检查确认：采集终端 RS485 A、B 间电压正常，脉冲信号收发正常；通信参数正常（包括行政区划码、IP 地址、端口号、APN 等）。

（6）能够带负荷时，检查电能表有无报警提示、出错标识、欠压符号。

（7）检查电流互感器运行声音、温升是否正常。

（8）测量各电流的大小和电压电流间的相位差，确保计量接线正确。

9. 加锁加封

（1）所有工作完毕，应对电能表、互感器（端子盒）、接线盒等加封，并将表箱锁好并施封。

（2）对用户可操作的计量互感器柜，在操作隔离开关上加封。

（3）凡裸露的变压器低压端子、计量互感器一次端子均应采用护罩、护套等形式封闭。

（4）施封应清晰可靠，并在工作单上准确记录封号或塑封编号。

（5）检查加封部位是否齐全，加封质量是否合格。

10. 记录确认

（1）记录电能表底度示数及其他重要参数，互感器变比及其他重要信息。

（2）填写工作单余下内容。

（3）告知用户或运行值班人员工作内容，核对封印和其他相关信息，供用双方确认并签字。

11. 操作终结

清理工作现场，拆除所有安全措施；开总结会后报完工；终结工作票；撤离工作现场。

12. 结束工作任务

工器具及仪表还原；资料归档并完成管理系统流程。

危险点控制措施及技术要求

1. 危险点分析及控制措施

（1）不严格执行保证安全的措施，无票作业，无许可作业。严格执行工作票和工作许可制度及监护制度，个人防护措施正确落实。

（2）使用不合格的工器具及仪表。检查工器具的试验周期是否合格；检查电气绝缘是否符合安全要求。

（3）高处坠落。使用合格的登高作业工具，系好安全带，并由专人监护；高空作业中安全带应该系在牢固的构件上，并系好后备保护绳，确保双重保护，转向移位穿越时不得失去一重保护；梯子有防滑限高措施并有专人扶持，梯上操作人员站姿正确。

（4）高处落物。作业现场人员必须戴好安全帽，严禁在作业点下方逗留；上下传递物品必须使用传物袋并通过传递绳，严禁抛掷。

（5）单相接地和相间短路。工作时先断开负荷；安装时使用合格的绝缘工具并站在绝缘台垫上，导电部分应采取绝缘措施；人体不得同时触及两根导线。

（6）电流互感器开路。确保互感器二次接线端子接触可靠、接线盒的电流连接片不开路、电能表和接线盒的电流接线端子安装可靠。

（7）误碰触电。在指定的工作范围内工作，明确带电设备位置，作业现场与带电部位有效隔离，并在工作区范围设立警示牌和安全围栏。

（8）误伤。严禁刀具对己或对人；防止舞动导线伤人。

（9）意外触电。临时接入的工作电源须用专用导线，并装设有剩余电流保护器；电动工具外壳应接地；在电源侧隔离开关接线时，隔离开关桩头负荷侧可能带电，必须验电，并做好安全措施；工作前务必挂好接地线。

（10）意外伤害。电能计量装置具备送电条件后，应关闭装置柜门，撤离高压室，防止因装置一次设备不能经受冲击电压而引起绝缘爆裂伤人。

（11）防触电伤人。登杆前，作业人员应核准线路的双重编号后方可工作；注意保持与邻近运行设备足够的安全距离。

（12）防倒杆伤人。登杆前检查杆根、杆身、埋深是否达到要求，拉线是否紧固。

（13）防影响安全生产。在二次回路上工作需将高压设备停电或做安全措施，并应提前通知用户或运行单位，做好备用电源的投入使用准备。

2. 技术要求

（1）计量箱（柜）的安装。户内电能计量装置的安装一般是设置专用计量柜，柜体的安装由电气设备安装方随一次设备安装完成，装表接电工只需要检查计量柜的安装位置是否满足技术要求和封闭管理要求，检查互感器、高压熔断器、母线走向及安装位置是否满足技术要求和安全管理要求。

（2）电能表的安装。

1）电能表的安装场所：周围环境应干燥明亮，不易受损、受振；无自然磁场之外的磁场干扰及烟灰影响；无腐蚀性气体、易蒸发液体的侵蚀；运行安全可靠，抄表读数、校验、检查、轮换方便；电能表位置的环境温度应不超过电能表规定的工作温度范围。

2）电能表的一般安装规范：电能表的型号与互感器的连接方式、一次系统接地方式相对应，电能表的额定电压应为3×100/57.7V。

（3）互感器的安装。

1）互感器安装必须牢固，互感器外壳的金属部分应可靠接地。

2）同一组电流互感器应采用型号、额定电流比、准确度、二次容量相同的互感器，按同一方向安装，以保证该组电流互感器一次及二次回路电流的正方向均为一致。

（4）二次回路的安装。

1）电能计量装置的一次与二次接线应根据批准的图纸施工。不同的电力系统采用相应的计量方式。对于中性点有效接地系统，应采用YNyn接线，该接线方式广泛运用于110kV及以上系统。

2）电能表和互感器二次回路应有明显的标志，采用黄、绿、红、浅蓝色分别代表U、V、W、N相导线。110kV互感器推荐使用KVVP2-22计量专用铠装电缆。对于互感器在场地、电能表在控制室的安装模式，两者之间可能相隔几十米至上百米，需要采用足够长的导线来连接互感器和电能表，而连接导线的阻抗的大小，直接影响互感器的实际二次负荷，进而影响电能计量装置的准确度；为满足计量准确度的要求，应根据现场实际，合理选择二次导线截面。

3）二次回路走线要合理、整齐、美观。

4）二次回路的导线绝缘不得有损伤和接头，导线与端子连接接触良好。弯角要求有弧度，不得出现死角。

操作收获、存在问题及改进措施

1. 操作收获

____

____

2. 存在的问题

____

____

3. 改进的措施

____

____

附　录

现场勘察记录单一份（见表 2-10）。

表 2-10　　现场勘察记录单

勘察单位______________　　编号________

勘察负责人________　勘察人员______________

勘察的线路或设备的双重名称（多回应注明双重名称）：

____

工作任务（工作地点或地段以及工作内容）：______________

____

现场勘察内容

1. 需要停电的范围：
2. 保留的带电部位：
3. 作业现场的条件、环境及其他危险点：
4. 应采取的安全措施：
5. 附图与说明：

记录人：________　　勘察日期：____年__月__日__时__分至__日__时__分

第二节　计量装置误接线和故障的不停电检查与更换

项目 16　单相电能表的不停电检查

操作任务

（1）在不停电的情况下，对单相电能表进行接线和故障检查。

（2）更正单相电能表错误接线并排除故障。

操作目的

（1）掌握在不停电的情况下对单相电能表进行接线和故障检查的方法及流程。

（2）掌握更正单相电能表接线并排除故障的方法。

（3）养成严谨负责的工作态度和团队合作精神。

工作环境

电能计量工作现场正在通电运行中的单相电能表。

难度/复杂度等级

初等级别（初级）。

人员和物料

1. 人员配备及要求

（1）人员分工：工作负责人（兼安全监护人）1 名、操作人员 1 名。

（2）着装要求：按电能计量工作现场要求规范着装。

（3）素质要求：符合电能计量外勤工作人员素质要求。

2. 物料配备及要求（见表 2-11）

表 2-11　　物料配备及要求表

序号	物料类别	名称	型号及规格	数量		备注
				单需量	本次总量	
1	个人工器具及仪表	不停电检查常用工器具及仪表	标准配置	1 套		
2	设备	电能计量装置	单相电能计量装置	1 套		
3		电能表现场检验仪	准确度 0.1、0.2 级，钳形电流互感器 5～100A	1 台		
4		现场取证设备	摄像机、照相机、手电筒、秒表、录音笔、放大镜等	1 套		

续表

序号	物料类别	名称	型号及规格	数量		备注
				单需量	本次总量	
5	材料	绝缘胶带	低压黄、绿、红、浅蓝色绝缘胶带	1 组		
6		封签	一次性	若干		
7		绝缘套管	一端绝缘封闭，10mm×40mm	10 个		
8	安全专用品	工作票	第二种工作票	1 张		
9		绝缘台垫	1200mm×1000mm×20mm（$L\times W\times H$）	1 块		
10		围栏	安全遮栏 4 块	1 套		
11		指示牌、标示牌和警示牌	“从此进出”指示牌、“在此工作”标示牌和“止步，高压危险”警示牌	1 套		
12	其他	用电检查工作单	A4	1 份		
13		用电检查结果通知书	A4	1 份		
14		违约用电（窃电）通知书	A4	1 份		
15		常用文具	标准配置	1 套		

基本操作原理

1. 单相电能计量的基本原理

单相电能表接线正确时，当电能表有负荷电流通过，电能表应正确计量，且电能表基本误差应在规定范围内，进出计量元件的合成电流为零。在电压正常时，当断开负荷侧总开关，电能表应无潜动现象且用户应无电。

2. 单相电能表接线分析

（1）正确接线的计量原理。单相电能表的接线原理图和相量图分别如图 2-64 和图 2-65 所示。

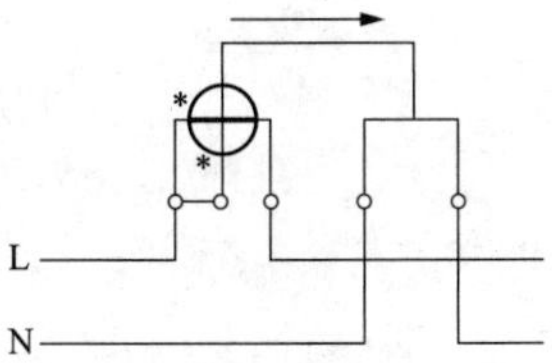

图 2-64　单相电能表接线原理图

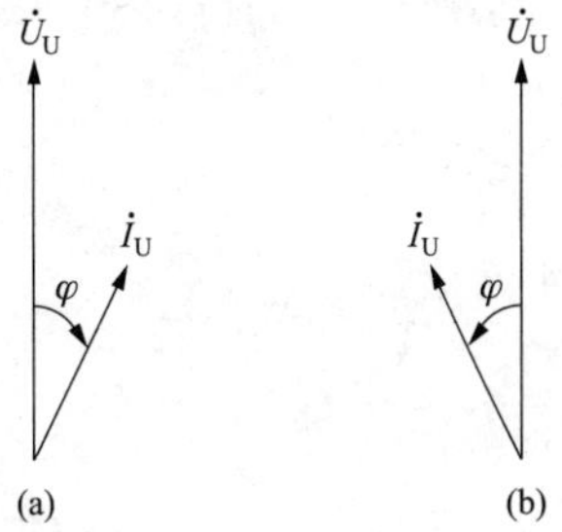

图 2-65　单相电能表相量图

（a）感性负荷时；（b）容性负荷时

计量功率：$P=UI\cos\varphi=U_{ph}I_{ph}\cos\varphi$，其中$U_{ph}$、$I_{ph}$分别为相电压、相电流。

(2) 计量回路断线时的计量情况。

1) 电压断线。单相电能表电压断线时的接线如图 2-66 所示。

计量功率：因为$U=0$，所以$P=0$。因此，电压连接片未连上时，电能表不计量；电压连接片接触不良时，不计量或少计量。

2) 电流断线。单相电能表电流断线时的接线原理如图 2-67 所示。

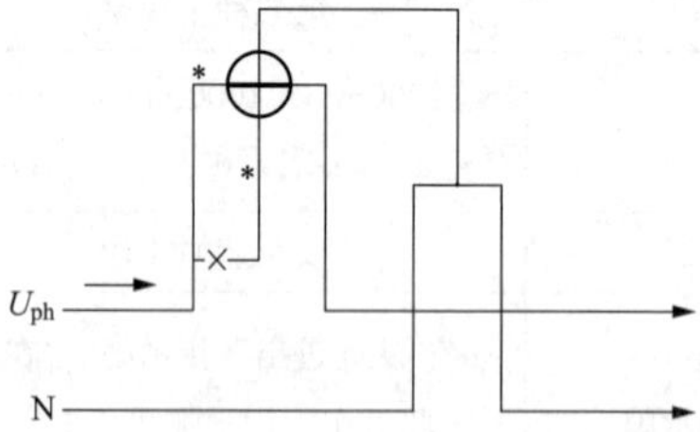

图 2-66 电压断线时的接线原理图

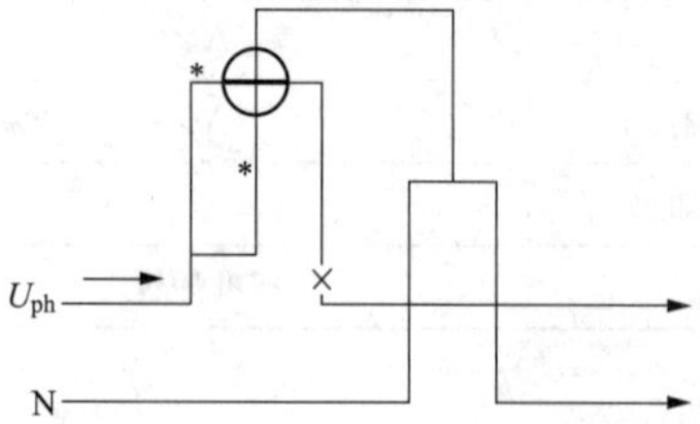

图 2-67 电流断线时的接线原理图

计量功率：因为$I=0$，所以$P=0$。

(3) 火线、零线反接时的计量情况。

1) 火线、零线互换接入。单相电能表火线与零线互换接入时的接线原理如图 2-68 所示。

计量功率：$P=(-U)\times(-I)\cos\varphi=U_{ph}I_{ph}\cos\varphi$。此时电能计量正确，但是如果相线没有通过计量元件，很可能导致不计量。

2) 火线进出线反接。单相电能表火线的进出线反接时的接线原理如图 2-69 所示。

计量功率：$P=U\times I\cos(180^{\circ}+\varphi)=-U_{ph}I_{ph}\cos\varphi$。对于电子式电能表，电流进出线

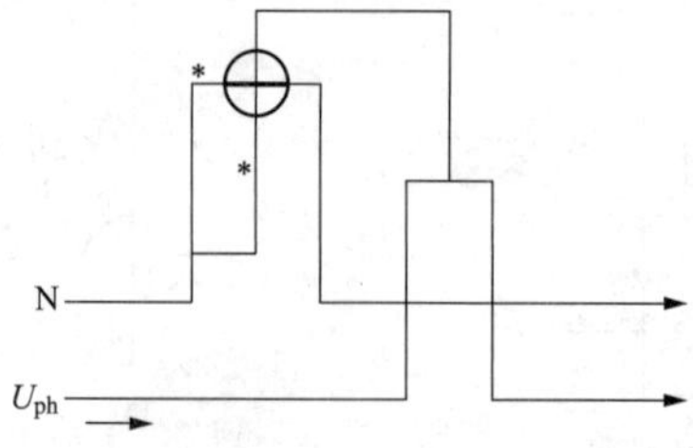

图 2-68 火线与零线互换接入时的接线原理图

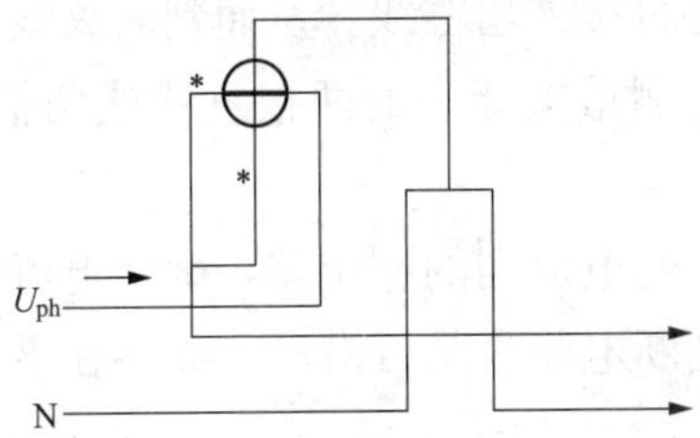

图 2-69　火线进出线反接时的接线原理图

反接，同样输出脉冲信号，大多仍能正向显示电量。

（4）火线和零线同时接入电流计量元件。当火线和零线同时接入电流计量元件时，轻则熔体熔断，重则烧坏电能表。

操作方法及步骤

1. 接受工作任务（参见项目 19）

2. 做好检查前的准备（参见项目 19）

3. 办理开工许可（参见项目 19）

4. 确认作业地点并确保作业安全（参见项目 19）

5. 检测计量装置的可接触部分有无漏电并检查接地装置是否完好（参见项目 19）

6. 直观检查

（1）打开计量箱（柜）锁封，检查现场计量装置重要参数是否与计量装置资料相符，抄录显示数据和事件记录，判断电能表及其运行状态是否正常。

（2）检查电能表外观及加封点的封印是否齐全完好。

（3）打开电能表表封和接线端子盒盖，检查接线端子螺钉、导线有无松动等异常情况。

（4）检查导线的绝缘和金属有无损伤，导线有无压绝缘、露金属、短接、断开、绕越计量或被更换现象。

（5）观察电能表有无异常报警提示，检查各项显示是否正常，主要检查日历时钟、当前运行时段、电能量示数等显示项，判断电能表是否存在故障。

（6）有针对性地调出有关信息，如电压、电流、功率及功率因数等相关量，进一步判定故障的类型。

7. 带电检查

（1）测量电能表各接线端子之间的电压，初步判断电能表是否存在断线情况，利用钳形电流表分别测量各导线的电流，进一步确定是否存在断线情况。

（2）检查电压连接片是否脱落、接触不良或有其他异常。

（3）利用验电器验电或利用电压测量各接线端子对地电压，区分火线和零线，同时确定电能表的第一端子孔是否接入进火线、第二端子孔是否接入出火线、第三端子孔是否接入进零线、第四端子孔是否接入出零线，从而判断火线与零线是否接反。

（4）利用钳形电流表同时测量电能表的两根进线或两根出线的电流，以判断是否存在漏电或窃电情况。

（5）利用相位表测量电压与电流间的相位差，确定电流极性是否接反。

（6）断开负荷侧开关，判断电能表是否潜动，如存在潜动现象，分析潜动的原因。

小技巧

灯泡试验法。若开灯检查电灯亮着但电能表不计，则可能是电压连接片未合上、电压回路开路、电流回路短接等。若没有以上问题，则检查火线、零线是否接反，如果接反，则要检查用户是否有电器借用自来水管等替代零线用电的情况，或有其他窃电行为。如果火线、零线没有接错，则拉开用户总开关看电灯是否熄灭，如果仍亮着，则应查清是借用电源还是绕过电能表搭线用电。若电能表反计，则可能是表外接线反极性或表内计量元件反极性。

小技巧

负荷核对法。步骤：①利用钳形电流表测量导线通过的电流；②利用所测电流值估算负荷大小；③比较估算负荷与实际负荷的大小，从而确定是否存在断线、漏电或窃电情况。

8. 告知检测结果

根据检测结果，填写《用电检查工作单》和《用电检查结果通知书》，记录情况，抄录重要的电能计量信息并请用户签章认可。

9. 及时处理

（1）用户存在窃电的，出具《违约用电（窃电）通知书》并转至相关部门处理。

（2）用户没有窃电的，上盖关门、上锁加封，清理工作现场，记录封印编号。

（3）若计量器具本身存在故障，则将故障计量器具登记返库。

10. 整改及复查

故障排除及误接线更正或计量器具更换，并进行复查，必要时按规定程序停电并采取相应安全措施。

11. 测量电能表误差

经检查接线无误或更正错误接线复核无误后，测量电能表的工作误差，正确填写电能表现场检验记录表，据此还可以判断电能表内部的电压计量电路或电流计量电路是否存在故障。

12. 操作终结

清理工作现场；开总结会后报完工；终结工作票；撤离工作现场。

13. 结束工作任务

工器具及仪表还原；资料归档并完成管理系统流程。

安全要求及工作注意事项

1. 安全要求

（1）安全组织措施：正确填用第二种工作票，履行工作许可、工作监护、工作终结手续。

（2）工作前的安全措施：工作负责人应向工作人员详细交代安全措施、带电部位、停电部位及危险点，工作区域应设置安全围栏，出入口悬挂“由此出入”标示牌，电能计量装置本体上悬挂“在此工作”标示牌。

（3）安全技术措施：检查计量箱（柜）接地是否良好，并对其外壳验电以确认不带电，操作区域地面应放置绝缘台垫。

（4）检查工作中的安全措施：操作人员应站在绝缘台垫或绝缘梯上，注意与其他相邻的运行设备保持足够的安全距离，误碰运行设备，防止人身触电（包括电弧烧伤）、电压短路和电流二次开路。

（5）全过程安全监护：安全监护人应加强对操作人员的安全监护，随时注意操作人员的操作行为，避免违章及安全事故的发生。

（6）高空作业安全措施：高空作业时应系好安全带，防止高空坠落和落物伤人。

2. 工作注意事项

（1）检查一般要求：按营销工作现场规定规范着装，填写好《用电检查工作单》，与用户见面时出示《用电检查证》，不得在检查现场代客户进行电气操作。

（2）检查一般原则：首先检查封印及直观检查，如有疑问再进一步进行检测，如有窃电现象要做好证据的收集和固定工作。

（3）分清供用双方责任：开启锁封或表封时，甚至在整个检查过程中，要求用户有关人员或电气运行人员在场，并对其完整性负责，必要时要求用户或运行人员签字认可。

（4）分清是否有窃电现象：对于接线错误或故障的情况，注意区分是工作失误错接还是人为故意接错，是自然形成故障还是人为造成故障。

（5）安全文明生产：工作完毕，清理工作现场后完工。

操作收获、存在问题及改进措施

1. 操作收获

2. 存在的问题

3. 改进的措施

项目 17　直接接入式三相四线电能表的不停电检查

操作任务

（1）在不停电的情况下，对直接接入式三相四线电能表进行接线和故障检查。
（2）更正三相四线电能表错误接线并排除故障。

操作目的

（1）掌握在不停电的情况下对三相四线电能表进行接线和故障检查的方法及流程。
（2）掌握三相四线电能表接线并排除故障的方法。
（3）养成严谨负责的工作态度和团队合作精神。

工作环境

电能计量工作现场正在通电运行中的直接接入式三相四线电能表。

难度/复杂度等级

中等级别（中级）。

人员和物料

1. 人员配备及要求

（1）人员分工：工作负责人（兼安全监护人）1 名、操作人员 1 名。
（2）着装要求：按电能计量工作现场要求规范着装。
（3）素质要求：符合电能计量外勤工作人员素质要求。

2. 物料配备及要求（见表 2-12）

表 2-12　　物料配备及要求表

序号	物料类别	名称	型号及规格	数量		备注
				单需量	本次总量	
1	个人工器具及仪表	不停电检查常用工器具及仪表	标准配置	1 套		
2	设备	电能计量装置	直接接入式电能计量装置	1 套		
3		电能表现场检验仪	准确度 0.1、0.2 级，钳形电流互感器 5～100A	1 台		
4		现场取证设备	摄像机、照相机、手电筒、秒表、录音笔、放大镜等	1 套		

续表

序号	物料类别	名称	型号及规格	数量		备注
				单需量	本次总量	
5	材料	绝缘胶带	低压黄、绿、红、浅蓝色绝缘胶带	1组		
6		封签	一次性	若干		
7		绝缘套管	一端绝缘封闭，10mm×40mm	10个		
8	安全专用品	工作票	第二种工作票	1张		
9		绝缘台垫	1200mm×1000mm×20mm ($L×W×H$)	1块		
10		围栏	安全遮栏4块	1套		
11		指示牌、标示牌和警示牌	"从此进出"指示牌、"在此工作"标示牌和"止步，高压危险"警示牌	1套		
12	其他	用电检查工作单	A4	1份		
13		用电检查结果通知书	A4	1份		
14		违约用电（窃电）通知书	A4	1份		
15		常用文具	标准配置	1套		

基本操作原理

1. 直接接入式三相四线电能表的基本原理

接线正确时，当电能表有负荷电流通过，电能表应正确计量，且电能表基本误差应在规定范围内，进出各个计量元件的合成电流为零。在电压正常时，当断开负荷侧总开关，电能表应无潜动现象且用户应无电。

2. 三相四线电能表接线分析

（1）接线原理。直接接入式三相四线电能表的接线原理如图2-70所示。

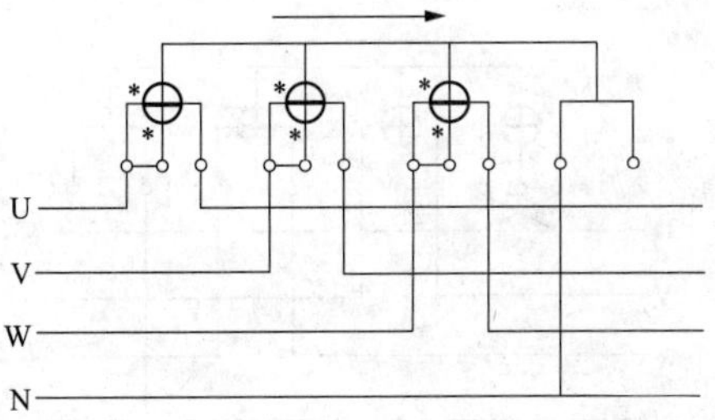

图2-70　直接接入式三相四线电能表接线原理图

（2）相量图及其计量分析。直接接入式三相四线电能表计量时的相量图如图2-71所示。

根据图2-71可知，三个计量元件的电压和电流分别为：第一元件 U_u/I_u，第二元件

U_v/I_v，第三元件U_w/I_w。计量的功率：第一元件为$P_u=U_uI_u\cos\varphi_u$，第二元件为$P_v=U_vI_v\cos\varphi_v$，第三元件为$P_w=U_wI_w\cos\varphi_w$。总功率：$P=P_u+P_v+P_w=U_uI_u\cos\varphi_u+U_vI_v\cos\varphi_v+U_wI_w\cos\varphi_w$。

（3）计量回路断线时的计量情况。当一相断线时，电能表将少计，电能表仅计量出了未断线的两相负荷消耗的电能。例如，当U相断线时，总功率$P=P_u+P_v+P_w=U_vI_v\cos\varphi_v+U_wI_w\cos\varphi_w$，如图2-72所示。

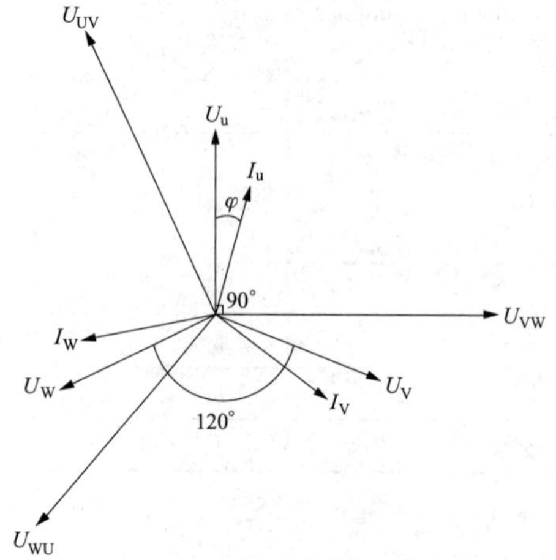

图2-71　直接接入式三相四线电能表计量相量图

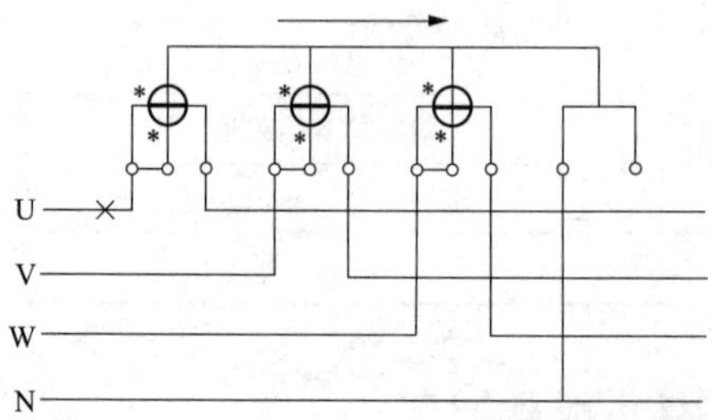

图2-72　一相断线时的接线原理图

（4）当一相进出线接反，如果一相电流极性接反，那么电能表将少计；如果三相负荷对称，那么此时少计2/3的电量。例如，当U相进出线接反时，总功率为$P=P_u+P_v+P_w=-U_uI_u\cos\varphi_u+U_vI_v\cos\varphi_v+U_wI_w\cos\varphi_w$；当三相负荷对称时，总功率为$P=P_u+P_v+P_w=-U_uI_u\cos\varphi_u+U_vI_v\cos\varphi_v+U_wI_w\cos\varphi_w=U_{ph}I_{ph}\cos\varphi$。

其中U_{ph}、I_{ph}分别为相电压、相电流。一相进出线接反时的接线原理如图2-73所示。

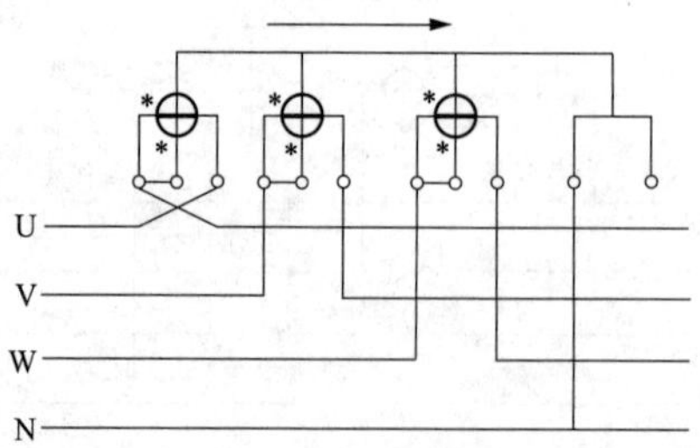

图2-73　一相进出线接反时的接线原理图

3. 带电检查方法

（1）直观检查法：通过检查封印、观察计量装置外观是否完好无损和查看电子式电能表报警异常提示，判断电能表是否存在故障，这种方法称为直观检查法。

（2）电压测量法：利用电压表测量电能表接线端子的三相相电压和三个线电压，判断电能表是否存在断线情况，同时确定零线，这种方法称为电压测量法。

（3）电流测量法：利用钳形电流表分别测量各相电流或各相电流的合电流，确定是否存在断线、漏电或窃电情况，这种方法称为电流测量法。

利用钳形电流表同时钳住电能表任意两根进火线或出火线测量其合电流，从而判断是否存在电流极性接反的方法称为钳形电流表检测法。

（4）相序测量法：利用测量三相电压相序的方式确定电源相序是否正确的方法称为相序测量法。

（5）三元件表“抽零进火”法：对三相四线电能表，解除表尾的零线，测量表尾相电压应正常。将表尾的一相火线引入表尾中性点，在三相平衡时，电能表的脉冲闪速应基本不变，否则电能表的接线有误。这种判断电能表接线是否正确的方法称为“抽零进火”法。

操作方法及步骤

1. 接受工作任务（参见项目19）

2. 做好检查前的准备（参见项目19）

3. 办理开工许可（参见项目19）

4. 确认作业地点并确保作业安全（参见项目19）

5. 检测计量装置的可接触部分有无漏电并检查接地装置是否完好（参见项目19）

6. 直观检查

（1）打开计量箱（柜）锁封，检查现场计量装置重要参数是否与计量装置资料相符，抄录显示数据和事件记录，判断电能表及其运行状态是否正常。

（2）检查电能表外观及加封点的封印是否齐全完好。

（3）打开电能表表封和接线端子盒盖，检查接线端子螺钉、导线有无松动等异常情况。

（4）检查导线的绝缘和金属有无损伤，导线有无压绝缘、露金属、短接、断开、绕越计量或被更换现象。

（5）观察电能表有无异常报警提示，检查各项显示是否正常，主要检查日历时钟、当前运行时段、电量示数、电压相序正逆等显示项，判断电能表是否存在故障。

（6）有针对性地调出有关信息，如电压、电流、功率及功率因数等相关量，进一步判定故障的类型。

7. 带电检查

（1）测量电能表接线端子的三相相电压和三个线电压，初步判断电能表是否存在断线或接触不良情况，同时确定零线，利用钳形电流表分别测量各相电流，进一步确定是否存在断线或接触不良情况。

小技巧

如果测量得的各相电压相差较大，那么电压回路存在断线或回路阻抗异常现象；如果三相电压有零值时，那么电压回路存在断相现象。

（2）检查电压连接片是否脱落、接触不良或有其他异常。

（3）检查三相电压相序是否正确，参考其他信息，确定电能表的第一端子孔是否接入进U相火线、第二端子孔是否接入出U相火线、第三端子孔是否接入进V相火线、第四端子孔是否接入出V相火线、第五端子孔是否接入进W相火线、第六端子孔是否接入出W相火线，检查零线是不是直接从电源侧引向负荷侧，同时检查电能表零线的“T”接是否正确可靠。

（4）利用钳形电流表同时测量电能表的四根进线或四根出线的合电流，以判断是否存在漏电或窃电情况。

（5）利用钳形电流表同时钳住电能表任意两根进火线或出火线测量其合电流，从而判断是否存在电流极性接反。

（6）利用相位表分别测量三相电压与其对应的电流间的相位差，从而确定电流极性是否接反。

（7）断开负荷侧开关，判断电能表是否潜动，如存在潜动现象，分析潜动的原因。

（8）检查通信线，判断电能表的通信线接线是否正确、可靠。

8. 告知检测结果

根据检测结果，填写《用电检查工作单》和《用电检查结果通知书》，记录情况，抄录重要的电能计量信息并请用户签章认可。

9. 及时处理

（1）用户存在窃电的，出具《违约用电（窃电）通知书》并转至相关部门处理。

（2）用户没有窃电的，上盖关门、上锁加封，清理工作现场，记录封印编号。

（3）若计量器具本身存在故障，则将故障计量器具登记返库。

10. 整改及复查

故障排除及误接线更正或计量器具更换，并进行复查，必要时按规定程序停电并采取相应安全措施。

11. 测量电能表误差

经检查接线无误或更正错误接线复核无误后，测量电能表的工作误差，正确填写电能表现场检验记录表，据此还可以判断电能表内部的电压计量电路或电流计量电路是否存在故障。

12. 操作终结

清理工作现场；开总结会后报完工；终结工作票；撤离工作现场。

13. 结束工作任务

工器具及仪表还原；资料归档并完成管理系统流程。

安全要求及工作注意事项

1. 安全要求

(1) 安全组织措施：正确填用第二种工作票，履行工作许可、工作监护、工作终结手续。

(2) 工作前的安全措施：工作负责人应向工作人员详细交代安全措施、带电部位、停电部位及危险点，工作区域应设置安全围栏，出入口悬挂“由此出入”标示牌，电能计量装置本体上悬挂“在此工作”标示牌。

(3) 安全技术措施：检查计量箱（柜）接地是否良好，并对其外壳验电以确认不带电，操作区域地面应放置绝缘台垫。

(4) 检查工作中的安全措施：操作人员应站在绝缘台垫或绝缘梯上，注意与其他相邻的运行设备保持足够的安全距离，防止误碰运行设备，防止人身触电（包括电弧烧伤）、电压短路和电流二次开路。

(5) 全过程安全监护：安全监护人应加强对操作人员的安全监护，随时注意操作人员的操作行为，避免违章及安全事故的发生。

(6) 高空作业安全措施：高空作业时应系好安全带，防止高空坠落和落物伤人。

2. 工作注意事项

(1) 检查一般要求：按营销工作现场规定规范着装，填写好《用电检查工作单》，与用户见面时出示《用电检查证》，不得在检查现场代客户进行电气操作。

(2) 检查一般原则：首先检查封印及直观检查，如有疑问再进一步进行检测，如有窃电现象要做好证据的收集和固定工作。

(3) 分清供用双方责任：开启锁封或表封时，甚至在整个检查过程中，要求用户有关人员或电气运行人员在场，并对其完整性负责，必要时要求用户或运行人员签字认可。

(4) 分清是否有窃电现象：对于接线错误或故障的情况，注意区分是工作失误错接还是人为故意接错，是自然形成故障还是人为造成故障。

(5) 安全文明生产：工作完毕，清理工作现场后完工。

操作收获、存在问题及改进措施

1. 操作收获

____

____

2. 存在的问题

____

____

3. 改进的措施

____

____

项目18　经电流互感器接入式三相四线电能表的不停电检查

操作任务

（1）在不停电的情况下，对经电流互感器接入式三相四线电能表进行检查。

（2）计量误接线及故障的分析、判断。

（3）更正错误接线并排除故障。

操作目的

（1）掌握在不停电的情况下对经电流互感器接入式三相四线电能表进行检查的方法流程。

（2）能够正确分析、判断计量误接线和故障的具体情况。

（3）能够更正错误接线并排除故障。

（4）养成严谨负责的工作态度和团队合作精神。

工作环境

正在通电运行中的经电流互感器接入式三相四线电能计量装置。负荷性质为感性，功率因数角为0～30°。

难度/复杂度等级

高等级别（高级）。

人员和物料

1. 人员配备及要求

（1）人员分工：工作负责人（兼安全监护人）1名、操作人员1名、用电检查人员1名。

（2）着装要求：按电能计量工作现场要求规范着装。

（3）素质要求：符合电能计量外勤工作人员素质要求。

2. 物料配备及要求（见表2-13）

表2-13　物料配备及要求表

序号	物料类别	名称	型号及规格	数量		备注
				单需量	总需量	
1	个人工器具及仪表	不停电检查常用工器具及仪表	标准配置	1套		
2		电工绘图工具	标准配置	1套		

续表

序号	物料类别	名称	型号及规格	数量		备注
				单需量	总需量	
3	设备或者装置	计量装置	经电流互感器接入式三相四线计量装置	1套		
4		电能表现场检验仪	准确度0.1、0.2级，钳形电流互感器，5～100A	1台		
5		现场取证设备	摄像机、照相机、手电筒、秒表、录音笔、放大镜等	1套		
6	材料	绝缘胶带	低压黄、绿、红、浅蓝色绝缘胶带	1组		
7		封签	一次性	若干		
8		绝缘套管	一端绝缘封闭，10mm×40mm	10个		
9	安全专用品	工作票	第二种工作票	1份		
10		绝缘台垫	1200mm×1000mm×20mm（$L\times W\times H$）	1块		
11		围栏	安全遮栏4块	1套		
12		指示牌、标示牌和警示牌	“从此进出”指示牌、“在此工作”标示牌和“止步，高压危险”警示牌	1套		
13	其他	不停电检查测试记录单	A4	1份		详见表2-17
14		用电检查工作单	A4	1份		
15		用电检查结果通知书	A4	1份		
16		违约用电（窃电）通知书	A4	1份		
17		常用文具	标准配置	1套		

基本操作原理

1. 经电流互感器接入式三相四线电能表的基本原理

接线正确时，当电能表有负荷电流通过，电能表应正确计量，且基本误差在规定范围内；各线电压均应约为380V，各相电压均应约为220V；同一计量元件的进、出电流之和应为零；三相电压相序为正相序；各计量元件电压与电流间的相位差应在正常范围内，且应符合感性负荷或容性负荷规律，否则应查明原因。

当计量元件上线电压出现一个220V左右且相电压出现一个0时，说明有一个电压线断线；当计量元件上线电压出现一个190V左右且相电压出现一个0时，说明有一个电压线断线，同时零线断开。

2. 电能表接线分析

（1）接线原理。经电流互感器接入式三相四线电能表的接线原理如图2-74所示。

（2）相量图及其计量分析。经电流互感器接入式三相四线电能表计量时的相量图如图2-75所示。

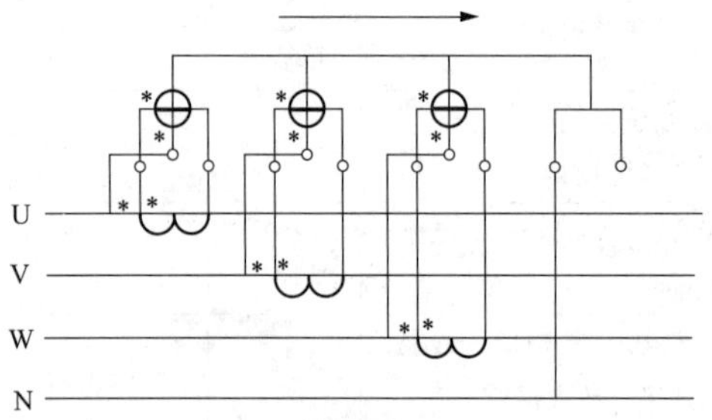

图 2-74　经电流互感器接入式三相四线电能表接线原理图

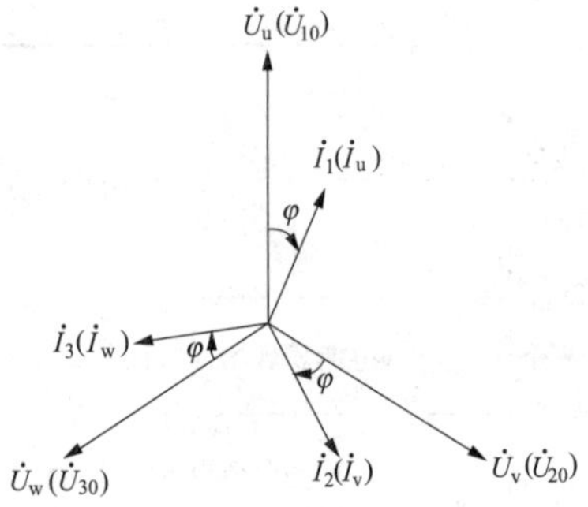

图 2-75　经电流互感器接入式三相四线电能表计量相量图

根据图 2-75 可知，三个计量元件的电压和电流分别为：

第一元件 U_u/I_u，第二元件 U_v/I_v，第三元件 U_w/I_w。计量的功率：第一元件为 $P_u=U_uI_u\cos\varphi_u$，第二元件为 $P_v=U_vI_v\cos\varphi_v$，第三元件为 $P_w=U_wI_w\cos\varphi_w$。总功率：$P=P_u+P_v+P_w=U_uI_u\cos\varphi_u+U_vI_v\cos\varphi_v+U_wI_w\cos\varphi_w$。

操作方法及步骤

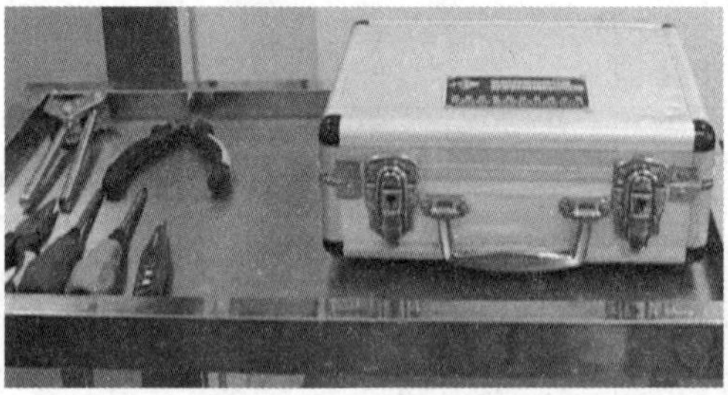

图 2-76　工器具及仪表的准备

1. 接受工作任务（参见项目 19）

2. 做好检查前的准备（参见项目 19）

工器具及仪表的准备如图 2-76 所示。

3. 办理开工许可（参见项目 19）

4. 确认作业地点并确保作业安全（参见项目 19）

5. 进行现场检测、记录和分析

（1）安全性检查：检测计量装置的可接触部分有无漏电，检查接地装置是否完好。

（2）完整性检查：检查计量箱（柜）外观及锁封是否完好，若被破坏或异常则应进行窃电取证。

（3）直观性检查：

1）打开计量箱（柜）锁封，检查现场计量装置重要参数是否与计量装置资料相符，抄录显示数据和事件记录，判断电能表及其运行状态是否正常；

2）检查电能表、互感器和接线盒外观及加封点的封印是否齐全完好；

3）打开电能表表封、互感器封和接线盒封，打开所有端子盒盖，检查接线端子螺钉、导线有无松动等异常情况；

4）检查导线的绝缘和金属有无损伤，导线有无压绝缘、露金属、短接、断开、绕越计量或被更换现象；

5）检查互感器的极性、变比有无异常；

6）检查二次导线的相色是否正确；

7）观察电能表有无异常报警提示，检查各项显示是否正常，主要检查日历时钟、当前运行时段、电量示数等显示项，判断电能表是否存在故障；

8）有针对性地调出有关信息，如电压、电流、功率及功率因数等相关量，进一步判定故障的类型。

小技巧

自然形成故障与人为制造故障的区分。如接头的氧化锈蚀可根据使用时间和周围环境判断，若使用多年或周围有腐蚀性气体且邻近设备也有氧化锈蚀现象，则属于自然形成的故障，否则是人为制造的故障。

（4）运行参数（$U/I/\varphi$）测量与记录。

1）测量电能表的三相电压值：

a）打开相位表电源开关，连接相位表 U1 的两根测试导线，将相位表挡位开关旋至 U1 的 500V 挡位上；

b）分别测出三个相电压 U_{10}、U_{20}、U_{30}，分别测出三个线电压 U_{12}、U_{23}、U_{31}，分别测出三个接线端子对参照点的电压 U_{1R}、U_{2R}、U_{3R}；通过这些数据，判断是否存在电压线断线等故障，并确定零线的位置。

2）测量电能表各电流元件的电流值：

a）将相位表挡位开关旋至 I2 的 10A 挡位，连接相位表 2 号钳子至 I2 插孔，分别测量三相电流 I_1、I_2、I_3；

b）当被测电流小于 2A 或小于 0.2A 时，应先将相位表的钳子取下，再将相位表挡位开关旋至 I2 的 2A 或 200mA 挡位，再次进行测量；

c）当被测电流很小或为零时，应检查是否有负荷，若确无负荷则正常，若有负荷，则通常是电流二次开路、短路或电流二次线断线。

3）测试三相电压的相序：测定三相电压相序的正逆，确定电能表各电压元件的电压接入方式。

4）测量电压与电流间的相位差：将相位表挡位开关旋至 U1I2 挡位，分别测出各计量电压元件与计量电流元件间的相位差。

（5）分析检测结果：

1）画出相量图；

2）分析电能表各电压计量元件和各电流计量元件的实际接入方式以及其他计量故障，并做好记录；

3）画出实际接线图；

4）写出实际功率表达式，求出更正系数；

5）计算实际用电量和退补电量；

6）更正错误接线并排除其他计量故障。

小技巧

判断电能表各元件电压与电流是否同相接入的方法。将交流500V电压表的一个测试棒接在某相电流互感器一次的电源侧，另一个测试棒分别接在三相四线电能表的三个电压接线端子，应得到一个0V和两个380V左右，其中示值为零相的两个测试棒所接的两根导线为同相。

6. 告知检测结果

根据检测结果，填写《用电检查工作单》和《用电检查结果通知书》，记录情况，抄录重要的电能计量信息并请用户签章或公证。

小技巧

现场取证方法。采取现场摄像、拍照、录音等手段，有针对性地记录违约用电（窃电）现场和查处过程，封存或提取损坏的现场电能计量装置，保全违约用电（窃电）痕迹，收集伪造或开启的封印，收缴违约用电（窃电）工具，制作用电检查现场勘查记录，登记用电设备清单，并对获取证据进行司法认可或公证。

7. 及时处理

（1）用户存在窃电的，出具《违约用电（窃电）通知书》并转至相关部门处理。

（2）用户没有窃电的，上盖关门、上锁加封，清理工作现场，记录封印编号。

（3）若计量器具本身存在故障，则将故障计量器具登记返库。

8. 整改及复查

故障排除及误接线更正或计量器具更换，并进行复查，必要时按规定程序停电并采取相应安全措施。

9. 测量电能表误差

经检查接线无误或更正误接线复核无误后，测量电能表的工作误差，正确填写电能表现场检验记录表，据此还可以判断电能表内部的电压计量电路或电流计量电路是否存在故障。

10. 操作终结

清理工作现场；开总结会后报完工；终结工作票；撤离工作现场。

11. 结束工作任务

工器具及仪表还原；资料归档并完成管理系统流程。

安全要求及工作注意事项

1. 安全要求

（1）安全组织措施：正确填用第二种工作票，履行工作许可、工作监护、工作终结手续。

（2）工作前的安全措施：工作负责人应向工作人员详细交代安全措施、带电部位、停电部位及危险点，工作区域应设置安全围栏，出入口悬挂“由此出入”标示牌，电能计量装置本体上悬挂“在此工作”标示牌。

（3）安全技术措施：检查计量箱（柜）接地是否良好，并对其外壳验电以确认不带电，操作区域地面应放置绝缘台垫。

（4）检查工作中的安全措施：操作人员应站在绝缘台垫或绝缘梯上，注意与其他相邻的运行设备保持足够的安全距离，防止误碰运行设备，防止人身触电（包括电弧烧伤）、电压短路和电流二次开路。

（5）全过程安全监护：安全监护人应加强对操作人员的安全监护，随时注意操作人员的操作行为，避免违章及安全事故的发生。

（6）高空作业安全措施：高空作业时应系好安全带，防止高空坠落和落物伤人。

2. 工作注意事项

（1）检查一般要求：按营销工作现场规定规范着装，填写好用电检查工作单，与用户见面时出示用电检查证，不得在检查现场代客户进行电气操作。

（2）检查一般原则：首先检查封印及直观检查，如有疑问再进一步进行检测，如有窃电现象要做好证据的收集和固定工作。

（3）分清供用双方责任：开启锁封或表封时，甚至在整个检查过程中，要求用户有关人员或电气运行人员在场，并对其完整性负责，必要时要求用户或运行人员签字认可。

（4）分清是否有窃电现象：对于接线错误或故障的情况，注意区分是工作失误错接还是人为故意接错，是自然形成故障还是人为造成故障。

（5）工器具及仪表选用及检查：对于机械工具，主要检查其外观质量、规格、机械性能；对于电气工具，主要检查其外观质量、电气性能；对于电气仪表，主要检查其外观质量、测量对象、量程、电气性能。

（6）安全文明生产：工作完毕，清理工作现场后完工。

操作收获、存在问题及改进措施

1. 操作收获

2. 存在的问题

3. 改进的措施

项目19　高压三相三线电能表的不停电检查

操作任务

(1) 在不停电的情况下，对高压三相三线电能表进行检查。

(2) 计量误接线及故障的分析、判断。

(3) 更正错误接线并排除故障。

操作目的

(1) 掌握在不停电的情况下对高压三相三线电能表进行检查的方法流程。

(2) 能够正确分析、判断计量误接线和故障的具体情况。

(3) 能够更正错误接线并排除故障。

(4) 养成严谨负责的工作态度和团队合作精神。

工作环境

正在通电运行中的高压三相三线电能表。负荷性质为感性，功率因数角为0～30°。

难度/复杂度等级

高等级别（高级）。

人员和物料

1. 人员配备及要求

(1) 人员分工：工作负责人（兼安全监护人）1名；操作人员1名；用电检查人员1名。

(2) 着装要求：按电能计量工作现场要求规范着装。

(3) 素质要求：符合电能计量外勤工作人员素质要求。

2. 物料配备及要求（见表2-14）

表2-14　物料配备及要求表

序号	物料类别	名称	型号及规格	数量		备注
				单需量	总需量	
1	个人工器具及仪表	不停电检查常用工器具及仪表	标准配置	1套		
2		电工绘图工具	标准配置	1套		
3	设备或者装置	电能计量装置	运行中的10kV电能计量柜	1套		
4		电能表现场检验仪	准确度0.1、0.2级，钳形电流互感器，5～100A	1台		

续表

序号	物料类别	名称	型号及规格	数量		备注
				单需量	总需量	
5	设备或者装置	现场取证设备	摄像机、照相机、手电筒、秒表、录音笔、放大镜等	1套		
6		用电检查仪	准确度1.0级，100V/57.7V，钳形电流互感器，5～100A	1台		
7	材料	绝缘胶带	低压黄、绿、红、浅蓝色绝缘胶带	1组		
8		封签	一次性	若干		
9		绝缘套管	一端绝缘封闭，10mm×40mm	10个		
10	安全专用品	工作票	第二种工作票	1份		
11		绝缘台垫	1200mm×1000mm×20mm ($L×W×H$)	1块		
12		围栏	安全遮栏4块	1套		
13		指示牌、标示牌和警示牌	“从此进出”指示牌、“在此工作”标示牌和“止步，高压危险”警示牌	1套		
14	其他	不停电检查测试记录单	A4	1份		
15		用电检查工作单	A4	1份		
16		用电检查结果通知书	A4	1份		
17		违约用电（窃电）通知书	A4	1份		
18		常用文具	标准配置	1套		

基本操作原理

1. 高压三相三线电能表的基本原理

接线正确时，当电能表有负荷电流通过，电能表应正确计量，且基本误差在规定范围内；各线电压均应约为100V；同一计量元件的进出电流之和应为零；三相电压相序为正相序；各计量元件电压与电流间的相位差，应在正常范围内，且应符合感性负荷或容性负荷规律。否则应查明原因。

当计量元件上线电压出现173V左右时，说明有一个电压互感器极性接反。

2. 电能表接线分析

（1）接线原理。高压三相三线电能表的接线原理如图2-77所示。

（2）相量图及其计量分析。高压三相三线电能表计量时的相量图如图2-78所示（图中字母的大、小写表明一、二次的电流和电压，以三相电压对称和三相电流对称为前提）。

根据图2-78可知，两个计量元件的电压和电流分别为：第一元件 U_{uv}/I_u，第二元件 U_{wv}/I_v。

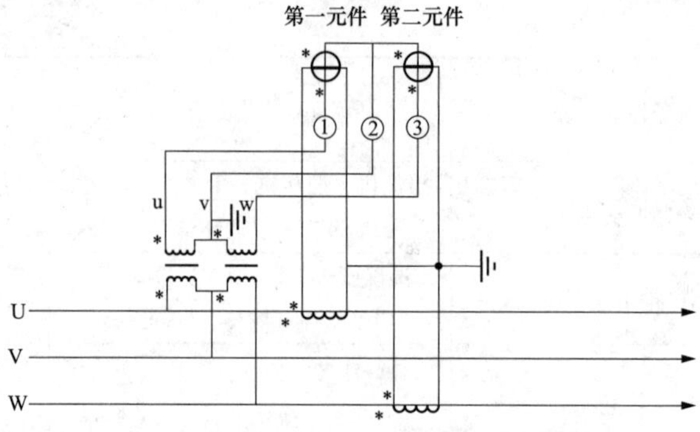

图 2-77　高压三相三线电能表接线原理图

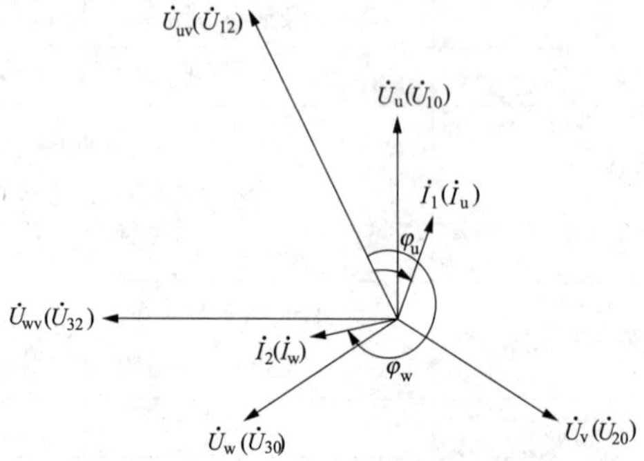

图 2-78　高压三相三线电能表计量相量图

计量的功率：第一元件为 $P_1=U_{uv}I_u\cos(30°+\varphi_u)$，第二元件为 $P_2=U_{wv}I_w\cos(30°-\varphi_w)$；总功率 $P=P_1+P_2=U_LI_L[\cos(30°+\varphi)+\cos(30°-\varphi)]=\sqrt{3}U_LI_L\cos\varphi$（其中，$U_L$、$I_L$分别为计量元件的线电压、线电流）。

操作方法及步骤

1. 接受工作任务

（1）工作人员接受工作任务，明确工作负责人。

（2）工作人员明确工作内容、作业流程、作业时间和地点范围，办理工作单。

2. 做好检查前的准备

（1）检查人员配备是否符合要求、着装是否规范。

（2）检查所带工器具、仪表及文具等物品是否齐全完好。

（3）查看用户资料，了解用电信息，联系用户协查。

用户的用电信息包括：用户计量装置信息、用户用电量、功率因数范围、实际用电负荷、用户用电变化情况、是否存在窃电疑点、《供用电合同》。

小提示

若无电容器，则一般为感性；若用电容量为设备容量的50%以上，则功率因数一般不低于0.5；若设备（如变压器或感应电机）空载，则功率因数一般为0.2左右。

3. 办理开工许可

(1) 正确填用《用电检查工作单》。

(2) 办理第二种工作票，履行工作许可手续。

(3) 备齐记录单据，带上用电检查证。

4. 确认作业地点并确保作业安全

(1) 确认工作的具体地点。

(2) 工作区域设置安全围栏。

(3) 出入口悬挂“从此进出”指示牌，电能计量装置本体上悬挂“在此工作”标示牌。

(4) 操作活动区域放置绝缘台垫。

(5) 检查计量现场，清楚危险点及其防范措施。

5. 进行现场检测、记录和分析

(1) 安全性检查：检测计量装置的可接触部分有无漏电，检查接地装置是否完好。

(2) 完整性检查：检查计量箱（柜）外观及锁封是否完好，若被破坏或异常则应进行窃电取证。

(3) 直观性检查：

1) 打开计量箱（柜）锁封，检查现场计量装置重要参数是否与计量装置资料相符，抄录显示数据和事件记录，判断电能表及其运行状态是否正常；

2) 检查电能表、互感器和接线盒外观及加封点的封印是否齐全完好；

3) 打开电能表表封、互感器封和接线盒封，打开所有端子盒盖，检查接线端子螺钉、导线有无松动等异常情况；

4) 检查导线的绝缘和金属有无损伤，导线有无压绝缘、露金属、短接、断开、绕越计量或被更换现象；

5) 检查互感器的极性、变比有无异常；

6) 检查二次导线的相色是否正确；

7) 观察电能表有无异常报警提示，检查各项显示是否正常，主要检查日历时钟、当前运行时段、电量示数等显示项，判断电能表是否存在故障；

8) 有针对性地调出有关信息，如电压、电流、功率及功率因数等相关量，进一步判定故障的类型。

小技巧

空接、虚接与实接的区分。如计量回路绝缘导线的线芯导体被故意弄断，是空接；若接头接触不良或锈蚀，则是虚接；若接头接触牢固且电气性能良好，则是实接。

(4) 运行参数（$U/I/\varphi$）测量与记录。一般情况下，测量运行参数时应在表尾接线及其端子上进行。

小技巧

对于有电容器补偿的用户，应将电容器退出后测量相位差；没有负荷时，应将电容器投入后测量相位差。

1）测量电能表各电压端子间的电压值：

(a) 测量各线电压，判断电压互感器是否存在一、二次侧断线或一、二次极性接反，判断电压互感器是否存在配置错误或其他故障；

(b) 测量电能表各电压端子对接地点E间的电压，进行核相，确定二次v相相别，为确定其余两个二次相别电压做准备。

小技巧

电压互感器V形或Y形接线方式的区分。先将电压表的一个测试棒接地，另一个测试棒依次触及电能表的三个电压端子。若有两个电压端子对地电压为100V，一个端子对地电压为0，则说明电压互感器是V形接线；若三相电压端子对地电压为57.7V，则说明电压互感器是Y形接线。

2）测量电能表各电流元件的电流值。测出各二次电流，判断电流互感器是否存在某相电流二次回路开路、短路，电流互感器是否存在一、二次极性接反。有条件时，可测出电流互感器一次电流，判断是否存在电流互感器配置错误或故障。

3）测试三相电压的相序：测定三相电压相序的正逆，确定电能表各电压元件的电压接入方式，或电压实际故障。

电压相序正逆的判断方法有以下几种。

(a) 利用机械式相序表测相序：将相序表的三个测试棒依次接入电能表的电压端子1、2、3，水平放置相序表，如果转子旋转方向与表上箭头方向相同，那么是正相序；反之是逆相序。

(b) 利用数字式相序表测相序：若显示的是“UVW”，则被测三相电压是正相序的；若显示的是“UWV”，则被测三相电压是逆相序的。

(c) 利用相位表的U2I1挡位判断相序：先将相位表的I号电流钳子夹入电能表的第一元件电流进线（保持不变），后将相位表U2的两个测试棒依次接入电能表的电压端子1、2，测得它们间的相位差φ_1；再将相位表U2的两个测试棒依次接入电能表的电压端子2和3，测得它们间的相位差φ_2。如果$\varphi=\varphi_1-\varphi_2=120^\circ$（或$-240^\circ$），那么是正相序；如果$\varphi=240^\circ$（或$-120^\circ$），那么是逆相序。

(d) 利用相位表的U1U2挡位判断相序：先将相位表U1的两个测试棒依次接入电能表的电压端子1和2，再将相位表U2的两个测试棒依次接入电能表的电压端子3和2，测得它们间的相位差φ。如果$\varphi=300^\circ$，那么是正相序；如果$\varphi=60^\circ$，那么是逆相序。

小提示

在利用相序表检查相序时，如果有一相电压互感器极性接反，那么相序表所指示的相序与实际相序相反！

小技巧

电压互感器接反时相序判断。如果有一相电压互感器极性接反，将电压 U_{12} 从相位表的 U1 端接入，U_{23} 从相位表的 U2 端接入，测量它们间的相位差 φ。如果 $\varphi > 180°$ 即 φ 为 210°（或 300°），那么表尾实际电压接线相序是正相序；如果 $\varphi < 180°$ 即 φ 为 150°（或 60°），那么表尾实际电压接线相序是逆相序。

4）测量电能表各元件电压与各元件电流间的相位差。电压与电流间相位差的测量如图 2-79 所示。

图 2-79　电压与电流间相位差的测量

测出各相位差，利用相量图，判定电能表各电流计量元件电流的实际接入方式，甚至判断互感器的极性错误。

注意：测量哪一对电参数的相位差是有讲究的，因为选择不同对电参数决定了测量的速度和判断的准确度。

（5）检测结果分析：

1）画出相量图；

2）分析电能表各电压、电流计量元件的实际接入方式以及其他计量故障，并做好记录；

3）画出实际接线图；

4）写出实际功率表达式，求出更正系数；

5）计算实际用电量和退补电量；

6）更正错误接线并排除其他计量故障。

小提示

若现场出现负功率，则计算出的错误功率和更正系数均应为负，否则检查结果或计算有误。

6. 告知检测结果

根据检测结果，填写用《电检查工作单》和《用电检查结果通知书》，记录情况，抄录重要的电能计量信息并请用户签章或公证。

7. 及时处理

（1）用户存在窃电的，出具《违约用电（窃电）通知书》并转至相关部门处理。

（2）用户没有窃电的，上盖关门、上锁加封，清理工作现场，记录封印编号。

（3）若计量器具本身存在故障，则将故障计量器具登记返库。

小提示

若封印是在检查前被人为破坏的，则填写《违约用电（窃电）通知书》；否则填写《用电检查结果通知书》。

8. 整改及复查

故障排除及误接线更正或计量器具更换，并进行复查，必要时按规定程序停电并采取相应安全措施。

9. 测量电能表误差

经检查接线无误或更正误接线复核无误后，测量电能表的工作误差，正确填写电能表现场检验记录表，据此还可以判断电能表内部的电压计量电路或电流计量电路是否存在故障。

10. 操作终结

清理工作现场；开总结会后报完工；终结工作票；撤离工作现场。

11. 结束工作任务

工器具及仪表还原；资料归档并完成管理系统流程。

按照以上标准操作流程顺序操作，具有安全、耗时短、正确率高的优点，值得现场推广应用。

安全要求及工作注意事项

1. 安全要求

（1）安全组织措施：正确填用第二种工作票，履行工作许可、工作监护、工作终结手续。

（2）工作前的安全措施：工作负责人应向工作人员详细交代安全措施及带电部位、停电部位及危险点，工作区域应设置安全围栏，出入口悬挂“从此进出”指示牌，电能计量装置本体上悬挂“在此工作”标示牌。

（3）安全技术措施：检查计量箱（柜）接地是否良好，并对其外壳验电以确认不带电，操作区域地面应放置绝缘台垫。

（4）检查工作中的安全措施：操作人员应站在绝缘台垫或绝缘梯上，注意与其他相邻的运行设备保持足够的安全距离，防止误碰运行设备，防止人身触电（包括电弧烧伤）、电压短路和电流二次开路。

（5）全过程安全的监护：安全监护人应加强对操作人员的安全监护，随时注意操作人员的操作行为，避免违章及安全事故的发生。

（6）高空作业安全措施：高空作业时应系好安全带，防止高空坠落和落物伤人。

2. 工作注意事项

（1）检查一般要求：按营销工作现场规定规范着装，填写好用电检查工作单，与用户见面时出示用电检查证，不得在检查现场代客户进行电气操作。

（2）检查一般原则：首先检查封印及直观检查，如有疑问再进一步进行检测，如有窃电现象要做好证据的收集和固定工作。

（3）分清供用双方责任：开启锁封或表封时，甚至在整个检查过程中，要求用户有关人员或电气运行人员在场，并对其完整性负责，必要时要求用户或运行人员签字认可。

（4）分清是否有窃电现象：对于接线错误或故障的情况，注意区分是工作失误错接还是人为故意接错，是自然形成故障还是人为造成故障。

（5）工器具及仪表选用及检查：对于机械工具，主要检查其外观质量、规格、机械性能；对于电气工具，主要检查其外观质量、电气性能；对于电气仪表，主要检查其外观质量、测量对象、量程、电气性能。

（6）安全文明生产：工作完毕，清理工作现场后完工。

操作收获、存在问题及改进措施

1. 操作收获

____

____

2. 存在的问题

____

____

3. 改进的措施

____

____

附　录

记录表一份（见表 2-15）。

表 2-15　　三相三线电能表误接线及故障不停电检查测试记录表

<table>
<tr><td colspan="9">一、检查人员基本信息</td></tr>
<tr><td>姓名</td><td></td><td>工号</td><td></td><td colspan="2">工位号</td><td colspan="3"></td></tr>
<tr><td>班组</td><td colspan="5"></td><td colspan="2">所在岗位</td><td></td></tr>
<tr><td colspan="9">二、电能表基本信息</td></tr>
<tr><td>电能表名称</td><td></td><td>型号</td><td colspan="2"></td><td colspan="2">准确度（有功）</td><td colspan="2"></td></tr>
<tr><td>生产厂家</td><td></td><td>规格</td><td colspan="2"></td><td colspan="2">电能表常数</td><td colspan="2"></td></tr>
<tr><td>信号</td><td colspan="8">脉冲：　　485：　　日计时：</td></tr>
<tr><td colspan="5">当前有功电量</td><td colspan="4">当前无功电量</td></tr>
<tr><td>总：</td><td>峰：</td><td>平：</td><td colspan="2">谷：</td><td colspan="4"></td></tr>
<tr><td>事件记录</td><td colspan="8"></td></tr>
</table>

续表

三、相关信息

TA/TV 型号	制造厂家	TA/TV 变比	TA/TV 准确度	门封	表盖封	其他封
其他信息	表号（或表条形码）					

四、检测数据

电压	$U_{12}=$ V $U_{23}=$ V $U_{31}=$ V	电流	$I_1=$ A $I_2=$ A

∠	U_{12}/I_1	U_{12}/I_2	U_{23}/I_1	U_{23}/I_2			
夹角（°）							

其他记录	对接地点 E 的电压：$U_{1E}=$ V；$U_{2E}=$ V；$U_{3E}=$ V 电压相序：　　　　其他：

五、相量图及分析

注意：不同电压和电流相量用下标 1、2、3 和（或）小写 u、v、w 区分！

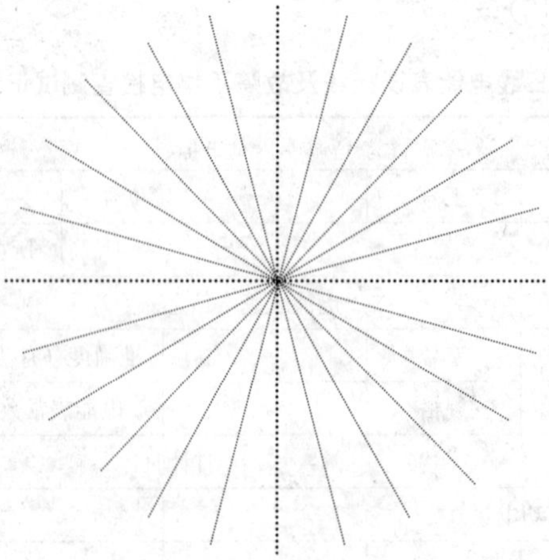

续表

六、结论

错误接线方式 （下标用 u、v、w 表示）	U_{12}：　　　　I_1： U_{32}：　　　　I_2：
故障判定结果 （用文字描述）	电流、电压互感器故障： TV 反极性相：＿＿＿＿＿＿；TV 断线相：＿＿＿＿； TA 反极性相：＿＿＿＿＿＿；TA 短路相：＿＿＿＿； 电能表故障： 其他故障：
误接线 时实际 接线图	
其他 检查 结果	1. 电能表外观检查结果： 2. 电能表事件记录检查结果： 3. 其他故障：

七、错误更正

更正 系数 计算	1. 假设三相平衡对称，写出误接线时功率 P_x 的表达式： 2. 更正系数 K 化为最简式（至少写出 2 步化简步骤）：
退补 电量 计算	

误接线时端子排列（填写误接线电压、电流接入情况）										更正后的接线端子排列（只能填写序号）									
1	2	3	4	5	6	7	8	9	10	1	2	3	4	5	6	7	8	9	10
○	○	○	○	○	○	○	○	○	○	○	○	○	○	○	○	○	○	○	○

检测 用时		分析处 理用时		总 用时		开始 时间		结束 时间	

项目 20 高压三相四线电能表的不停电检查

操作任务

（1）在不停电的情况下，对高压三相四线电能表进行检查。
（2）计量误接线及故障的分析、判断。
（3）更正错误接线并排除故障。

操作目的

（1）掌握在不停电的情况下对高压三相四线电能表进行检查的方法流程。
（2）能够正确分析、判断计量误接线和故障的具体情况。
（3）能够更正错误接线并排除故障。
（4）养成严谨负责的工作态度和团队合作精神。

工作环境

正在通电运行中的高压三相四线电能表。负荷性质为感性，功率因数角为 0°～30°。

难度/复杂度等级

高等级别（高级）。

人员和物料

1. 人员配备及要求

（1）人员分工：工作负责人（兼安全监护人）1 名、操作人员 1 名、用电检查人员 1 名。

（2）着装要求：按电能计量工作现场要求规范着装。

（3）素质要求：符合电能计量外勤工作人员素质要求。

2. 物料配备及要求（见表 2-16）

表 2-16 物料配备及要求表

序号	物料类别	名称	型号及规格	数量		备注
				单需量	总需量	
1	个人工器具及仪表	不停电检查常用工器具及仪表	标准配置	1 套		
2		电工绘图工具	标准配置	1 套		
3	设备或者装置	电能计量装置	运行中的 110kV 电能计量屏（柜）	1 套		
4		电能表现场检验仪	准确度 0.1、0.2 级，钳形电流互感器，5～100A	1 台		

续表

序号	物料类别	名称	型号及规格	数量		备注
				单需量	总需量	
5	设备或者装置	现场取证设备	摄像机、照相机、手电筒、秒表、录音笔、放大镜等	1套		
6		用电检查仪	准确度1.0级，100V/57.7V，钳形电流互感器，5～100A	1台		
7	材料	绝缘胶带	低压黄、绿、红、浅蓝色绝缘胶带	1组		
8		封签	一次性	若干		
9		绝缘套管	一端绝缘封闭，10mm×40mm	10个		
10	安全专用品	工作票	第二种工作票	1份		
11		绝缘台垫	1200mm×1000mm×20mm（$L\times W\times H$）	1块		
12		围栏	安全遮栏4块	1套		
13		指示牌、标示牌和警示牌	“从此进出”指示牌、“在此工作”标示牌和“止步，高压危险”警示牌	1套		
14	其他	不停电检查测试记录单	A4	1份		
15		用电检查工作单	A4	1份		
16		用电检查结果通知书	A4	1份		
17		违约用电（窃电）通知书	A4	1份		
18		常用文具	标准配置	1套		

基本操作原理

1. 高压三相四线电能表的基本原理

接线正确时，当电能表有负荷电流通过，电能表应正确计量，且基本误差在规定范围内；各线电压均应约为100V，各相电压均应约为57.7V；同一计量元件的进出电流之和应为零；三相电压相序为正相序；各计量元件电压与电流间的相位差，应在正常范围内，且应符合感性负荷或容性负荷规律。否则应查明原因。

当计量元件上线电压出现57.7V左右时，说明有1台或2台电压互感器极性接反，或1台电压互感器断线。

2. 电能表接线分析

（1）接线原理。高压三相四线电能表的接线原理如图2-80所示。

（2）相量图及其计量分析。高压三相四线电能表计量时的相量图如图2-81所示（图中字母的大、小写表明一、二次的电流和电压，以三相电压对称和三相电流对称为前提）。

根据图2-81可知，三个计量元件的电压和电流分别为：第一元件U_u/I_u，第二元件

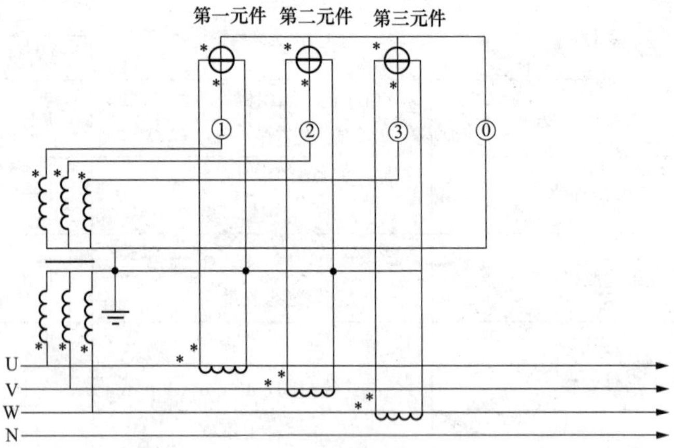

图 2-80　高压三相四线电能表接线原理图

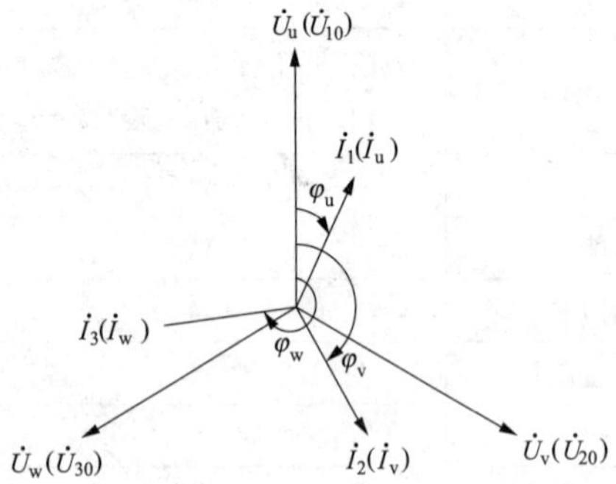

图 2-81　高压三相四线电能表计量相量图

U_vI_v，第三元件 U_wI_w。

计量的功率：第一、二、三计量元件均为 $P_{ph}=U_{ph}I_{ph}\cos\varphi$；总功为率为 $P=3P_{ph}=3U_{ph}I_{ph}\cos\varphi$（其中，$U_{ph}$、$I_{ph}$分别为计量元件的相电压、相电流）。

操作方法及步骤

1. 接受工作任务（参见项目 19）

2. 做好检查前的准备

（1）检查人员配备是否符合要求、着装是否规范。

（2）检查所带工器具、仪表及文具等物品是否齐全完好。

（3）查看用户资料，了解用电信息，联系用户协查。

用户的用电信息包括：用户计量装置信息；用户用电量；功率因数范围；实际用电负荷，用户用电变化情况；是否存在窃电疑点；《供用电合同》。

小提示

若无电容器，则一般为感性；若用电容量为设备容量的50%以上，则功率因数一般不低于0.5；若设备（如变压器或感应电机）空载，则功率因数一般为0.2左右。

3. 办理开工许可

（1）正确填用《用电检查工作单》。

（2）办理第二种工作票，履行工作许可手续。

（3）备齐记录单据，带上用电检查证。

4. 确认作业地点并确保作业安全

（1）确认工作的具体地点。

（2）工作区域设置安全围栏。

（3）出入口悬挂“从此进出”指示牌，电能计量装置本体上悬挂“在此工作”标示牌。

（4）操作活动区域放置绝缘台垫。

（5）检查计量现场，清楚危险点及其防范措施。

5. 进行现场检测、记录和分析

（1）安全性检查：检测计量装置的可接触部分有无漏电，检查接地装置是否完好。

（2）完整性检查：检查计量箱（柜）外观及锁封是否完好，若被破坏或异常则应进行窃电取证。

（3）直观性检查：

1）打开计量箱（柜）锁封，检查现场计量装置重要参数是否与计量装置资料相符，抄录显示数据和事件记录，判断电能表及其运行状态是否正常；

2）检查电能表、互感器和接线盒外观及加封点的封印是否齐全完好；

3）打开电能表表封、互感器封和接线盒封，打开所有端子盒盖，检查接线端子螺钉、导线有无松动等异常情况；

4）检查导线的绝缘和金属有无损伤，导线有无压绝缘、露金属、短接、断开、绕越计量或被更换现象；

5）检查互感器的极性、变比有无异常；

6）检查二次导线的相色是否正确；

7）观察电能表有无异常报警提示，检查各项显示是否正常，主要检查日历时钟、当前运行时段、电量示数等显示项，判断电能表是否存在故障；

8）有针对性地调出有关信息，如电压、电流、功率及功率因数等相关量，进一步判定故障的类型。

（4）运行参数（$U/I/\varphi$）测量与记录。一般情况下，测量运行参数时应在表尾接线及其端子上进行。

小技巧

对于有电容器补偿的用户，应将电容器退出后测量相位差；没有负荷时应将电容器投入后测量相位差。

1）测量电能表各电压端子间的电压值：

(a) 测出各二次相电压、各线电压，判断电压互感器是否存在一、二次侧断线，或一、二次极性接反，判断电压互感器是否存在配置错误或故障，确定二次零线 n 所接电压端子；

(b) 测出电能表各电压端子对参照点 R 间的电压，进行核相，确定二次 V 相相别（或其他相别），为确定其余两个二次相别做准备。

小提示

在三相四线进户时，如果一相故障停电，很多用户为应急会从另外两相短接到故障相用电，或从其他处引入临时电源，甚至个别用户有意而为之，从而导致两根导线同相问题。因此，在换表、接电前一定要检查、测量各线电压，而不能只测各相电压。

2）测量电能表各电流元件的电流值。测出各二次电流，判断电流互感器是否存在某相电流二次回路开路、短路，电流互感器是否存在一、二次极性接反。有条件时，可测出电流互感器一次电流，判断是否存在电流互感器配置错误或故障。

3）测试三相电压的相序。测定三相电压相序的正逆，确定电能表各电压元件的电压接入方式，或电压实际故障。

4）测量电能表各元件电压与各元件电流间的相位差。电压与电流间相位差的测量如图 2-82 所示。

图 2-82　电压与电流间相位差的测量

测出各相位差，利用相量图，判定电能表各电流计量元件电流的实际接入方式，甚至判断互感器的极性错误。

(5) 检测结果分析：

1）画出相量图；

2）分析电能表各电压、电流计量元件的实际接入方式以及其他计量故障，并做好记录；

3）画出实际接线图；

4）写出实际功率表达式，求出更正系数；

5）计算实际用电量和退补电量；

6）更正错误接线并排除其他计量故障。

小提示

若现场出现负功率，则计算出的错误功率和更正系数均应为负，否则检查结果或计算有误。

6. 告知检测结果

根据检测结果，填写《用电检查工作单》和《用电检查结果通知书》，记录情况，抄录重要的电能计量信息并请用户签章或公证。

7. 及时处理

（1）用户存在窃电的，出具《违约用电（窃电）通知书》并转至相关部门处理。

（2）用户没有窃电的，上盖关门、上锁加封，清理工作现场，记录封印编号。

（3）若计量器具本身存在故障，则将故障计量器具登记返库。

小提示

若封印是在检查前被人为破坏的，则填写《违约用电（窃电）通知书》；否则填写《用电检查结果通知书》。

8. 整改及复查

故障排除及误接线更正或计量器具更换，并进行复查，必要时按规定程序停电并采取相应安全措施。

9. 测量电能表误差

经检查接线无误或更正误接线复核无误后，测量电能表的工作误差，正确填写电能表现场检验记录表，据此还可以判断电能表内部的电压计量电路或电流计量电路是否存在故障。

10. 操作终结

清理工作现场；开总结会后报完工；终结工作票；撤离工作现场。

11. 结束工作任务

工器具及仪表还原；资料归档并完成管理系统流程。

安全要求及工作注意事项

1. 安全要求

（1）安全组织措施：正确填用第二种工作票，履行工作许可、工作监护、工作终结手续。

（2）工作前的安全措施：工作负责人应向工作人员详细交代安全措施、带电部位、停电部位及危险点，工作区域应设置安全围栏，出入口悬挂“从此进出”指示牌，电能计量装置本体上悬挂“在此工作”标示牌。

（3）安全技术措施：检查计量箱（柜）接地是否良好，并对其外壳验电以确认不带电，操作区域地面应放置绝缘台垫。

（4）检查工作中的安全措施：操作人员应站在绝缘台垫或绝缘梯上，注意与其他相邻的运行设备保持足够的安全距离，防止误碰运行设备，防止人身触电（包括电弧烧伤）、电压短路和电流二次开路。

（5）全过程安全监护：安全监护人应加强对操作人员的安全监护，随时注意操作人员的操作行为，避免违章及安全事故的发生。

（6）高空作业安全措施：高空作业时应系好安全带，防止高空坠落和落物伤人。

2. 工作注意事项

（1）检查一般要求：按营销工作现场规定规范着装，填写好用电检查工作单，与用户见面时出示用电检查证，不得在检查现场代客户进行电气操作。

（2）检查一般原则：首先检查封印及直观检查，如有疑问再进一步进行检测，如有窃电现象要做好证据的收集和固定工作。

（3）分清供用双方责任：开启锁封或表封时，甚至在整个检查过程中，要求用户有关人员或电气运行人员在场，并对其完整性负责，必要时要求用户或运行人员签字认可。

（4）分清是否有窃电现象：对于接线错误或故障的情况，注意区分是工作失误错接还是人为故意接错，是自然形成故障还是人为造成故障。

（5）工器具及仪表选用及检查：对于机械工具，主要检查其外观质量、规格、机械性能；对于电气工具，主要检查其外观质量、电气性能；对于电气仪表，主要检查其外观质量、测量对象和量程、电气性能。

（6）安全文明生产：工作完毕，清理工作现场后完工。

操作收获、存在问题及改进措施

1. 操作收获

____

____

2. 存在的问题

____

____

3. 改进的措施

____

____

附　录

记录表一份（见表 2-17）。

表 2-17　　三相四线电能表误接线及故障不停电检查测试记录表

一、检查人员基本信息					
姓名		工号		工位号	
班组				所在岗位	

二、电能表基本信息					
电能表名称		型号		准确度（有功）	
生产厂家		规格		电能表常数	
信号	脉冲：	485：		日计时：	
当前有功电量				当前无功电量	
总：	峰：	平：	谷：		
事件记录					

三、相关信息						
TA/TV 型号	制造厂家	TA/TV 变比	TA/TV 准确度	门封	表盖封	其他封
其他信息	表号（或表条形码）					

四、检测数据			
电压	$U_{10}=$　　V　$U_{20}=$　　V　$U_{30}=$　　V $U_{12}=$　　V　$U_{23}=$　　V　$U_{31}=$　　V	电流	$I_1=$　　A $I_2=$　　A $I_3=$　　A

∠	U_{10}/I_1	U_{10}/I_2	U_{10}/I_3	U_{20}/I_1	U_{20}/I_2	U_{20}/I_3	
夹角（°）							
其他记录	对参照点 R 的电压：$U_{1R}=$　　V；$U_{2R}=$　　V；$U_{3R}=$　　V 电压相序：　　　其他：$U_R=$						

五、相量图及分析
注意：不同电压和电流相量用下标 1、2、3 和（或）小写 u、v、w 区分！

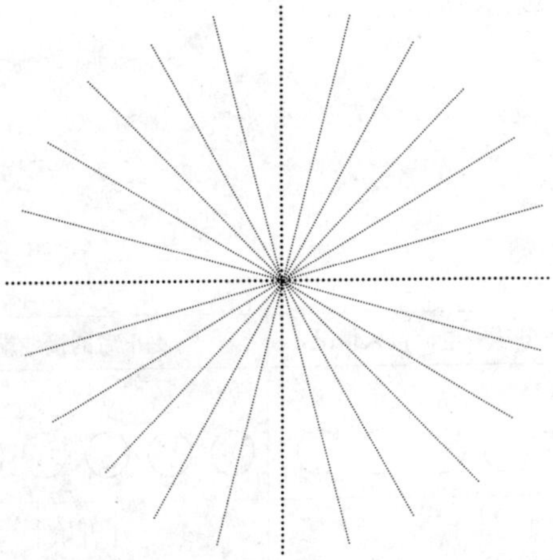

续表

<table>
<tr><td colspan="6">六、结论</td></tr>
<tr><td>错误接线方式
（下标用 u、v、w 表示）</td><td colspan="5">U_1：　　I_1：
U_2：　　I_2：
U_3：　　I_3：</td></tr>
<tr><td>故障判定结果
（用文字描述）</td><td colspan="5">电流、电压互感器故障：
TV 反极性相：__________；TV 断线相：______；
TA 反极性相：__________；TA 短路相：______；
电能表故障：
其他故障：</td></tr>
<tr><td>误接线
时实际
接线图</td><td colspan="5"></td></tr>
<tr><td>其他
检查
结果</td><td colspan="5">1. 电能表外观检查结果：
2. 电能表事件记录检查结果：
3. 其他故障：</td></tr>
<tr><td colspan="6">七、错误更正</td></tr>
<tr><td>更正
系数
计算</td><td colspan="5">1. 假设三相平衡对称，写出误接线时功率 P_x 的表达式：
2. 更正系数 K 化为最简式（至少写出 2 步化简步骤）：</td></tr>
<tr><td>退补
电量
计算</td><td colspan="5"></td></tr>
</table>

误接线时端子排列（填写误接线电压、电流接入情况）	更正后的接线端子排列（只能填写序号）
1 ○ 2 ○ 3 ○ 4 ○ 5 ○ 6 ○ 7 ○ 8 ○ 9 ○ 10 ○	1 ○ 2 ○ 3 ○ 4 ○ 5 ○ 6 ○ 7 ○ 8 ○ 9 ○ 10 ○

检测用时		分析处理用时		总用时		开始时间		结束时间	

项目 21　直接接入式电能表的不停电更换

操作任务

（1）对正在通电运行中的单相电能表进行更换。
（2）对正在通电运行中的三相四线电能表进行更换。

操作目的

（1）掌握正在通电运行中的单相电能表的更换方法及流程。
（2）掌握正在通电运行中的三相四线电能表的更换方法及流程。
（3）养成严谨负责的工作态度和团队合作精神。

工作环境

电能计量工作现场正在通电运行中的直接接入式电能表。

难度/复杂度等级

中等级别（中级）。

人员和物料

1. 人员配备及要求

（1）人员分工：工作负责人（兼安全监护人）1 名、操作人员 1 名。
（2）着装要求：按电能计量工作现场要求规范着装。
（3）素质要求：符合电能计量外勤工作人员素质要求。

2. 物料配备及要求（见表 2-18）

表 2-18　物料配备及要求表

<table>
<tr><th rowspan="2">序号</th><th rowspan="2">物料类别</th><th rowspan="2">名称</th><th rowspan="2">型号、规格及要求</th><th colspan="2">数量</th><th rowspan="2">备注</th></tr>
<tr><th>单需量</th><th>总需量</th></tr>
<tr><td>1</td><td rowspan="2">个人工器具及仪表</td><td>电工常用工器具及仪表</td><td>标准配置</td><td>1 套</td><td></td><td></td></tr>
<tr><td>2</td><td>不停电检查常用工器具及仪表</td><td>标准配置</td><td>1 套</td><td></td><td></td></tr>
<tr><td>3</td><td rowspan="3">设备或者设备</td><td>计量装置</td><td>正在通电运行的直接接入式电能计量装置</td><td>1 套</td><td></td><td></td></tr>
<tr><td>4</td><td>新表</td><td>直接接入式低压三相及单相有功电能表</td><td>1 组</td><td></td><td></td></tr>
<tr><td>5</td><td>绝缘套管</td><td>一端绝缘封闭，10mm×40mm</td><td>10 个</td><td></td><td></td></tr>
</table>

续表

序号	物料类别	名称	型号、规格及要求	数量		备注
				单需量	总需量	
6	材料	绝缘胶带	黄、绿、红、浅蓝色低压绝缘胶带各1卷	1组		
7		扎带	150mm尼龙扎带	若干		
8		封签	一次性	若干		
9	安全专用品	安全带	AQD，带后备保护绳	1副		
10		工作票	第二种工作票	1份		
11		围栏	安全遮栏4块	1套		
12		指示牌、标示牌和警示牌	"从此进出"指示牌、"在此工作"标示牌和"止步，高压危险"警示牌	1套		
13		绝缘台垫	1200mm×1000mm×20mm（$L\times W\times H$）	1块		
14	登高工具	传递绳	ϕ20mm	20m		
15		绝缘梯	3m直梯、上下带防滑垫	1架		
16		脚扣	JK-T-250，登8m电杆	1副		
17	其他	现场取证设备	摄像机、照相机、手电筒、秒表、录音笔、放大镜等	1套		
18		用电检查工作单	A4	1份		
19		用电检查结果通知书	A4	1份		
20		违约用电（窃电）通知书	A4	1份		
21		电能表不停电更换记录表	A4	1份		参照表2-20
22		常用文具	标准配置	1套		

基本操作原理

直接接入式电能表包括单相电能表和三相四线电能表，其接线原理如图2-83所示。

带电换表是一项具有较大安全风险的工作，特别是更换直接接入式三相四线电能表。对于表前没有经过熔断器或电源隔离开关的直接接入式电能表，在更换电能表时，在遵守电力安全规程的基础上，一定要按照带电作业操作流程进行操作，防止火线和零线之间及火线对地之间短路。同时，一定要在负荷断开的情况下进行。

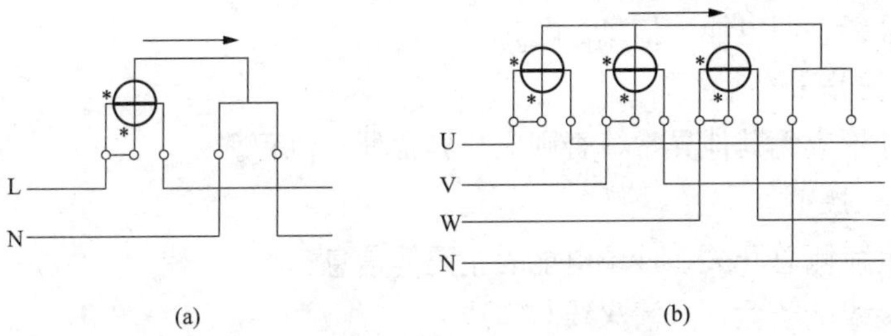

图 2-83　直接接入式电能表接线原理图
（a）单相电能表；（b）三相四线电能表

操作时，拆除电能表时应遵守的操作原则为：按照“先进后出、先火后零”原则进行拆线。安装电能表时应遵守的操作原则为：按照“先出后进、先零后火”的原则进行接线。

操作方法及步骤

1. 接受工作任务

（1）通过营销管理系统形成电子工作单，按业务流程传递至装表接电工班。

（2）工作单（包括现场工作单、电子工作单）信息必须完整、规范。核对工作单所列的计量设备是否与用户的供电方式和申请容量相适应。

（3）联系用户，约定现场工作时间。

2. 做好检查前的准备

办理工作票，履行工作许可手续。检查更换操作所用工器具、仪表及计量设备、材料准备齐全合格。

3. 确认作业地点并确保作业安全

正确着装；查看现场，明确工作任务，布置安全措施；确认作业现场是否需要增加隔离、登高和照明设施；安全监护人在现场向工作人员交代危险点，检查安全措施，工作人员在工作票上签字。

4. 进行直观检查

（1）验明计量箱无漏电后打开计量箱锁封，检查现场计量装置重要参数是否与计量装置资料相符。

（2）检查电能表外观及加封点的封印是否齐全完好。

（3）打开电能表表封和端子盒盖，检查接线端子螺钉、导线有无松动等异常情况。

（4）检查导线的绝缘和金属有无损伤，导线有无压绝缘、露金属、短接、断开、绕越计量或被更换现象。

（5）观察电能表有无异常报警提示，检查各项显示是否正常，主要检查日历时钟、当前运行时段、电量示数等显示项，判断电能表是否存在故障。

5. 记录电能表信息

核对并记录新、旧电能表信息。

6. 检查计量异常

检查电能计量应无其他异常，否则应交异常处理流程。

7. 不停电更换

（1）断开负荷侧总开关，抄录电能表止码等信息。

（2）打开接线端子盒，分清火线与零线。

（3）拆线时按下面顺序进行：①逐相松开电能表电源侧火线尾线接线螺钉，取出火线尾线，并用绝缘胶布将尾线金属外露部分逐相分开包严；②松开电源侧零线尾线接线螺钉，取出零线尾线并包严；③先松开负荷侧火线尾线接线螺钉，取出火线尾线，并用绝缘胶布将尾线金属外露部分逐相分开包严；④松开负荷侧零线尾线接线螺钉，取出零线尾线并包严。

（4）拆下旧电能表。

（5）将新电能表的接线端子盒打开，并将其接线桩头松动，紧固好电压连接片。

（6）安装新电能表，电能表显示屏应与观察窗对好。

（7）比较新、旧电能表的接线图，确保无误后再进行新电能表进出线的连接。

（8）接入新电能表时按以下顺序进行：连接电能表的负荷侧零线；将三相负荷侧火线逐相接入电能表；连接电能表的电源侧零线；将三相电源侧火线逐相接入电能表。

8. 完工检查

安装完毕后，对新电能表的接线正确性和安装质量进行检查，确保接线正确、安装质量良好。

9. 通电检查

（1）再次确认负荷侧开关处于断开位置。

（2）检查电能表火线与零线、电源线与负荷线是否接对，测量外壳、零线端子对地应无电压。

（3）测量电能表电压、电流的大小及其相位是否正常。

（4）检查空载电能表是否潜动。

（5）能够带负荷时，检查电能表显示及运行是否正常。

（6）确保用户可以正常用电。

10. 记录处理

抄录电能表底度数及电能表的其他重要信息，计算换表期间应追补的电量。

11. 加锁加封

对计量装置和电能表加锁加封，规范填写工作单并在工作单上准确记录封号，供用电双方在工作单上签字确认。

12. 操作终结

清理工作现场；开总结会后报完工；终结工作票；撤离工作现场。

13. 结束工作任务

工器具及仪表还原；资料归档并完成管理系统流程。

操作要求及危险防控

1. 操作要求

(1) 正确填用种工作票，着装规范，确认工器具及仪表齐全、绝缘良好。

(2) 工作前对计量柜（屏）外壳验电，检查确认接地装置完好。

(3) 查看计量柜（屏）带电部位，保持足够安全距离，严禁扩大工作范围。

(4) 工作时应站在绝缘垫台上进行，戴好手套。

(5) 加强监护，严防电流回路开路和电压回路短路事故。

(6) 进入工作现场，必须戴安全帽；登高作业应系好安全带，上下转递物品不得抛递，上层作业人员使用工具夹或工具袋，防止工具跌落。

(7) 工作时应遵守“单线工作”原则，禁止同时触及两根导线，防止单相接地和相间短路事故；接线时应注意将头部偏离设备。

2. 危险防控

(1) 防止人体与带电体距离过近触电。

(2) 防止误碰带电体触电。

(3) 防止设备漏电和设备接地装置损坏触电。

(4) 防止工器具及仪表的绝缘损坏触电。

(5) 防止短路引起电弧烧伤。

(6) 防止电源短路或接地。

(7) 高处作业时，防止高处坠落或坠物伤人。

操作收获、存在问题及改进措施

1. 操作收获

2. 存在的问题

3. 改进的措施

项目 22　经电流互感器接入式三相四线电能表的不停电更换

操作任务

（1）在不停电情况下，对经电流互感器接入式三相四线电能表进行更换。

（2）进行无表期间的电量退补。

操作目的

（1）掌握不停电情况对经电流互感器接入式三相四线电能表更换的方法和流程。

（2）掌握无表期间的电量退补办法。

（3）养成严谨负责的工作态度和团队合作精神。

工作环境

当电能表出现故障或电能表周期轮换时，进行不停电更换电能表。

难度/复杂度等级

中等级别（中级）。

人员和物料

1. 人员配备及要求

（1）人员分工：工作负责人（兼安全监护人）1 名、操作人员 1 名。

（2）着装要求：按电能计量工作现场要求规范着装。

（3）素质要求：符合电能计量外勤工作人员素质要求。

2. 物料配备及要求（见表 2-19）

表 2-19　　物料配备及要求表

序号	物料类别	名称	型号及规格	数量		备注
				单需量	总需量	
1	个人工器具及仪表	不停电检查常用工器具及仪表	标准配置	1 套		
2		电工绘图工具	标准配置	1 套		
3	设备或者装置	电能计量装置	经电流互感器接入式三相四线电能表	1 套		
4		新表	经电流互感器接入式三相四线电能表	1 只		
5		绝缘套管	一端绝缘封闭，10mm×40mm	10 个		

续表

序号	物料类别	名称	型号及规格	数量		备注
				单需量	总需量	
6	材料	绝缘胶带	黄、绿、红、浅蓝色低压绝缘胶带各1卷	1组		
7		扎带	150mm尼龙扎带	若干		
8		封签	一次性	若干		
9	安全专用品	安全带	AQD，带后备保护绳	1副		
10		工作票	第二种工作票	1份		
11		围栏	安全遮栏4块	1套		
12		指示牌、标示牌和警示牌	“从此进出”指示牌、“在此工作”标示牌和“止步，高压危险”警示牌	1套		
13		绝缘台垫	1200mm×1000mm×20mm（$L\times W\times H$）	1块		
14	登高工具	传递绳	ϕ20mm	20m		
15		绝缘梯	3m直梯，上下带防滑垫	1架		
16		脚扣	JK-T-250，登8m电杆	1副		
17	其他	用电检查仪	智能型	1台		
18		三相电能表现场检验仪	准确度0.1、0.2级，钳形电流互感器，5～100A	1台		
19		现场取证设备	摄像机、照相机、手电筒、秒表、录音笔、放大镜等	1套		
20		用电检查工作单	A4	1份		
21		用电检查结果通知书	A4	1份		
22		违约用电（窃电）通知书	A4	1份		
23		电能表不停电更换记录表	A4	1份		
24		常用文具	标准配置	1套		

基本操作原理

经电流互感器接入式三相四线电能表的接线原理如图2-84所示。

对于有试验接线盒的计量装置，拆除旧电能表前，应先将接线盒的电流连接片短接，防止电流互感器开路，再分别断开接线盒上的电压连接片螺钉，最后断开零线。

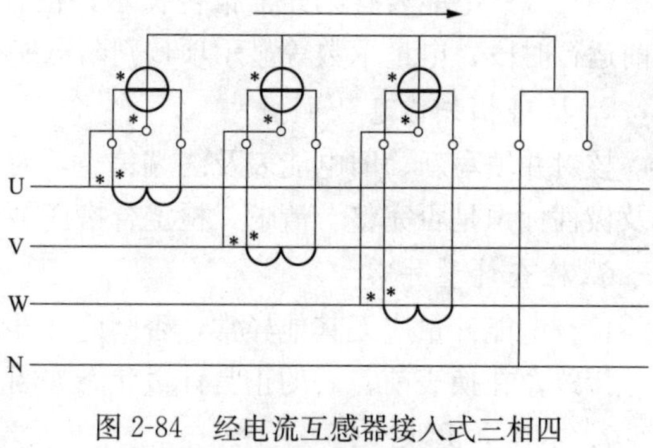

图2-84　经电流互感器接入式三相四线电能表接线原理图

对于无试验接线盒的计量装置，首先将电流互感器二次侧用专用导线分别牢固短接，再拆除电压线。拆除电压接线时，应先拆除电能表的电压线，即将电能表的 2、5、8 接线端子的导线从电能表拆下，并用绝缘胶布包好，防止裸露的金属部分造成触电或短路。最后拆除电能表 10 号接线端子上的电压零线。最后，分别拆除电能表上的电流线，并依次对电能表的 1 与 3、4 与 6、7 与 9 端子两两短接后用绝缘胶布包好。

操作方法及步骤

1. 接受工作任务

(1) 通过营销管理系统形成电子工作单，按业务流程传递至装表接电工作班。

(2) 工作单（包括现场工作单、电子工作单）信息必须完整、规范。核对工作单所列的计量设备是否与用户的供电方式和申请容量相适应。

(3) 联系用户或运行部门，约定现场工作时间。

2. 做好检查前的准备

办理工作票，履行工作许可手续。检查更换操作所用工器具、仪表及计量设备、材料准备齐全合格。

3. 确认作业地点并确保作业安全

正确着装；查看现场，明确工作任务，布置安全措施；确认作业现场是否需要增加隔离、登高和照明设施；安全监护人在现场向工作人员交代危险点，检查安全措施，工作人员在工作票上签字。

4. 进行直观检查

(1) 验明计量箱无漏电后打开计量箱锁封，检查现场计量装置重要参数是否与计量装置资料相符。

(2) 检查电能表、接线盒外观及加封点的封印是否齐全完好。

(3) 打开电能表表封、互感器封和接线盒封，打开所有端子盒盖，检查接线端子螺钉、导线有无松动等异常情况。

(4) 检查导线的绝缘和金属有无损伤，导线有无压绝缘、露金属、短接、断开、绕越计量或被更换现象。

(5) 观察电能表有无异常报警提示，检查各项显示是否正常，主要检查日历时钟、当前运行时段、电量示数等显示项，判断电能表是否存在故障。

5. 核对相关信息

核对并填写新、旧电能表及终端信息，对先行随一次设备安装的互感器现场检查铭牌及极性标识是否完整、清晰，检定合格证是否齐全有效，变比是否与工作单一致。

6. 检查计量异常

检查电能计量应无其他异常，否则应交异常处理流程。

接线盒在换表前、后的正常计量状态如图 2-85 所示。

7. 不停电更换

打开电能表接线端子盒和试验接线盒后，依次松开三相电流二次回路连接片螺钉并立

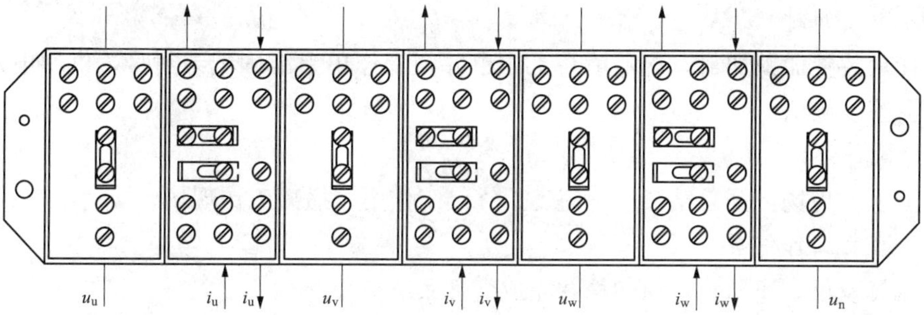

图 2-85　接线盒在换表前、后的正常计量状态

即利用该连接片短接电流二次回路，接着依次松开三相电压连接片，观察与表计显示相符，同时记录停止计量时间、表计计量数据（总峰平谷时段有功和无功示数、三相电流和电压数值、功率因数、最大需量等），并请用户确认。接线盒的换表状态如图 2-86 所示。

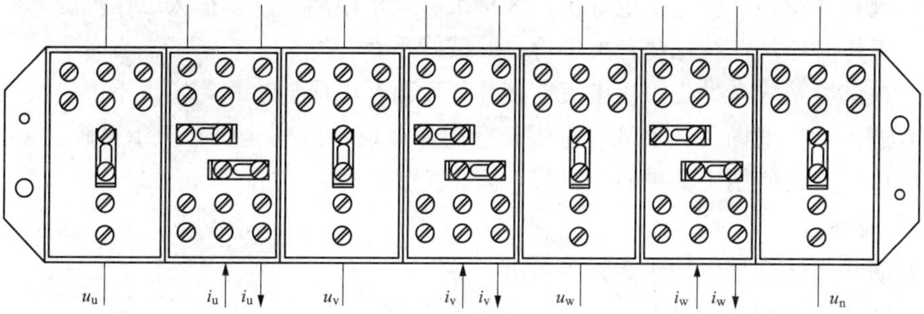

图 2-86　接线盒的换表状态

（1）检测电流回路确无电流、电能表端子间确无电压。

（2）拆除电能表进出线，先依次拆除相线，后拆除零线（取下 485 通信线）。

（3）拆除旧电能表（和采集终端）。

（4）安装新电能表（和采集终端），打开新电能表的端子盒，比较旧电能表与新电能表的接线图，确保无误后再进行新电能表进出线的连接。

（5）连接电能表进出线，先接入零线，后依次接入相线。

（6）核对电能表的二次进出线，确认新表接线包括零线的“T”接方法正确（连接 485 通信线）。

（7）在接线盒处依次还原接通并拧紧三相电压连接片螺钉，查看表计显示电压正常，接着依次松开电流二次短接连接片螺钉接通电流二次回路，查看表计显示正常，抄录新表底度数等信息，记录恢复计量时间并请用户确认。

8. 通电检查

利用相位表检测后进行相量分析，确认新电能表（和采集终端）接线正确且运行正常后加封。

9. 记录处理

抄录电能表底度数及电能表的其他重要信息，计算换表表期间应追补的电量。

10. 加锁加封

对计量装置加锁加封，规范填写工作单并在工作单上准确记录封号，供用电双方在工作单上签字确认。

11. 操作终结

清理工作现场：开总结会后报完工；终结工作票；撤离工作现场。

12. 结束工作任务

工器具及仪表还原；资料归档并完成管理系统流程。

操作要求及危险防控

1. 操作要求

（1）正确填用第二种工作票，着装规范，确认工器具及仪表齐全、绝缘良好。

（2）工作前对计量箱外壳验电，并检查确认接地装置完好。

（3）查看计量柜（屏）带电部位，保持足够安全距离，严禁扩大工作范围。

（4）工作时应站在绝缘垫台上进行，并戴好手套。

（5）在试验接线盒处先短接电流连接片、后断开电压连接片，实现不停电换表。

（6）进入工作现场，必须戴安全帽；登高作业应系好安全带，上下转递物品不得抛递，上层作业人员使用工具夹或工具袋，防止工具跌落。

2. 危险防控

（1）防止人体与带电体距离过近触电。

（2）防止误碰带电体触电。

（3）防止设备漏电和设备接地装置损坏触电。

（4）防止工器具及仪表的绝缘损坏触电。

（5）防止短路引起电弧烧伤。

（6）防止电流互感器二次回路开路，防止电压回路短路或接地。

（7）高处作业时，防止高处坠落或坠物伤人。

（8）防止二次回路反送电造成触电。

操作收获、存在问题及改进措施

1. 操作收获

____

____

2. 存在的问题

____

____

3. 改进的措施

____

____

附 录

记录表一份（见表 2-20）。

表 2-20 **电能表不停电更换记录表**

<table>
<tr><td colspan="2">环境条件</td><td>温度 T(℃)</td><td colspan="2"></td><td>湿度 RH(%)</td><td colspan="3"></td></tr>
<tr><td rowspan="10">拆除电能表</td><td>型号</td><td></td><td>编号</td><td></td><td>准确度</td><td colspan="3"></td></tr>
<tr><td>厂家</td><td></td><td>规格</td><td>V， A</td><td>常数</td><td colspan="3">imp/kWh</td></tr>
<tr><td>电压</td><td></td><td>电流</td><td></td><td>功率</td><td colspan="3"></td></tr>
<tr><td>正向有功</td><td>总</td><td>峰</td><td>平</td><td>谷</td><td>正向无功</td><td colspan="2"></td></tr>
<tr><td>反向有功</td><td>总</td><td>峰</td><td>平</td><td>谷</td><td>反向无功</td><td colspan="2"></td></tr>
<tr><td>功率因数</td><td></td><td>相角</td><td rowspan="5">实际接线相量图</td><td colspan="4" rowspan="5">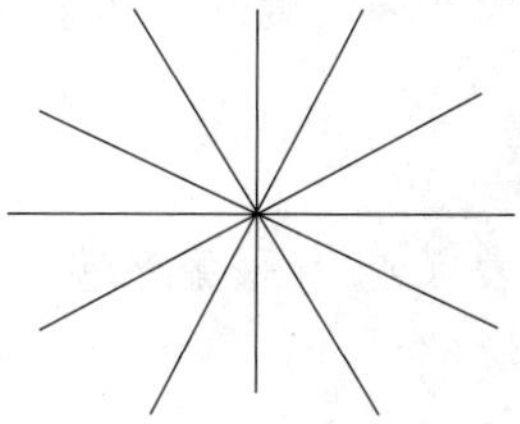</td></tr>
<tr><td>日历时钟</td><td colspan="2">正确（ ）不正确（ ）</td></tr>
<tr><td>电池欠压</td><td colspan="2">欠压（ ）不欠压（ ）</td></tr>
<tr><td>当前费率</td><td colspan="2">正确（ ）不正确（ ）</td></tr>
<tr><td>接线判断</td><td colspan="2">正确（ ）不正确（ ）</td></tr>
<tr><td rowspan="9">新装电能表</td><td>型号</td><td></td><td>编号</td><td></td><td>准确度</td><td colspan="3"></td></tr>
<tr><td>厂家</td><td></td><td>规格</td><td>V， A</td><td>常数</td><td colspan="3">imp/kWh</td></tr>
<tr><td>正向有功</td><td>总</td><td>峰</td><td>平</td><td>谷</td><td>正向无功</td><td colspan="2"></td></tr>
<tr><td>反向有功</td><td>总</td><td>峰</td><td>平</td><td>谷</td><td>反向无功</td><td colspan="2"></td></tr>
<tr><td>功率因数</td><td></td><td>相角</td><td rowspan="5">实际接线相量图</td><td colspan="4" rowspan="5">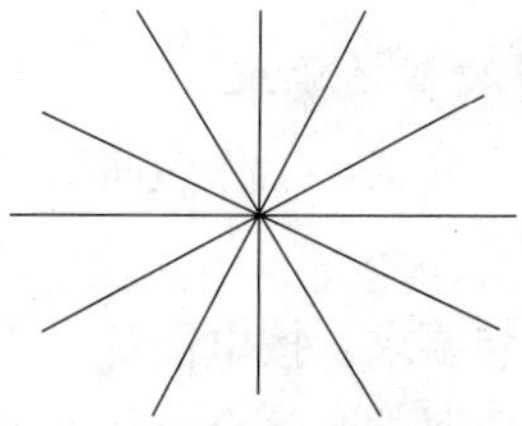</td></tr>
<tr><td>日历时钟</td><td colspan="2">正确（ ）不正确（ ）</td></tr>
<tr><td>电池欠压</td><td colspan="2">欠压（ ）不欠压（ ）</td></tr>
<tr><td>当前费率</td><td colspan="2">正确（ ）不正确（ ）</td></tr>
<tr><td>接线判断</td><td colspan="2">正确（ ）不正确（ ）</td></tr>
<tr><td rowspan="2">加封</td><td colspan="3">电能表小盖封编号</td><td colspan="3">防窃电接线盒封编号</td><td colspan="2">计量箱门封编号</td></tr>
<tr><td colspan="3">拆： 装：</td><td colspan="3">拆： 装：</td><td colspan="2">拆： 装：</td></tr>
<tr><td>异常记录</td><td colspan="8"></td></tr>
<tr><td>备注</td><td colspan="8"></td></tr>
<tr><td colspan="3">更换人或检查人
（签名）</td><td colspan="3"></td><td colspan="3"></td></tr>
<tr><td colspan="9">更换或检查日期及时间</td></tr>
<tr><td colspan="9">年 月 日 时 分 秒</td></tr>
</table>

项目23 高压电能表及采集终端的不停电更换

操作任务

（1）在不停电情况下，对高压电能表及采集终端进行更换。

（2）进行无表期间的电量退补。

操作目的

（1）掌握不停电情况对高压电能表及采集终端更换的方法和流程。

（2）掌握无表期间的电量退补办法。

（3）养成严谨负责的工作态度和团队合作精神。

工作环境

当电能表（或/和采集终端）出现故障或电能表周期轮换时，进行不停电更换电能表（或/和采集终端）。

难度/复杂度等级

高等级别（高级）。

人员和物料

1. 人员配备及要求

（1）人员分工：工作负责人（兼安全监护人）1名、主操作人员1名、辅操作人员1名。

（2）着装要求：按电能计量工作现场要求规范着装。

（3）素质要求：符合电能计量外勤工作人员素质要求。

2. 物料配备及要求（见表2-21）

表2-21 物料配备及要求表

序号	物料类别	名称	型号及规格	数量		备注
				单需量	总需量	
1	个人工器具	不停电检查常用工器具及仪表	标准配置	1套		
2		电工绘图工具	标准配置	1套		
3	设备或者装置	电能计量装置1	高压三相三线	1套		
4		或：电能计量装置2	高压三相四线	1套		
5		新表1	3×100V/3×1.5(6)A，DSZ	1只		

续表

序号	物料类别	名称	型号及规格	数量		备注
				单需量	总需量	
6	设备或者装置	或：新表 2	3×100/57.7V，3×0.3(1.2)A，DTZ	1 只		
7		新专用变压器采集终端 1	3×100V/3×1.5(6)A	1 只		
8		或：新专用变压器采集终端 2	3×100/57.7V，3×0.3(1.2)A	1 只		
9	材料	铜芯绝缘导线 1	2.5mm²，四色单股硬质，2m	1 组		
10		铜芯绝缘导线 2	4.0mm²，三色单股硬质，4m	1 组		
11		通信 2 芯屏蔽线	BVVB300/500V，通信 2 芯屏蔽线（1.0mm²）1m	1 根		
12		扎带	尼龙 150mm	1 袋		
13		绝缘胶带	黄、绿、红、浅蓝色低压绝缘胶带各 1 卷	1 组		
14		封签	一次性	若干		
15	安全专用品	工作票	第二种工作票	1 张		
16		绝缘台垫	1200mm×1000mm×20mm（$L\times W\times H$）	1 块		
17		围栏	安全遮栏 4 块	1 套		
18		指示牌、标示牌、警示牌	“从此进出”指示牌、“在此工作”标示牌和“止步，高压危险”警示牌	1 套		
19	其他	用电检查仪	智能型	1 台		
20		三相电能表现场检验仪	准确度 0.1、0.2 级，钳形电流互感器 5～100A	1 台		
21		现场取证设备	摄像机、照相机、手电筒、秒表、录音笔、放大镜等	1 套		
22		用电检查工作单	A4	1 份		
23		用电检查结果通知书	A4	1 份		
24		违约用电（窃电）通知书	A4	1 份		
25		电能表不停电更换记录表	A4	1 份		
26		常用文具	标准配置	1 套		

基本操作原理

1. 高压电能表及采集终端的接线原理

（1）经电流互感器、电压互感器接入式三相三线电能表及采集终端的接线原理如图 2-87 所示；接线盒在换表前、后的正常计量状态如图 2-88 所示；接线盒的换表状态如图 2-89 所示。

（2）经电流互感器、电压互感器接入式三相四线电能表及采集终端的接线原理如图

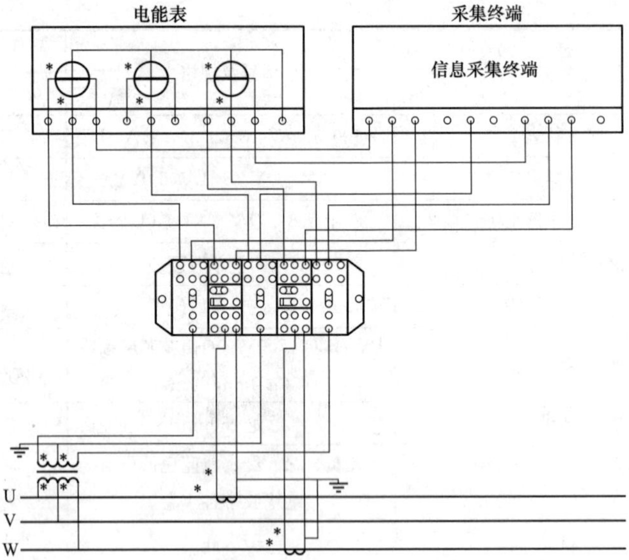

图 2-87　经电流互感器、电压互感器接入式三相三线电能表及终端接线原理图

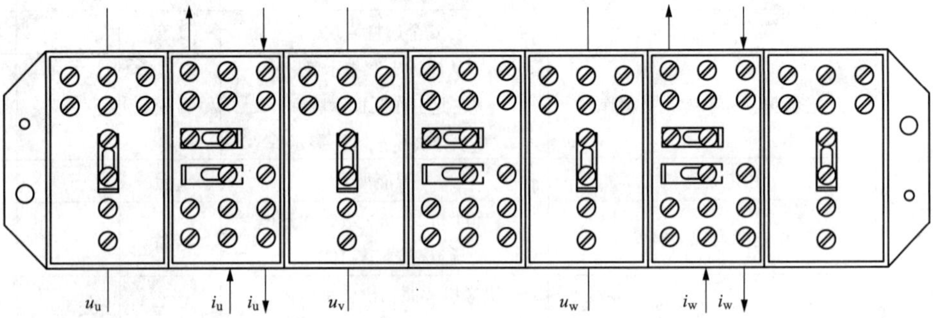

图 2-88　换表前、后的正常计量状态

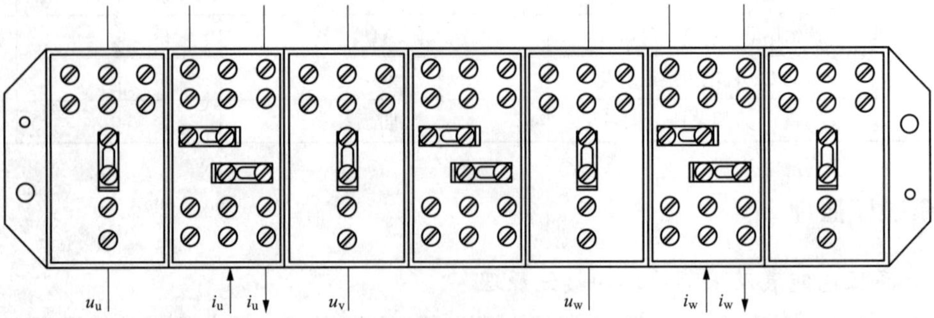

图 2-89　接线盒的换表状态

2-90 所示；接线盒在换表前、后的正常计量状态如图 2-91 所示；接线盒的换表状态如图 2-92 所示。

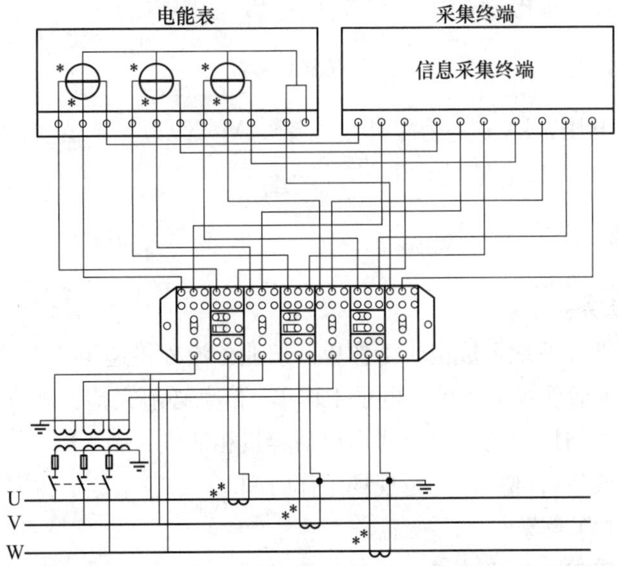

图 2-90　经电流互感器、电压互感器接入式三相四线电能表及终端接线原理图

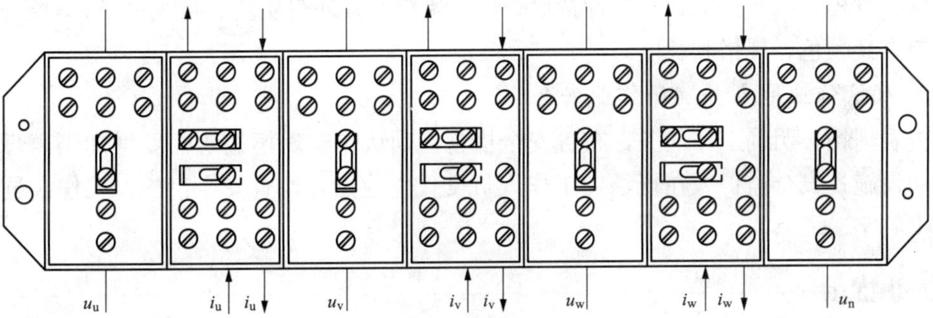

图 2-91　换表前、后的正常计量状态

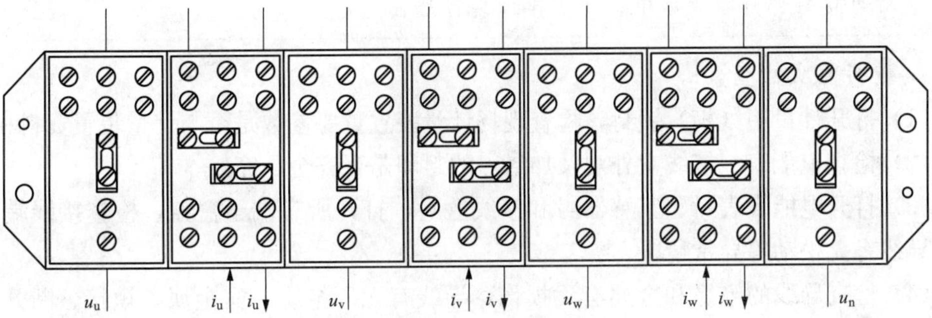

图 2-92　接线盒的换表状态

2. 换表期间少计电量的计算

换表期间会少计一些电量，其计算式为

$$\Delta A = \sqrt{3} UI \cos\varphi \times K_r \times \frac{t}{60} \tag{2-1}$$

式中：U 为表计线电压，kV；I 为表计线电流，A；K_r 为互感器实际倍率；t 为停止计量时间，min；ΔA 为少计电量，kWh。

操作方法及步骤

1. 接受工作任务

(1) 通过营销管理系统形成电子工作单，按业务流程传递至装表接电工班。

(2) 工作单（包括现场工作单、电子工作单）信息必须完整、规范；核对工作单所列的电能计量装置是否与用户的供电方式和申请容量相适应。

(3) 联系用户或运行部门，约定现场工作时间。

2. 做好检查前的准备

办理工作票，履行工作许可手续。检查更换操作所用工器具、仪表及计量设备、材料准备是否齐全、合格：对于机械工具，主要检查其外观质量、规格、机械性能；对于电气工具，主要检查其外观质量、电气性能；对于电气仪表，主要检查其外观质量、测量对象、量程、电气性能；对于计量设备，主要检查其外观质量、接线端子；对于材料，主要检查其颜色、规格和长度。

3. 确认作业地点并确保作业安全

查看现场，明确工作任务，布置安全措施；确认作业现场是否需要增加隔离、登高和照明设施；安全监护人在现场向工作人员交代危险点，检查安全措施，工作人员在工作票上签字。

小提示

保证安全的技术措施。工作区域应设置安全围栏；出入口悬挂“从此出入”指示牌，电能计量装置本体上悬挂“在此工作”标示牌；操作活动区域放置绝缘台垫；检测计量装置可接触部分有无漏电；检查接地装置是否完好。

4. 进行直观检查

(1) 打开计量箱（柜）锁封，检查现场计量装置重要参数是否与计量装置资料相符。

(2) 检查电能表、接线盒外观及加封点的封印是否齐全、完好。

(3) 打开电能表表封、互感器封和接线盒封，打开所有端子盒盖，检查接线端子螺钉、导线有无松动等异常情况。

(4) 检查导线的绝缘和金属有无损伤，导线有无压绝缘、露金属、短接、断开、绕越计量或被更换现象。

(5) 观察电能表有无异常报警提示，检查各项显示是否正常，主要检查日历时钟、当前运行时段、电量示数等显示项，判断电能表是否存在故障。

5. 核对相关信息

核对并填写新、旧电能表及终端信息，对先行随一次设备安装的互感器现场检查铭牌及极性标识是否完整、清晰，检定合格证是否齐全、有效，变比是否与工作单一致。

6. 检查计量异常

检查电能计量装置有无违约用电或窃电嫌疑，正常时方可开展工作。否则，应交异常处理流程，做好停止换装原因记录并向用户解释清楚。

7. 旧表停止工作

依次短接接线盒中电流连接片、断开电压连接片，查看电能表和采集终端应该相应显示无电压、无电流，同时记录停止计量时间和表计计量数据（峰平谷时段有功和无功示数、三相电流和电压数值、功率因数、最大需量等)，并请用户确认。

8. 旧电能表及采集终端拆除

拆除旧电能表进出线、取下 485 通信线，然后拆除采集终端的电压线，取下电能表和采集终端。

9. 新电能表及采集终端安装接线

检查确认新电能表和采集终端完好，将其垂直固定于原表位，打开电能表的接线端子盒，依次接入电流的进出线、电压线；打开采集终端接线端子盒，分别接入电压线、连接 485 通信线。

10. 检查接线正确

检查新表及采集终端接线是否正确；检查试验接线盒的连接片是否处于正确位置。

11. 新表通电运行

在接线端子盒处依次还原拧紧三相电压连接片，查看表计显示电压正常；再依次松开电流连接片并立即接通电流二次回路。查看电能表和采集终端的运行状态和显示情况，防止电流开路和电压失压；记录恢复计量的时间。

12. 通电检查

利用相位表检测后进行相量分析，确认新电能表和采集终端接线正确且运行正常后加封。

13. 记录处理

抄录电能表示数及电能表的其他重要信息，记录负荷电流及功率因数，计算换表期间应追补的电量。

14. 加锁加封

对计量装置箱（柜）加锁加封，规范填写工作单并在工作单上准确记录封号，供用电双方在工作单上签字确认，或请电气运行值班人员签字认可。

15. 操作终结

清理工作现场；开总结会后报完工；终结工作票；撤离工作现场。

16. 结束工作任务

工器具及仪表还原；资料归档并完成管理系统流程。

操作要求及危险防控

1. 操作要求

(1) 正确填用第二种工作票，着装规范，确认工器具及仪表齐全、绝缘良好。

(2) 工作前对计量柜（屏）外壳验电，检查确认接地装置完好。

(3) 查看计量柜（屏）带电部位，保持足够安全距离，严禁扩大工作范围。

(4) 工作时应站在绝缘垫台上进行，戴好手套。

(5) 短接试验接线盒的电流连接片时，应密切注视仪表上电流值的变化，确保电流为零后才能拆除表尾电流线。

(6) 进入工作现场，必须戴安全帽；登高作业应系好安全带，上下转递物品不得抛递，上层作业人员使用工具夹或工具袋，防止工具跌落。

2. 危险防控

(1) 防止人体与带电体距离过近触电。

(2) 防止误碰带电体触电。

(3) 防止设备漏电和设备接地装置损坏触电。

(4) 防止工器具及仪表的绝缘损坏触电。

(5) 防止短路引起电弧烧伤。

(6) 防止电流互感器二次回路开路，防止电压回路短路或接地。

(7) 高处作业时，防止高处坠落或坠物伤人。

(8) 防止走错计量盘柜，误触运行设备造成触电。

(9) 防止二次回路反送电造成触电。

操作收获、存在问题及改进措施

1. 操作收获

____

____

2. 存在的问题

____

____

3. 改进的措施

____

____

附　录

记录表一份（见表 2-22）。

表 2-22　　电能表不停电更换记录表

环境条件		温度 T(℃)			湿度 RH(%)		
拆除电能表	型号		编号		准确度		
	厂家		规格	V，　A	常数	imp/kWh	
	电压		电流		功率		
	正向有功	总	峰	平	谷	正向无功	
	反向有功	总	峰	平	谷	反向无功	
	功率因数		相角	实际接线相量图	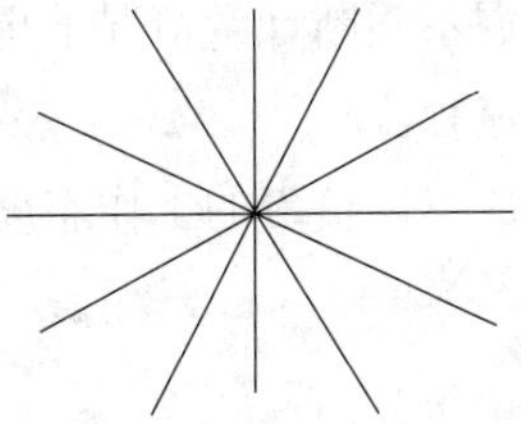		
	日历时钟	正确（　）不正确（　）					
	电池欠压	欠压（　）不欠压（　）					
	当前费率	正确（　）不正确（　）					
	接线判断	正确（　）不正确（　）					
新装电能表	型号		编号		准确度		
	厂家		规格	V，　A	常数	imp/kWh	
	正向有功	总	峰	平	谷	正向无功	
	反向有功	总	峰	平	谷	反向无功	
	功率因数		相角	实际接线相量图	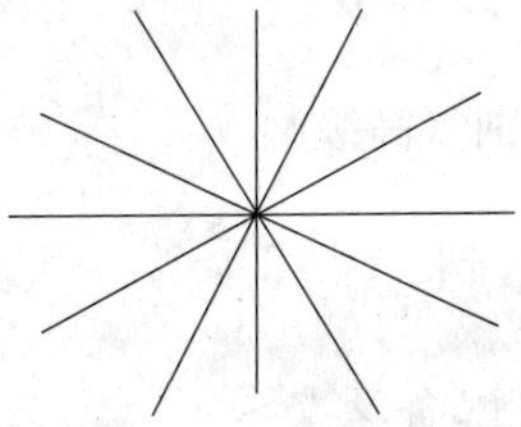		
	日历时钟	正确（　）不正确（　）					
	电池欠压	欠压（　）不欠压（　）					
	当前费率	正确（　）不正确（　）					
	接线判断	正确（　）不正确（　）					
加封	电能表小盖封编号		防窃电接线盒封编号		计量箱门封编号		
	拆：　装：		拆：　装：		拆：　装：		
异常记录							
备注							
更换人或检查人（签名）							
更换或检查日期及时间							
年　月　日　时　分　秒							

项目 24　不间断计量的装表接线及不停电换表

操作任务

（1）经电流互感器接入式三相四线电能表不间断计量的安装接线。

（2）在不间断电能计量的情况下，更换正在通电运行的经电流互感器接入式三相四线电能表。

操作目的

（1）掌握经电流互感器接入式三相四线电能表不间断计量的安装接线方式。

（2）掌握不间断计量情况下更换正在通电运行的经电流互感器接入式三相四线电能表的方法和流程。

（3）养成严谨负责的工作态度和团队合作精神。

工作环境

（1）按照不间断计量方式新装经电流互感器接入式三相四线电能表。

（2）当电能表出现故障或电能表周期轮换时，在不间断电能计量的情况下进行不停电更换电能表。

难度/复杂度等级

高等级别（高级）。

人员和物料

1. 人员配备及要求

（1）人员分工：工作负责人（兼安全监护人）1 名、主操作人员 1 名、辅操作人员 1 名。

（2）着装要求：按电能计量工作现场要求规范着装。

（3）素质要求：符合电能计量外勤工作人员素质要求。

2. 物料配备及要求（见表 2-23）

表 2-23　物料配备及要求表

序号	物料类别	名称	型号、规格及要求	数量		备注
				单需量	总需量	
1	个人工器具及仪表	安装接线常用工器具及仪表	标准配置	1 套		
2		不停电检查常用工器具及仪表	标准配置	1 套		

续表

序号	物料类别	名称	型号、规格及要求	数量		备注
				单需量	总需量	
3	设备或者装置	经电流互感器接入式三相四线电能表	有功 1.0/无功 2.0 级，DTZY-Z，3×220/380V，3×1.5（6）A	2 只		
4		电流互感器	3 台低压 0.5S 级，LMZJ-0.5，150/5A	1 组		
5		试验接线盒	“电压一分三式”三相四线型	1 个		
6		三相计量箱	带电流互感器三相双表位明装式透明塑料电能表箱，HSD	1 个		
7		三相低压断路器	DZ47-63-380V，3P 式断路器	1 个		
8		或：三相剩余电流动作断路器	DZ15LD-40/390（带缺相保护）	1 个		
9		低压电源隔离开关	三相四级开启式，HD11F-100/48	1 个		
10		或：低压熔断器及其把手	3 个 RTO200A 熔断器	1 组		
11	材料	多股铜芯绝缘导线	BV-16，黄、绿、红、浅蓝色各 7 m	1 组		
12		单股铜芯绝缘导线 1	BV-4.0，黄、绿、红色各 6m	1 组		
13		单股铜芯绝缘导线 2	BV-2.5，黄、绿、红、浅蓝色各 3m	1 组		
14		绝缘胶带	0.4kV 自黏型黄、绿、红、浅蓝色 J-20 各 1 卷	1 组		
15		封签	一次性	若干		
16		螺钉	各种配套的安装螺钉和垫圈	1 盒		
17		扎带	200mm 尼龙扎带	1 袋		
18		接线耳	$16mm^2$ 铜接线耳及其配套螺栓、单螺母、两垫圈	4 套		
19		膨胀螺栓	金属型	4 个		
20		演示表板	1220mm×2440mm×30mm 细木木芯板，配 200mm 安装滑轨	1 块		
21	安全专用品	安全带	双保险五点式（带 ϕ50～70mm 后备保护绳）	1 副		
22		验电器	低压型	1 支		
23		绝缘台垫	1200mm×1000mm×20mm（$L\times W\times H$）	1 块		
24		围栏	安全遮栏 4 块	1 套		
25		指示牌、标示牌和警示牌	“从此进出”指示牌、“在此工作”标示牌和“止步，高压危险”警示牌	1 套		

续表

序号	物料类别	名称	型号、规格及要求	数量		备注
				单需量	总需量	
26	施工工具	压接钳	压接范围 10～240mm²液压钳	1 把		
27		断线钳	J130	1 把		
28	登高工具	绝缘梯	3m，防滑限高型直梯	1 架		
29		传递绳	棕绳或尼龙绳（含传物袋）ϕ20mm	20m		
30		梯子	防滑限高型	1 架		
31	其他	工作票	A4	1 份		
32		工作单	A4	1 份		
33		常用文具	标准配置	1 套		

基本操作原理

1. 接线盒的主要功能

试验接线盒的主要功能有：安全方便地进行不停电换表；带实时负荷进行现场校表；不漏计电量进行现场试验及带电换表。

小技巧

三种主要功能同时实现的接法。现场大部分都采用 2、3 进和 1、3 出的接法，如果采用 1、3 进和 1、2 出的接法，那么试验接线盒的三种主要功能都能够圆满实现。

2. 接线盒的常见类型

试验接线盒按接线方式可分为接线式（PJ 型）接线盒和插接式（FY 型）接线盒。

试验接线盒按接入电路的种类可分为：三相四线式接线盒和三相三线式接线盒。三相四线式接线盒可以代替三相三线式接线盒。以下以三相四线电能计量方式及其接线盒为例。三相四线式接线盒的内部结构如图 2-93 所示。

3. 不间断计量的接线方式

现场用电负荷经常处于不稳定状态，应采用不间断计量方式。

（1）带试验接线盒电能表的装拆原则：对于有试验接线盒的电能表，拆除电能表前，应先将接线盒的电流连接片短接，防止电流互感器开路，再分别断开接线盒上的电压连接片螺钉，最后断开零线；安装电能表时，与上述过程相反。

（2）带试验接线盒电能表的安装接线：为了利用接线盒实现不间断计量换表，应将接线盒电流回路的 3 组端子孔的 1、3 孔进线接入互感器，1、2 孔出线接入待换旧电能表；而接线盒的 2 孔进线接入新装电能表的进电流端，接线盒的 3 孔出线接入新装电能表的出电流端。

（3）带试验接线盒电能表的换表操作过程：换表时，只需将 1、2 孔间连接片合上，2、3 孔间连接片断开，即可实现不间断计量，然后再拆除旧电能表。

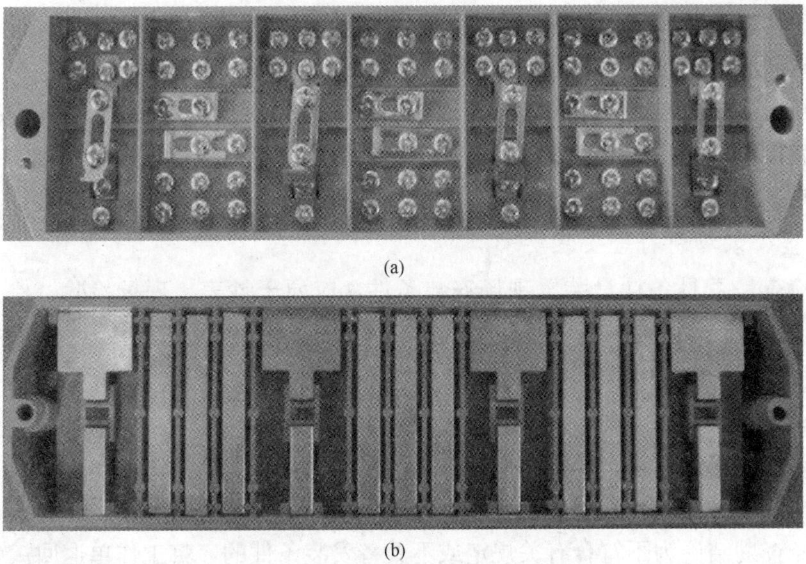

图 2-93　三相四线式接线盒的内部结构

(a) 正面；(b) 反面

不间断计量时接线盒的接线端子状态如图 2-94 所示。

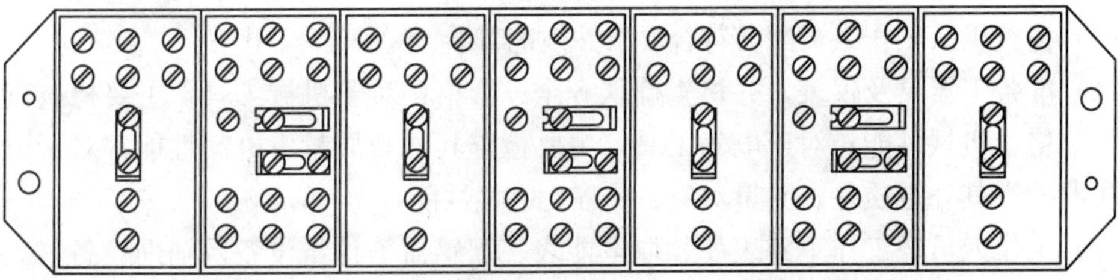

图 2-94　不间断计量时接线盒的接线端子状态

4. 不间断计量时新旧电能表的装拆流程

进行试验接线盒和工作电能表的安装；进行试验接线盒负荷侧的接线；进行试验接线盒电源侧的接线；工作电能表正常工作。进行试验电能表的安装和接线；调整试验接线盒连接片，让试验电能表能正常工作；调整试验接线盒连接片，让工作电能表退出运行。

注意事项：新装电能表的电流接入方向正确；电流连接片短接可靠；接入新表时先接电压线，拆除旧表时先拆电流线，最后断开零线。

操作方法及步骤（新装）

以下介绍按照不间断计量方式新装经电流互感器接入式三相四线电能计量装置的方法及步骤。

1. 接受工作任务

（1）工作人员接受工作任务，明确工作负责人，清楚作业项目、工作内容、作业流程、作业时间和地点范围，填写工作单。

（2）新增或变更电能计量装置，应通过营销管理系统形成电子工作单，按业务流程传递至装表接电班组。纸质工作单和电子工作单的信息必须完整、规范。

（3）联系用户或运行部门，约定现场勘察时间。

2. 检查安装场所符合安装要求

（1）检查是否具备计量装置现场安装条件，应便于抄表、现场检验、检查、更换、防窃电管理。

（2）查看现场安全状况和危险点。

（3）确定具体安装方案。

（4）确定所需的材料、设备和工器具并正确配置。

（5）记录查勘情况，并与用户或运行值班人员确定安装时间。

（6）经查勘结论为不符合有关规定或不具备安装条件的，将工作单退回。

3. 办理开工手续

填用工作票，履行工作许可手续，对工作人员交代危险点，指出安全措施，工作人员在工作票上签字。

4. 做好安装前的准备

（1）检查确认工作人员配备符合要求并规范着装。

（2）准备工器具及仪表，并检查确认齐全、合格：对于机械工具，主要检查其外观质量、规格、机械性能；对于电气工具，主要检查其外观质量、电气性能；对于电气仪表，主要检查其外观质量、测量对象、量程、电气性能。

（3）工作人员凭工作单到表库领取电能表、互感器等计量设备及辅助设备材料，并检查确认齐全、合格。

1）核对领用的电能表、互感器、断路器以及材料与工作单所列型号、规格一致。

2）检查电能表和互感器的配置及其他设备、材料选型是否与用户的供电方式和申请容量相适应，如有疑问及时向相关人员提出。

3）检查电能表和互感器的检定证书（含封印），应在有效期内。

4）进行电能表的直观检查：检查电能表外壳是否完好，检定封印、资产标记（条形码）、铭牌标识是否齐全、清晰；轻摇电能表应无异响，检查端子盒及接线螺钉是否牢固、完好。

5）进行电流互感器的直观检查：核对变比是否与工作单上所列一致；核对极性是否正确，外壳是否完好，铭牌标识是否齐全、清晰；检查接线端子螺钉是否牢固、完好。

6）检查试验接线盒是否完好无损。检查接线盒的各接线端子是否完好；检查接线盒的电流、电压连接片是否正常。

7）检查计量箱是否完好无损。

8）检查线缆规格、颜色、截面和长度是否满足用电要求，测试绝缘电阻是否合格。

（4）检查完毕后，表库管理人员在营销管理系统中进行领取操作。

5. 现场布置安全措施

（1）工作负责人进行人员分工，配置安全监护人员。

（2）工作负责人交代停电范围，落实安全措施。

（3）断开用户负荷侧总开关；断开电源侧开关（并取下熔体），在其下桩头验明无电后接地，悬挂“禁止合闸，有人工作”标示牌。

（4）在工作区域设置安全围栏并悬挂“有电危险”警示牌，出入口悬挂“从此进出”指示牌，计量装置本体上悬挂“在此工作”标示牌。

6. 计量箱内部设备的安装与接线

安装和接线应按照该表端子盒盒盖上接线图进行。安装接线原则：先固定设备、后安装导线；先接负荷侧、后接电源侧；先接零线、后接相线；先电流线、后电压线；从左向右依次按U相、V相、W相、零线接线。

安装接线按以下步骤进行：设备安装固定；线长测量与截取；线头剥削；压接圈制作或接线耳制作（包括绝缘恢复）；电压线“T”接（包括绝缘恢复）；导线布置及余端处理；导线与设备连接；导线整理与绑扎。

7. 计量箱安装与线管敷设

（1）检查登高工具是否可靠。

（2）计量箱定位：确定计量箱的具体安装位置，确定计量箱进出导线方向和长度，确定线管的走向和长度。

（3）固定计量箱：利用冲击钻打孔，用膨胀螺栓将计量箱固定。

（4）电源线接入计量箱并穿管：一次电源线穿过电流互感器和计量箱；先连接计量箱出线并穿管到负荷侧，再连接计量箱进线并穿管到电源侧，最后将二次电压线接入一次电源线。

（5）将线管用管卡固定，线管应横平竖直（管口向下）并做好导线滴水弯。

（6）封堵线管与表箱处的缝隙。

8. 施工完毕检查

施工完毕后，工作负责人应检查确认：所有接线正确，安装全部规范；熔断器电气导通；所有接地正确可靠；电源侧开关或熔断器、负荷侧开关均处于断开状态。

9. 通电检查

（1）拆除因停电工作所做的安全措施，断开负荷侧总开关。

（2）接通表前熔断器或隔离开关，或搭接接户线电源（先接零线、后接火线，三相逐相进行），或合上配电变压器高压熔断器。

（3）测量电能表表尾各相、线电压是否正常，核对相序正相序。

（4）检查确认：电能表无报警提示；电能表无潜动；电能表实时时间显示正确，峰谷平各分时时段正确；通信地址、电能表序号、电能表通信规约正确。

（5）能够带负荷时，检查电能表有无报警提示、出错标识、欠压符号。

（6）检查电流互感器运行声音、温升是否正常。

（7）测量各电流的大小和电压电流间的相位差，确保计量接线正确。

10. 加锁加封

（1）所有工作完毕，应对电能表、互感器、接线盒加封，并将表箱锁好并施封；如有表前熔断器或隔离开关也应加封。

（2）凡裸露的变压器低压端子、计量互感器一次端子均应采用护罩、护套等形式封闭。

（3）施封应清晰可靠，并在工作单上准确记录封号或塑封编号。

（4）检查加封部位是否齐全，加封质量是否合格。

11. 记录确认

（1）记录电能表底度示数及其他重要参数，互感器变比及其他重要信息。

（2）填写工作单余下内容。

（3）告知用户工作内容，核对封印和其他相关信息，供用双方确认并签字。

12. 操作终结

清理工作现场，拆除所有安全措施；开总结会后报完工；终结工作票；撤离工作现场。

13. 结束工作任务

工器具及仪表还原；资料归档并完成管理系统流程。

操作方法及步骤（更换）

以下介绍按照不间断电能计量要求进行不停电更换电能表的方法及步聚。

1. 接受工作任务

（1）通过营销管理系统形成电子工作单，按业务流程传递至装表接电工作班。

（2）工作单（包括现场工作单、电子工作单）信息必须完整、规范。

（3）核对工作单所列的计量设备是否与用户的供电方式和申请容量相适应。

2. 做好检查前的准备

办理工作票，履行工作许可手续。检查确认更换操作所用工器具、仪表、计量设备及材料准备齐全、合格。

3. 确认作业地点并确保作业安全

正确着装；查看现场，明确工作任务，布置安全措施；确认作业现场是否需要增加隔离、登高和照明设施；安全监护人在现场向工作人员交代危险点，检查安全措施，工作人员在工作票上签字。

4. 进行直观检查

（1）打开计量箱（柜）锁封，检查现场计量装置重要参数是否与计量装置资料相符。

（2）检查电能表、接线盒外观及加封点的封印是否齐全、完好。

（3）打开电能表表封、互感器封和接线盒封，打开所有端子盒盖，检查接线端子螺钉、导线有无松动等异常情况。

（4）检查导线的绝缘和金属有无损伤，导线有无压绝缘、露金属、短接、断开、绕越计量或被更换现象。

（5）观察电能表有无异常报警提示，检查各项显示是否正常，主要检查日历时钟、当前运行时段、电量示数等显示项，判断电能表是否存在故障。

5. 核对相关信息

核对并记录新、旧电能表及终端的重要信息（包括抄录新表始电量），对先行随一次设备安装的互感器现场检查铭牌及极性标识是否完整、清晰，检定合格证是否齐全有效，变比是否与工单一致。

6. 检查计量异常

检查电能计量应无其他异常，否则应终止工作，及时向有关部门报告。

7. 不间断计量换表

（1）新表接入：安装新表；按先零线、后火线依次接入新表电压线；接入新表电流线，接线盒电流回路的2孔进线接入新表的进电流端，接线盒电流回路的3孔出线接入新表的出电流端；检查新表接线是否正确可靠。新表接入的接线图如图2-95所示。

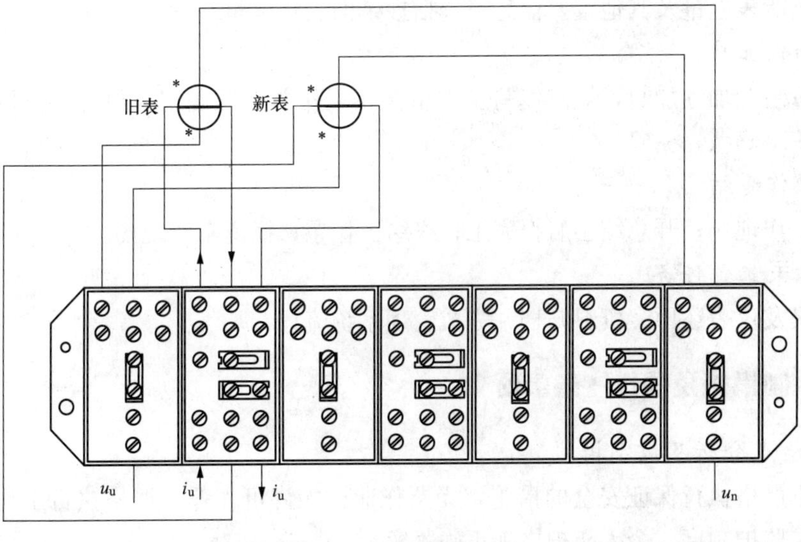

图2-95　新表接入的接线图

（2）调整电流连接片：换表时，只需将接线盒电流回路的1、2孔间连接片（即上连接片）合上，2、3孔间连接片（即下连接片）断开，即可实现不间断计量；检查新表电流、电压等电参量是否正常。

（3）旧表拆除：先拆除接线盒侧的电流线与电压线并包好线头绝缘后，再拆除电能表侧的电压线与电流线，最后拆除旧表。新表开始计量的接线图如图2-96所示。

8. 运行检查

利用相位表检测后进行相量分析，确认新电能表接线正确且运行正常后加封。

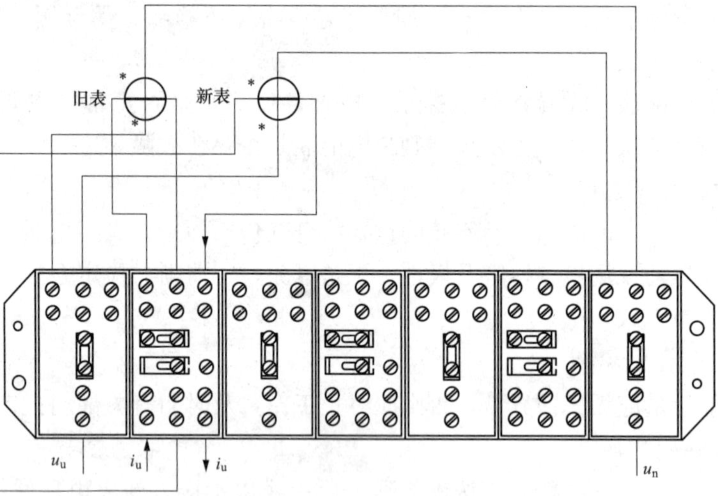

图 2-96 新表开始计量的接线图

9. 记录处理

抄录电能表电量及其他重要信息（包括抄录旧表止电量）。

10. 加锁加封

对计量装置加锁加封，规范填写工作单并在工作单上准确记录封号，供用电双方在工作单上签字确认。

11. 操作终结

清理工作现场；开总结会后报完工；终结工作票；撤离工作现场。

12. 结束工作任务

工器具及仪表还原；资料归档并完成管理系统流程。

危险点控制措施及操作注意事项

1. 危险点分析及控制措施

（1）不严格执行保证安全的措施，无票作业，无许可作业。严格执行工作票和工作许可制度及监护制度，个人防护措施正确落实。

（2）使用不合格的工器具及仪表。检查工器具的试验周期是否合格；检查电气绝缘是否符合安全要求。

（3）高处坠落。使用合格的登高作业工具，系好安全带，并由专人监护；高空作业中安全带应该系在牢固的构件上，并系好后备保护绳，确保双重保护，转向移位穿越时不得失去一重保护；梯子有防滑限高措施并有专人扶持，梯上操作人员站姿正确。

（4）单相接地和相间短路。工作时先断开负荷；安装时，使用合格的绝缘工具并站在绝缘台垫上，导电部分应采取绝缘措施；人体不得同时触及两根导线。

（5）电流互感器开路。确保互感器二次接线端子接触可靠、接线盒的电流连接片不开路、电能表和接线盒的电流接线端子安装可靠。

（6）误碰触电。在指定的工作范围内工作，明确带电设备位置，作业现场与带电部位有效隔离，并在工作区范围设立警示牌和安全围栏。

（7）误伤。严禁刀具对己或对人；防止舞动导线伤人。

（8）意外触电。临时接入的工作电源须用专用导线，并装设有剩余电流保护器；电动工具外壳应接地；在电源侧隔离开关接线时，隔离开关桩头负荷侧可能带电，必须验电，并做好安全措施；工作前务必挂好接地线。

（9）意外伤害。电能计量装置具备送电条件后，应关闭装置柜门，撤离高压室，防止因装置一次设备不能经受冲击电压而引起绝缘爆裂伤人。

（10）防触电伤人。注意保持与邻近运行设备足够的安全距离；防止二次回路反送电造成触电。

2. 操作注意事项

（1）作业时规范着装，保证由两人及以上进行。

（2）电能表计的安装必须符合计量装置管理有关规定，满足防窃电要求，且应整齐规范。

（3）新装、更换电能表前应对现场情况进行核实，如发现用户违约用电、窃电、计量装置故障、电价不符、欠费、报装用电地址不同等情况，应停止新装、更换工作，向业务接待人员反映情况后再行处理。

（4）门栋零星装表应合理选择电能表安装位置，批户装表应考虑电能表整体布局；电能表表箱下沿高度宜为1.8～2.0m。

（5）工作前对计量箱外壳验电，并检查接地装置是否完好；工作时应站在绝缘垫台上进行，并戴好手套。

（6）使用梯子作业时，应有专人看护扶梯，直梯应防滑限高，梯子与地面的角度为60°左右，“人”字梯应防滑限开；梯上人员与梯子应保持三点接触并将安全带系在牢固的构件上。

操作收获、存在问题及改进措施

1. 操作收获

2. 存在的问题

3. 改进的措施

第三节　计量装置的现场检验与测试

项目25　实际负荷下单相电能表的误差测试

操作任务

（1）电能表现场检验仪的检查及参数设置。
（2）电能表现场检验仪接线及使用。
（3）在实际负荷下，测量单相电能表的误差。

操作目的

（1）会进行电能表现场检验仪的检查及参数设置。
（2）掌握电能表现场检验仪的正确接线及使用。
（3）会在实际负荷下测量单相电能表的工作误差。
（4）养成严谨负责的工作态度和团队合作精神。

工作环境

在现场实际负荷条件下测量单相电能表的工作误差。

难度/复杂度等级

初等级别（初级）。

人员和物料

1. 人员配备及要求
（1）人员分工：工作负责人（兼安全监护人）1名；操作人员1名。
（2）着装要求：按电能计量工作现场要求规范着装。
（3）素质要求：符合电能计量外勤工作人员素质要求。
2. 物料配备及要求（见表2-24）

表2-24　物料配备及要求表

序号	物料类别	名称	型号及规格	数量		备注
				单需量	总需量	
1	个人工器具	不停电检查常用工器具及仪表	标准配置	1套		
2	设备或者装置	电能表现场检验仪	准确度0.1、0.2级，电流钳子5～100A	1台		
3		单相电能表	正在通电运行中	1只		

续表

序号	物料类别	名称	型号及规格	数量		备注
				单需量	总需量	
4	设备或者装置	专用电压测试软线	$4mm^2$绝缘导线	1根		
5		温湿度计	两用型	1支		
6	材料	绝缘胶布	500V	1卷		
7		封签	一次性	若干		
8	安全专用品	第二种工作票	A4	1份		
9		绝缘台垫	1200mm×1000mm×20mm ($L\times W\times H$)	1块		
10		护目镜	全防护型	1副		
11	其他	记录表	A4	1份		
12		通知单	A4	1份		
13		常用文具	标准配置	1套		

基本操作原理

1. 现场检验基本原理

（1）绝对误差与相对误差。电能表实际计量的电量（简称实计电量）与应该计量的电量（简称应计电量）存在的差值称为电能表的绝对误差。绝对误差的计算式为

$$\Delta W = W_r - W_c \tag{2-2}$$

式中：ΔW 为电能表测量时的绝对误差；W_r 为电能表的实计电量；W_c 为相同时间内电能表的应计电量。

电能表的相对误差是该电能表的绝对误差电量与其应计电量的百分比。相对误差的计算式为

$$\gamma = \frac{\Delta W}{W_c} \times 100\% = \frac{W_r - W_c}{W_c} \times 100\% \tag{2-3}$$

式中：γ 为电能表测量时的相对误差。

电能表的误差用相对误差表示，现场测试电能表的相对误差通常用标准表法。

（2）测试电能表相对误差的标准表法。电能表相对误差的计算式为

$$\gamma = \frac{\Delta E}{E_n} \times 100\% = \frac{E_x - E_n}{E_n} \times 100\% + \gamma_c \tag{2-4}$$

式中：E_n为标准表计量的电量值；E_x为算定的电量值，即假定被检表没有误差运行输出 N 个脉冲时，标准表应计的电量值；γ_c为标准表或检定装置在运行条件时需要修正的系统误差。

2. 单相电能表现场检验的接线原理（见图 2-97）

3. 现场检验仪器接线顺序

（1）先开启现场检验仪电源，通电预热至少 15min。

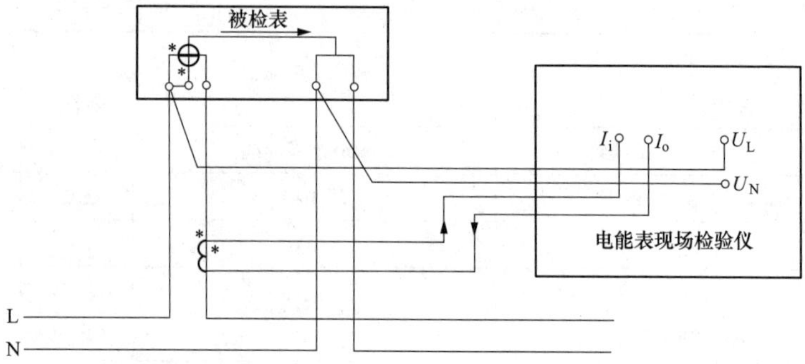

图 2-97　低压单相电能表现场检验的接线原理图

（2）选择专用电压测试线和量程合适的电流钳子。

（3）将检验仪的专用电压测试线接在被检电能表的电压进线端子。

（4）将检验仪的电流钳子夹接在被检电能表的出线侧。

（5）误差测量正确，选取被检表脉冲数应符合规程要求，记录完整。

（6）拆除电能表现场检验仪接线后关闭电源。

4. 现场应具备的检验条件

（1）电压对额定值的偏差不应超过±10%。

（2）频率对额定值的偏差不应超过±2%。

（3）环境温度应为 0～35℃，相对湿度≤85%。

（4）负荷电流不低于被检电能表标定电流的 10%（S 级电能表为 5%），或功率因数低于 0.5 时，不宜进行工作误差试验。

（5）负荷无明显波动。

操作方法及步骤

1. 接受工作任务

（1）清楚工作内容后联系设备用户，约定现场检验时间。

（2）准备工作单。

2. 做好检查前的准备

（1）检查人员配备是否符合要求、着装是否规范。

（2）检查所带工器具、仪表、设备、材料等物料是否齐全、完好；检查现场检验仪是否具有在有效期内的合格证。

3. 办好开工许可

办理第二种工作票，履行工作许可手续；带齐记录单据，带上工作证件。

4. 确认作业地点并确保作业安全

（1）工作区域应设置安全围栏；出入口悬挂“从此进出”指示牌，电能计量装置本体上悬挂“在此工作”标示牌；操作活动区域应放置绝缘台垫。

（2）验电，确保操作设备或装置不漏电，检查接地装置是否完好。

5. 进行现场检测、记录和分析

（1）检查计量箱（柜）外观及其锁封是否完好；检查电能表封印、外观以及接线是否正常。

（2）接取临时电源时安排专人监护，检查接入电源的线缆有无破损、连接是否可靠。

（3）抄录电能表铭牌、止码等信息，启封并检查单相电能表日历、时钟、脉冲等显示项是否正常。

（4）对安装在现场的电能表在实际工作状态下实施在线检测。

1）将电能表现场检验仪的电源插头接入电源插座并开机，设定脉冲等参数并检查仪器工作状态。

2）将被检电能表电流、电压及脉冲信号引入现场检验仪，检验仪的电压线接到电能表的电压进线端、电流钳子夹到电能表的电流出线上，高低脉冲输入孔接到电能表的对应脉冲输出端子。

3）测量电能表的电压、电流和相位，确保接线正确。

4）测量电能表相对误差并记录。

5）判断电能表故障显示及误差结果。

6. 测试结果处理

（1）电能表现场检验误差测定次数不得少于2次，取其算术平均值作为实测误差值。

（2）若测得的误差值等于被检电能表允许工作误差限的80%～120%时，应再进行2次测量，取这2次与前2次测量数据的平均值作为最后测得的误差值。

（3）判断电能表相对误差是否超差，一律以修约化整后的结果为准。

（4）检验结束，由检验单位施加封印，出具检验结论，根据需要出具检验报告或粘贴检验标识。

7. 完工准备

（1）将现场检验仪的电能表侧接线拆除（取下电流钳子后拆除电压线），关闭其电源并拔掉其电源插头。

（2）计量装置加封。

（3）供用双方在工作单上签字。

（4）记录单据整理。

8. 操作终结

清理工作现场；开总结会后报完工；终结工作票；撤离工作现场。

9. 结束工作任务

工器具及仪表还原；资料归档并完成管理系统流程。

安全要求及注意事项

1. 安全要求

（1）现场应装设防护围栏、警示牌，工作区域铺设绝缘台垫。

（2）正确着装，按低压不停电工作做好个人防护，正确填写第二种工作票，履行开工手续。

（3）操作时，应与其他设备或装置保持安全距离。

（4）操作时，防止电压二次回路短路、电流二次回路开路。

（5）电能表现场检验过程中严禁插、拔电流钳子插头。

2. 注意事项

（1）现场检验仪的接线要正确、牢固，并注意电压线与电流线的极性。

（2）现场检验仪的接入和拆除不应影响被检电能表的正常工作。

（3）现场检验仪与被检电能表对应的元件接入的是同一相电压和电流。

（4）在打开电流端子的过程中动作要慢，发现异常应立即停止并进行还原操作。

（5）采用校表脉冲信号测试误差时，在连接被检表校表脉冲输出端时应注意极性并防止短路，避免与其他带电体接触。

（6）测试线连接完毕后，应由工作负责人检查，确认无误后方可进行检验。

（7）与现场检验仪配套的电流钳子在出厂前已与现场检验仪一起进行了配对调试，使用中必须按照原配相色使用，不能与另外的仪器互换，否则会带来额外的测量误差。

（8）严格按电能表现场检验仪说明书进行接线和操作。

操作收获、存在问题及改进措施

1. 操作收获

____

____

2. 存在的问题

____

____

3. 改进的措施

____

____

附　录

1. 记录表一份（见表 2-25）

表 2-25　　单相电能表现场检验记录表

检验员编号				检验员姓名	
班组				工位	
出厂编号				额定电流	
常数（imp/ kWh）				额定电压	
止码	峰	谷	总	准确度等级	

测量结果

环境温度	相对湿度	电　压	电　流	$\cos\varphi$
℃	%	V	A	

误差（%）		结论	

所　用　标　准	DL/T 826—2002《交流电能表现场测试仪》
型号	
准确度等级	
出厂编号	
有效期	年　　月　　日至　　　年　　月　　日
故障、异常情况记录	
检验员（签名）	
检验日期	年　　月　　日

用户编号		用户签章	
		用户签章时间	年　　月　　日

2. 通知单一份

电能表现场检测结果通知单

尊敬的客户（客户编号：　　　）：

我公司已对您的电能表（编号：　　　　）进行了现场检测。检测结论为：

□合格

□不合格

□需拆回实验室进一步确认

感谢您的配合与理解！

现场检测人员：　　　　　　　　　　检测日期：

检测单位（章）

项目 26　实际负荷下低压三相电能表的误差测试

操作任务

（1）电能表现场检验仪的检查及参数设置。

（2）电能表现场检验仪接线及使用。

（3）在实际负荷下，测量低压三相电能表的误差。

操作目的

（1）会进行电能表现场检验仪的检查及参数设置。

（2）掌握电能表现场检验仪正确接线及使用。

（3）会在实际负荷下测量低压三相电能表的工作误差。

（4）养成严谨负责的工作态度和团队合作精神。

工作环境

在现场实际负荷条件下测量低压三相电能表的工作误差。

难度/复杂度等级

中等级别（中级）。

人员和物料

1. 人员配备及要求

（1）人员分工：工作负责人（兼安全监护人）1 名、操作人员 1 名。

（2）着装要求：按电能计量工作现场要求规范着装。

（3）素质要求：符合电能计量外勤工作人员素质要求。

2. 物料配备及要求（见表 2-26）

表 2-26　物料配备及要求表

序号	物料类别	名称	型号及规格	数量		备注
				单需量	总需量	
1	个人工器具	不停电检查常用工器具及仪表	标准配置	1 套		
2	设备	三相电能表现场检验仪	准确度 0.05、0.1 级，电流钳子 5～100A/5A，1A	1 台		
3		低压三相电能表 1	不经电流互感器接入，正在通电运行中	1 只		

续表

序号	物料类别	名称	型号及规格	数量		备注
				单需量	总需量	
4	设备	低压三相电能表 2	经电流互感器接入，正在通电运行中	1 只		
5	设备	专用电压测试软线	黄、绿、红、浅蓝色各 1 根，$4mm^2$绝缘导线	1 组		
6	设备	专用电流测试软线	黄、绿、红色各 2 根，$6mm^2$绝缘导线	1 组		
7	设备	温湿度计	两用型	1 支		
8	材料	绝缘胶布	500V	1 卷		
9	材料	封签	一次性	若干		
10	安全专用品	第二种工作票	A4	张		
11	安全专用品	护目镜	全防护型	1 副		
12	安全专用品	绝缘台垫	1200mm×1000mm×20mm（$L\times W\times H$）	1 块		
13	其他	记录表	A4	1 份		
14	其他	通知单	A4	1 份		
15	其他	常用文具	标准配置	1 套		

基本操作原理

1. 低压三相电能表现场检验的接线原理（见图 2-98）

2. 现场检验仪器接线顺序

（1）先开启现场检验仪电源，通电预热至少 15min。

（2）选择专用电压测试线和量程合适的电流钳子。

（3）将检验仪的专用电压测试线接在被检电能表的电压进线端子。

（4）将检验仪的电流钳子夹接在被检电能表的出线侧，而经试验接线盒接入式电能表的电流应通过接线盒的电流连接片串入检验仪，此时接线盒的连接片处于“检验”状态。

（5）误差测量正确，选取被检表脉冲数应符合规程要求，记录完整。

（6）拆除电能表现场检验仪接线后关闭电源。

3. 现场应具备的检验条件

（1）电压对额定值的偏差不应超过±10%。

（2）频率对额定值的偏差不应超过±2%。

（3）环境温度应为 0～35℃，相对湿度≤85%。

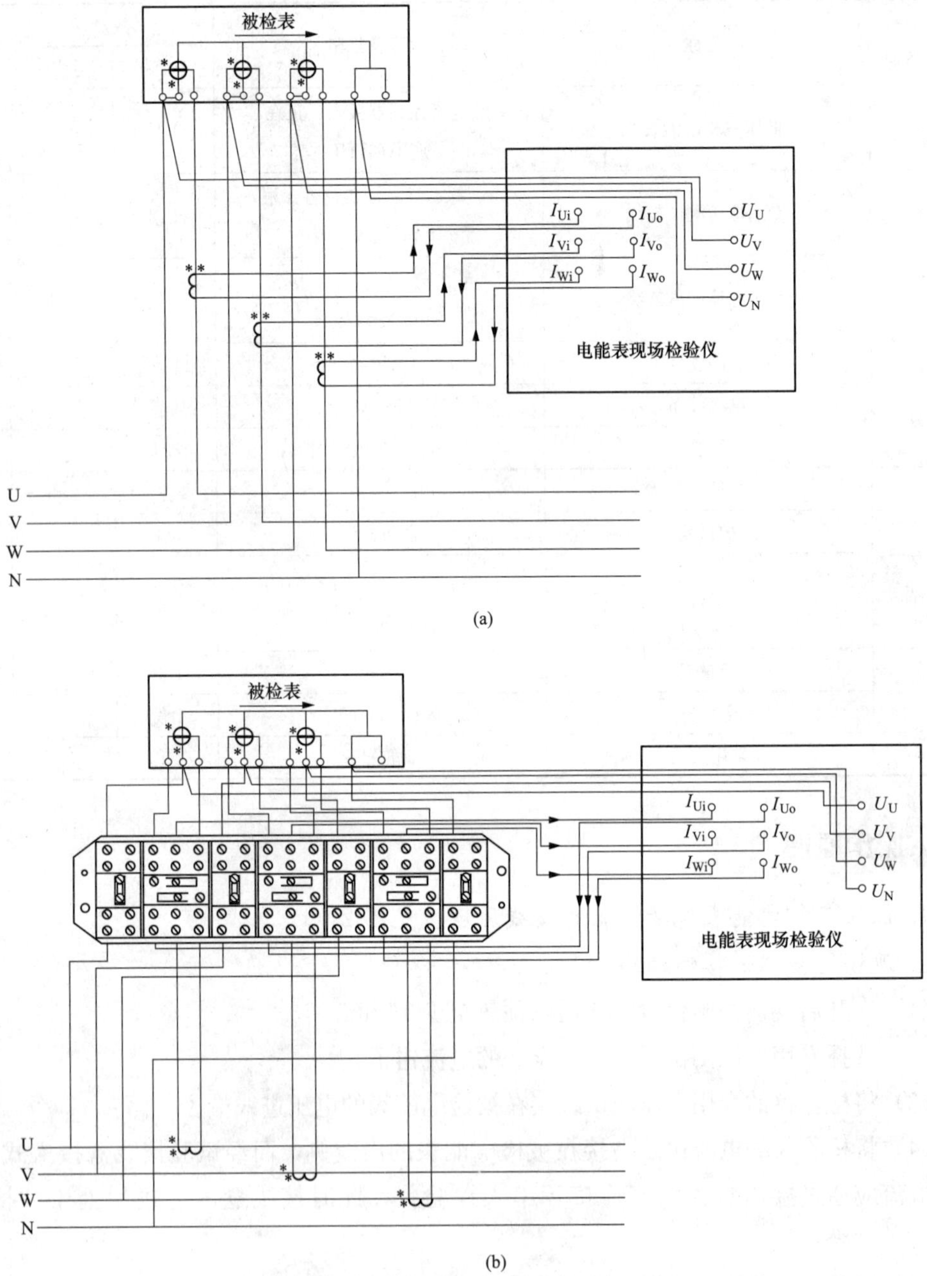

图 2-98　低压三相电能表现场检验接线原理图

（a）直接接入式低压三相四线电能表；（b）经低压电流互感器接入式低压三相四线电能表

（4）负荷电流不低于被检电能表标定电流的 10%（S 级电能表为 5%），或功率因数低于 0.5 时，不宜进行工作误差试验。

（5）负荷无明显波动。

操作方法及步骤

1. 接受工作任务

（1）清楚工作内容后联系设备用户，约定现场检验时间。

（2）准备工作单。

2. 做好检查前的准备

（1）检查人员配备是否符合要求、着装是否规范。

（2）检查所带工器具、仪表、设备、材料等物料是否齐全、完好；检查现场检验仪是否具有在有效期内的合格证。

3. 办好开工许可

办理第二种工作票，履行工作许可手续；带齐记录单据，带上工作证件。

4. 确认作业地点并确保作业安全

（1）工作区域应设置安全围栏；出入口悬挂“从此进出”指示牌，电能计量装置本体上悬挂“在此工作”标示牌；操作活动区域应放置绝缘台垫。

（2）验电，确保操作设备或装置不漏电，检查接地装置是否完好。

5. 进行现场检测、记录和分析

（1）检查计量箱（柜）外观及其锁封是否完好；检查电能表封印、外观以及接线是否正常。

（2）接取临时电源时安排专人监护，检查接入电源的线缆有无破损、连接是否可靠。

（3）抄录电能表铭牌、止码等信息，启封并检查三相电能表日历、时钟、时段设置、电池状态、失压、断流、故障代码等显示项是否正常。

（4）对安装在现场的电能表在实际工作状态下实施在线检测。

1）将电能表现场检验仪的电源插头接入电源插座并开机，根据被检电能表类型设定脉冲等参数并检查仪器工作状态。

2）将被检电能表电流、电压及脉冲信号引入现场检验仪，电能表的电流通过电流钳子接入现场检验仪，而经试验接线盒接入式电能表的电流，应通过专用电流测试导线与接线盒的电流连接片串入检验仪。

3）测量电能表的电压、电流和相位，确保接线正确。

4）测量电能表相对误差并记录。

5）判断电能表故障显示及误差结果。

6. 测试结果处理

（1）电能表现场检验误差测定次数不得少于2次，取其算术平均值作为实测误差值。

（2）若测得的误差值等于被检电能表允许工作误差限的80%～120%时，应再进行2次测量，取这两次与前两次测量数据的平均值作为最后测得的误差值。

（3）判断电能表相对误差是否超差，一律以修约化整后的结果为准。

（4）检验结束，由检验单位施加封印，出具检验结论，根据需要出具检验报告或粘贴检验标识。

7. 完工准备

（1）将现场检验仪的电能表侧接线拆除（取下电流钳子后拆除电压线），关闭其电源并拔掉其电源插头。

（2）计量装置加封。

（3）供用双方在工作单上签字。

（4）记录单据整理。

8. 操作终结

清理工作现场；开总结会后报完工；终结工作票；撤离工作现场。

9. 结束工作任务

工器具及仪表还原；资料归档并完成管理系统流程。

安全要求及注意事项

1. 安全要求

（1）现场应装设防护围栏、警示牌，工作区域铺设绝缘台垫。

（2）正确着装，按低压不停电工作做好个人防护，正确填写第二种工作票，履行开工手续。

（3）操作时，应与其他设备或装置保持安全距离。

（4）操作时，防止电压二次回路短路、电流二次回路开路。

（5）电能表现场检验过程中严禁插、拔电流钳子插头。

2. 注意事项

（1）现场检验仪的接线要正确、牢固。

（2）现场检验仪的接入和拆除不应影响被检电能表的正常工作。

（3）现场检验仪与被检电能表对应的元件接入的是同一相电压和电流。

（4）在打开电流端子的过程中动作要慢，发现异常应立即停止并进行还原操作。

（5）采用校表脉冲信号测试误差时，在连接被检表校表脉冲输出端时应注意极性并防止短路，避免与其他带电体接触。

（6）测试线连接完毕后，应由工作负责人检查，确认无误后方可进行检验。

（7）与现场检验仪配套的电流钳子在出厂前已与现场检验仪一起进行了配对调试，使用中必须按照原配相色使用，不能与另外的仪器互换，否则会带来额外的测量误差。

（8）严格按三相电能表现场检验仪说明书进行接线和操作。

操作收获、存在问题及改进措施

1. 操作收获

2. 存在的问题

3. 改进的措施

附　录

1. 记录表一份（见表 2-27）

表 2-27　　三相电能表现场检验记录表

检验员编号		检验员姓名		班组		工位	
环境条件	温度：　℃			相对湿度：　%RH			
标准信息	型号		编号			准确度	
电能表信息	型号		规格	3×　V，3×　A		相线	三相　线
	常数	imp/kWh	准确度			止码	
外观检查		计量箱外观		电能表大盖封			
		计量箱门封编号		编程盖封			
		接线盒封编号		电能表小盖封编号			
功能检查		电压	电流	实际相位或功率		最大需量	
		U：　V：　W：	U：　V：　W：	U：　V：　W：			
	正向表码	总	峰	平	谷	正向无功	
	反向表码	总	峰	平	谷	反向无功	
	示值组合误差	合格（　）不合格（　）	电池欠压	欠压（　）不欠压（　）			
	日历时钟	正确（　）不正确（　）	当前费率	正确（　）不正确（　）			
	失压记录	U：	V：	W：	总：		
接线检查	项目	一元件	二元件	三元件	实际接线相量图		
	I(A)				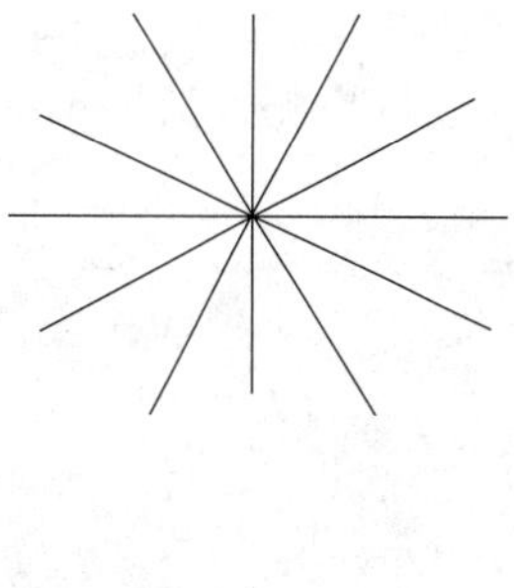		
	U(V)						
	其他电压						
	∠(°)						
	$\cos\varphi$		相 序				
	结　论						

续表

<table>
<tr><td rowspan="2">误差测试</td><td rowspan="2" colspan="2">______象　限</td><td rowspan="2"></td><td>$\gamma_1=$　　%</td><td>$\gamma_2=$　　%</td><td>平均误差</td><td>化整误差</td></tr>
<tr><td>$\gamma_3=$　　%</td><td>$\gamma_4=$　　%</td><td></td><td></td></tr>
<tr><td>有效加封</td><td colspan="3">电能表小盖封编号</td><td colspan="2">试验接线盒封编号</td><td colspan="2">计量箱门封编号</td></tr>
<tr><td></td><td colspan="3"></td><td colspan="2"></td><td colspan="2"></td></tr>
<tr><td>异常记录及备注</td><td colspan="5"></td><td colspan="2">TA 变比：</td></tr>
<tr><td>结论及处理</td><td colspan="7"></td></tr>
<tr><td>检验员（签名）</td><td colspan="7"></td></tr>
<tr><td>检验日期</td><td colspan="7">年　　月　　日</td></tr>
<tr><td rowspan="2">用户编号</td><td rowspan="2"></td><td colspan="2">用户签章</td><td colspan="4"></td></tr>
<tr><td colspan="2">用户签章时间</td><td colspan="4">年　　月　　日</td></tr>
</table>

2. 通知单一份

电能表现场检测结果通知单

尊敬的客户（客户编号：　　　　）：

我公司已对您的电能表（编号：　　　　）进行了现场检测。检测结论为：

□合格

□不合格

□需拆回实验室进一步确认

感谢您的配合与理解！

现场检测人员：　　　　　　　　　　　　检测日期：

检测单位（章）

项目 27　实际负荷下高压三相电能表的误差测试

操作任务

（1）电能表现场检验仪的检查及参数设置。
（2）电能表现场检验仪接线及使用。
（3）在实际负荷下，测量高压三相电能表的误差。

操作目的

（1）会进行电能表现场检验仪的检查及参数设置。
（2）掌握电能表现场检验仪正确接线及使用。
（3）会在实际负荷下测量高压三相电能表的工作误差。
（4）养成严谨负责的工作态度和团队合作精神。

工作环境

在现场实际负荷条件下测量高压三相电能表的工作误差。

难度/复杂度等级

高等级别（高级）。

人员和物料

1. 人员配备及要求
（1）人员分工：工作负责人（兼安全监护人）1 名、操作人员 1 名。
（2）着装要求：按电能计量工作现场要求规范着装。
（3）素质要求：符合电能计量外勤工作人员素质要求。
2. 物料配备及要求（见表 2-28）

表 2-28　物料配备及要求表

序号	物料类别	名称	型号及规格	数量		备注
				单需量	总需量	
1	个人工器具	不停电检查常用工器具及仪表	标准配置	1 套		
2	设备	三相电能表现场检验仪	准确度 0.1、0.2 级，电流钳子 5～100A	1 台		
3		高压三相四线电能表	正在通电运行中	1 只		
4		高压三相三线电能表	正在通电运行中	1 只		
5		专用电压测试软线	黄、绿、红、浅蓝色各 1 根，$4mm^2$ 绝缘导线	1 组		
6		专用电流测试软线	黄、绿、红色各 2 根，$6mm^2$ 绝缘导线	1 组		
7		温湿度计	两用型	1 支		

续表

序号	物料类别	名称	型号及规格	数量		备注
				单需量	总需量	
8	材料	绝缘胶布	500V	1卷		
9		封签	一次性	若干		
10	安全专用品	第二种工作票	A4	张		
11		护目镜	全防护型	1副		
12		绝缘台垫	1200mm×1000mm×20mm(L×W×H)	1块		
13	其他	记录表	A4	1份		
14		常用文具	标准配置	1套		

基本操作原理

1. 高压三相电能表现场检验的接线原理（见图 2-99）

2. 现场检验仪器接线顺序

（1）先开启现场检验仪电源，通电预热至少 15min。

（2）选择专用电压测试线和量程合适的电流钳子。

（3）经试验接线盒接入式电能表的电流应通过接线盒的电流连接片串入检验仪，此时接线盒的连接片处于“检验”状态。

（4）将检验仪的专用电压测试线接在被检电能表相应的电压端子。

（5）误差测量正确，选取被检表脉冲数应符合规程要求，记录完整。

（6）拆除电能表现场检验仪接线后关闭电源。

3. 现场应具备的检验条件

（1）电压对额定值的偏差不应超过±10%。

（2）频率对额定值的偏差不应超过±2%。

（3）环境温度应为 0～35℃，相对湿度≤85%。

（4）负荷电流不低于被检电能表标定电流的 10%（S级电能表为 5%），或功率因数低于 0.5 时，不宜进行工作误差试验。

（5）负荷无明显波动。

操作方法及步骤

1. 接受工作任务

（1）清楚工作内容后联系设备用户，约定现场检验时间。

（2）准备工作单。

2. 做好检查前的准备

（1）检查人员配备是否符合要求、着装是否规范。

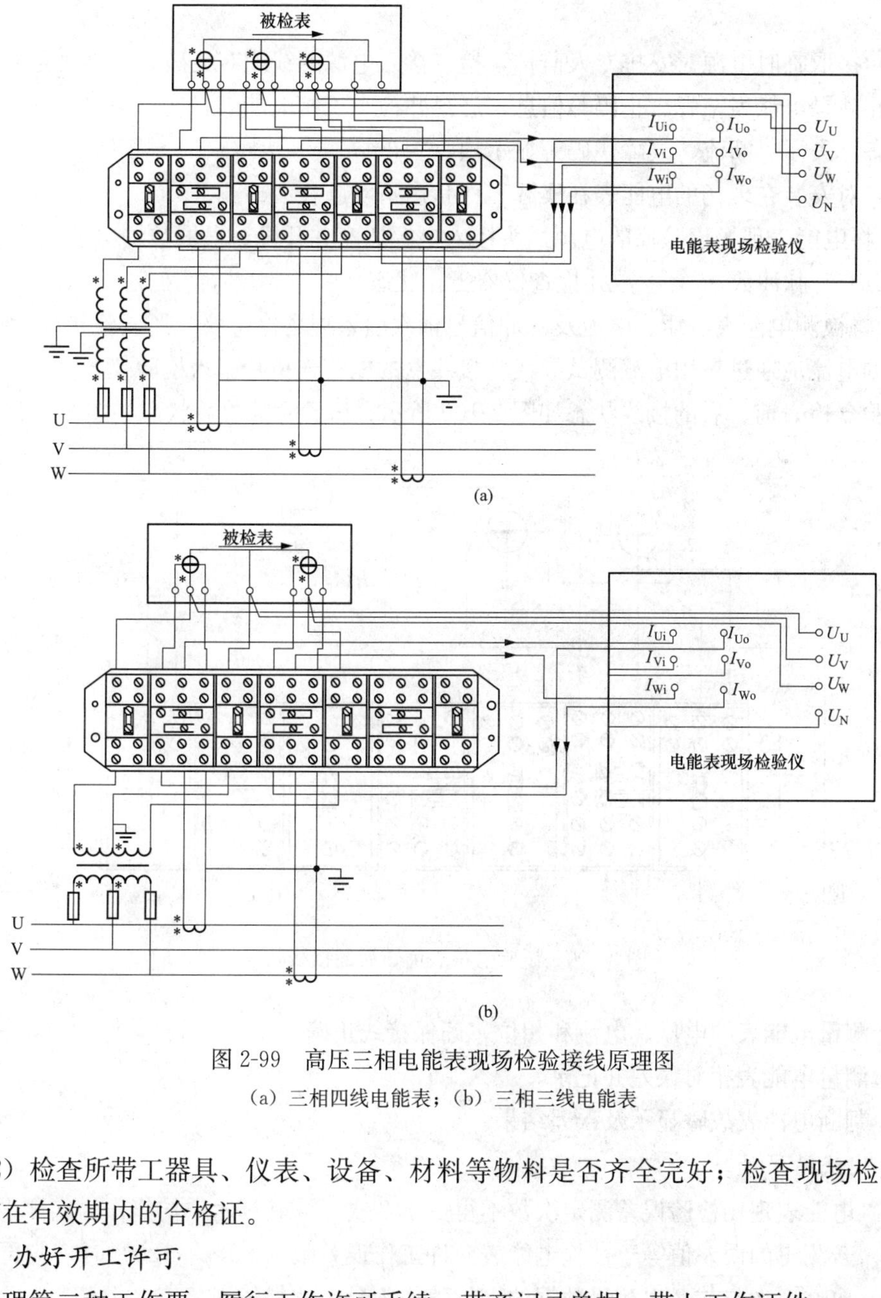

图 2-99　高压三相电能表现场检验接线原理图

（a）三相四线电能表；（b）三相三线电能表

（2）检查所带工器具、仪表、设备、材料等物料是否齐全完好；检查现场检验仪是否具有在有效期内的合格证。

3. 办好开工许可

办理第二种工作票，履行工作许可手续；带齐记录单据，带上工作证件。

4. 确认作业地点并确保作业安全

（1）工作区域应设置安全围栏；出入口悬挂“从此进出”指示牌，电能计量装置本体上悬挂“在此工作”标示牌；操作活动区域应放置绝缘台垫。

（2）验电，确保操作设备或装置不漏电，检查接地装置是否完好。

5. 进行现场检测、记录和分析

（1）检查计量箱（柜）外观及其锁封是否完好；检查电能表封印、外观以及接线是否正常。

（2）接取临时电源时安排专人监护，检查接入电源的线缆有无破损、连接是否可靠。

（3）抄录电能表铭牌、止码等信息，启封并检查三相电能表日历、时钟、时段设置、电池状态、失压、断流、故障代码等显示项是否正常。

（4）对安装在现场的电能表在实际工作状态下实施在线检测。

1）将电能表现场检验仪的电源插头接入电源插座并开机，根据被测电能表类型设定脉冲常数 C、脉冲数 N 等参数并检查仪器工作状态。

2）将被测电能表电压、电流及脉冲信号依次引入现场检验仪，经试验接线盒接入式电能表的电流应通过专用电流测试导线与接线盒的电流连接片串入检验仪。

试验盒检表前、后的接线状态如图 2-100 所示；试验盒的检表状态如图 2-101 所示。

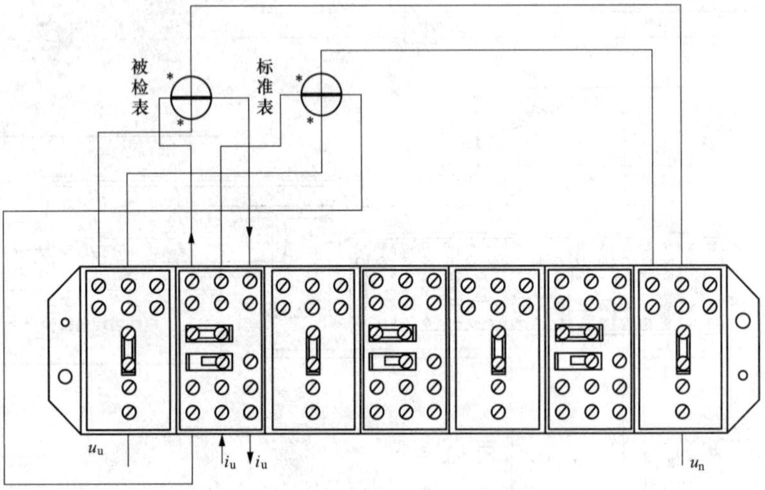

图 2-100　试验盒检表前、后的接线状态

3）测量电能表的电压、电流和相位，确保接线正确。

4）测量电能表相对误差并记录。

5）判断电能表故障显示及误差结果。

6. 测试结果处理

（1）电能表现场检验误差测定次数不得少于 2 次，取其算术平均值作为实测误差值。

（2）若测得的误差值等于被检电能表允许工作误差限的 80％～120％时，应再进行 2 次测量，取这 2 次与前 2 次测量数据的平均值作为最后测得的误差值。

（3）判断电能表相对误差是否超差，一律以修约化整后的结果为准。

（4）检验结束，由检验单位施加封印，出具检验结论，根据需要出具检验报告或粘贴检验标识。

7. 完工准备

（1）将现场检验仪的电能表侧接线拆除（取下电流钳子后拆除电压线），关闭其电源并拔掉其电源插头。

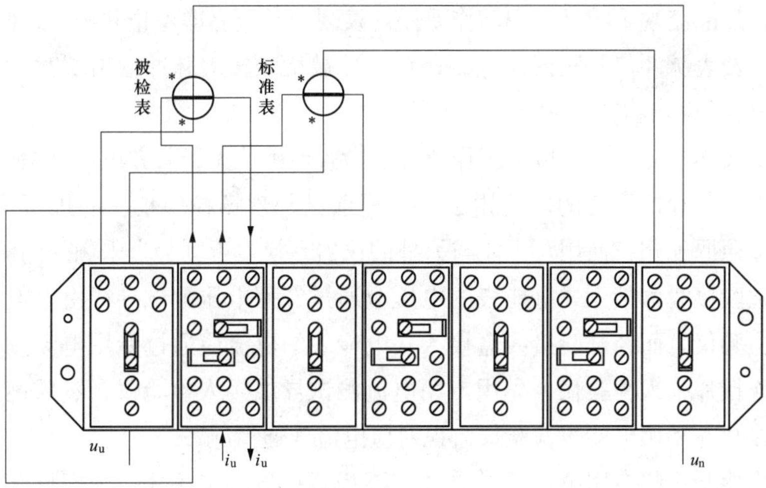

图 2-101　试验盒的检表状态

(2) 计量装置加封。

(3) 供用双方在工作单上签字。

(4) 记录单据整理。

8. 操作终结

清理工作现场；开总结会后报完工；终结工作票；撤离工作现场。

9. 结束工作任务

工器具及仪表还原；资料归档并完成管理系统流程。

安全要求及注意事项

1. 安全要求

(1) 现场应装设防护围栏、警示牌，工作区域铺设绝缘台垫。

(2) 正确着装，按低压不停电工作做好个人防护，正确填写第二种工作票，履行开工手续。

(3) 操作时，应与其他设备或装置保护安全距离。

(4) 操作时，防止电压二次回路短路、电流二次回路开路。

(5) 电能表现场检验过程中严禁插、拔电流钳子插头。

(6) 现场检验三相三线电能表时，应将捆扎成束的测试线中的空置导线作临时绝缘处理，避免误碰带电体造成事故。

2. 注意事项

(1) 现场检验仪的接线要正确、牢固。

(2) 现场检验仪的接入和拆除不应影响被检电能表的正常工作。

(3) 现场检验仪与被检电能表对应的元件接入的是同一相电压和电流。

（4）在打开电流端子的过程中动作要慢，发现异常应立即停止并进行还原操作。

（5）采用校表脉冲信号测试误差时，在连接被检表校表脉冲输出端时应注意极性并防止短路，避免与其他带电体接触。

（6）测试线连接完毕后，应由工作负责人检查，确认无误后方可进行检验。

（7）与现场检验仪配套的电流钳子在出厂前已与现场检验仪一起进行了配对调试，使用中必须按照原配相色使用，不能与另外的仪器互换，否则会带来额外的测量误差。

（8）经试验接线盒接入式电能表的电压应通过专用电压测试导线由电能表的表尾端子直接接入检验仪，而经试验接线盒接入式电能表的电流应通过专用电流测试导线与接线盒的电流连接片串入检验仪。先用专用电流测试导线接入检验仪，然后逐相打开接线盒的电流连接片并利用电能表检验仪监视对应电流连通情况。

（9）拆除检验仪的专用电压测试导线；逐相短接电流连接片，观察检验仪，显示短接成功后拆除专用电流测试导线。

（10）严格按三相电能表现场检验仪说明书进行接线和操作。

3. 危险点及其防范措施

（1）走错计量盘柜，误触运行设备造成触电。严格履行工作票制度和工作监护制度。

（2）电流互感器二次开路产生高压伤人。为了防止在接通和断开试验接线盒电流端子时电流互感器二次开路，必须用现场检验仪进行监视；对电流二次回路进行短路必须使用专用短接线或短接片，严禁使用裸露导线缠绕。

（3）电压回路接地或短路引起触电。为了防止电压互感器二次短路和接地，在接入电压测试线前必须检查测试线绝缘状况，使用线夹时注意不要造成短路，不得用手触碰金属部分。

（4）电脑病毒危及电能表工作。现场使用的电脑应预先安装正版杀毒软件并及时更新升级，避免病毒感染对电能表造成影响。

（5）越权工作造成数据丢失。现场操作人员使用抄读软件时，应在授权范围内工作，杜绝误操作造成表内数据丢失。

（6）高处检验计量装置时不慎跌落。严格执行高空作业安全措施。

操作收获、存在问题及改进措施

1. 操作收获

______

______

2. 存在的问题

______

______

3. 改进的措施

附 录

记录表一份（见表 2-29）。

表 2-29 三相电能表现场检验记录表

<table>
<tr><td>检验员编号</td><td colspan="2"></td><td>检验员姓名</td><td></td><td>班组</td><td></td><td>工位</td><td></td></tr>
<tr><td>电能计量点</td><td colspan="2"></td><td>TA 变比</td><td></td><td>TV 变比</td><td></td><td>检验仪</td><td></td></tr>
<tr><td>环境条件</td><td colspan="4">温度： ℃</td><td colspan="4">相对湿度： %RH</td></tr>
<tr><td rowspan="2">使用标准</td><td>型号</td><td colspan="2"></td><td>出厂编号</td><td colspan="2"></td><td>准确度</td><td></td></tr>
<tr><td>厂家</td><td colspan="2"></td><td>有效期</td><td colspan="5">年 月 日至 年 月 日</td></tr>
<tr><td rowspan="2">被检表信息</td><td>型号</td><td colspan="2"></td><td>规格</td><td colspan="2">3× V，3× A</td><td>相 线</td><td>三相 线</td></tr>
<tr><td>准确度</td><td colspan="2">有功： 无功：</td><td>常数</td><td colspan="2">imp/kWh</td><td>常数</td><td>imp/kvar</td></tr>
<tr><td rowspan="3">外观检查</td><td colspan="2">计量箱外观</td><td colspan="2"></td><td colspan="2">电能表大盖封</td><td colspan="2"></td></tr>
<tr><td colspan="2">计量箱门封编号</td><td colspan="2"></td><td colspan="2">编程盖封</td><td colspan="2"></td></tr>
<tr><td colspan="2">接线盒封编号</td><td colspan="2"></td><td colspan="2">电能表小盖封编号</td><td colspan="2"></td></tr>
<tr><td rowspan="7">功能检查</td><td colspan="2">实际电压</td><td colspan="2">实际电流</td><td colspan="2">实际相位或功率</td><td colspan="2">最大需量</td></tr>
<tr><td colspan="2">U： V： W：</td><td colspan="2">U： V： W：</td><td colspan="2">U： V： W：</td><td colspan="2"></td></tr>
<tr><td>正向表码</td><td>总</td><td>峰</td><td>平</td><td>谷</td><td colspan="3">正向无功</td></tr>
<tr><td>反向表码</td><td>总</td><td>峰</td><td>平</td><td>谷</td><td colspan="3">反向无功</td></tr>
<tr><td>示值组合误差</td><td colspan="2">合格（ ）不合格（ ）</td><td>电池欠压</td><td colspan="4">欠压（ ）不欠压（ ）</td></tr>
<tr><td>日历时钟</td><td colspan="2">正确（ ）不正确（ ）</td><td>当前费率</td><td colspan="4">正确（ ）不正确（ ）</td></tr>
<tr><td>失压记录</td><td>U：</td><td>V：</td><td>W：</td><td colspan="4">总：</td></tr>
<tr><td rowspan="7">接线检查</td><td>项 目</td><td>第一元件</td><td>第二元件</td><td>第三元件</td><td colspan="4">实际接线相量图</td></tr>
<tr><td>I（A）</td><td></td><td></td><td></td><td colspan="4" rowspan="6">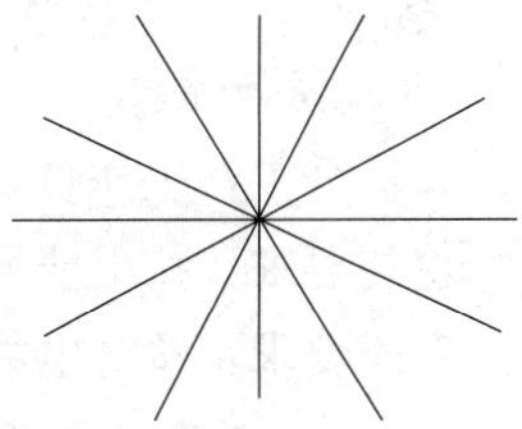</td></tr>
<tr><td>U（V）</td><td></td><td></td><td></td></tr>
<tr><td>其他电压</td><td></td><td></td><td></td></tr>
<tr><td>相位∠(°)</td><td></td><td></td><td></td></tr>
<tr><td>cosφ</td><td></td><td>相 序</td><td></td></tr>
<tr><td>结 论</td><td colspan="3"></td></tr>
<tr><td rowspan="2">误差测试</td><td rowspan="2">象 限</td><td rowspan="2"></td><td>γ1＝ %</td><td>γ2＝ %</td><td>平均误差</td><td colspan="3">化整误差</td></tr>
<tr><td>γ3＝ %</td><td>γ4＝ %</td><td></td><td colspan="3"></td></tr>
<tr><td rowspan="2">有效加封</td><td colspan="2">电能表小盖封编号</td><td colspan="2">试验接线盒封编号</td><td colspan="4">计量箱门封编号</td></tr>
<tr><td colspan="2"></td><td colspan="2"></td><td colspan="4"></td></tr>
<tr><td>异常记录及备注</td><td colspan="8"></td></tr>
<tr><td>结论及处理</td><td colspan="8"></td></tr>
<tr><td>检验员（签名）</td><td colspan="8"></td></tr>
<tr><td>检验日期</td><td colspan="8">年 月 日</td></tr>
<tr><td rowspan="2">用户编号</td><td rowspan="2"></td><td colspan="3">用户签章</td><td colspan="4"></td></tr>
<tr><td colspan="3">用户签章时间</td><td colspan="4">年 月 日</td></tr>
</table>

项目 28　电流互感器的现场检验

操作任务

（1）互感器现场检验仪的检查及参数设置。
（2）互感器现场检验仪接线及使用。
（3）在实际负荷下，现场检验电流互感器。

操作目的

（1）会进行互感器现场检验仪的检查及参数设置。
（2）掌握互感器现场检验仪正确接线及使用。
（3）会在工作条件下现场检验电流互感器。
（4）养成严谨负责的工作态度和团队合作精神。

工作环境

在现场实际工作条件下，对电流互感器进行（离线）现场检验。

难度/复杂度等级

高等级别（高级）。

人员和物料

1. 人员配备及要求
（1）人员分工：工作负责人（兼安全监护人）1 名、操作人员 1 名。
（2）着装要求：按电能计量工作现场要求规范着装。
（3）素质要求：符合电能计量外勤工作人员素质要求。
2. 物料配备及要求（见表 2-30）

表 2-30　　物料配备及要求表

序号	物料类别	名称	型号及规格	数量		备注
				单需量	总需量	
1	个人工器具	不停电检查常用工器具及仪表	标准配置	1 套		
2		扳手 1	活络扳手 4 把	1 组		
3		扳手 2	内螺纹扳手	1 套		
4		螺丝起子	2 个平口，2 个“十”字	1 组		
5		绝缘电阻表	2500V	1 只		
6		钳形电流表	多量程，高于 3.0 级	1 只		

续表

序号	物料类别	名称	型号及规格	数量		备注
				单需量	总需量	
7	设备或者装置	标准电流互感器（有效检定证书）	10kV、5VA，高于被检表2个等级	1台		变比与被检相同
8		互感器检验仪	独体式	1台		
9		电流负荷箱	1A、5A，功率因数0.8L和1.0	1台		
10		电源控制箱（调压器）	符合现场测试容量	1台		
11		工作电源（多股软铜芯电缆）	足够的长度和电流容量，带保护	2处		
12		升流器	5kVA	1台		
13		被检电流互感器	10kV，0.2S级，电磁式，多绕组	1台		
14		一、二次测试导线	多股软铜芯绝缘电缆	1组		
15		专用接地线车	10个接线插孔	1个		
16		温湿度计	两用型	1支		
17	材料	绝缘胶布	低压	1卷		
18		短接线	专用电流二次短接线或短接片10个	1组		
19	安全专用品	绝缘手套	10kV	1双		
20		绝缘台垫	1200mm×1000mm×20mm（$L\times W\times H$）	1块		
21		第一种工作票	A4	1份		
22		线手套	干净、干燥	1双		
23		放电棒	5m，10kV	1根		
24		围栏	全包围	1组		
25		低压验电器	低压，2个	1组		
26		高压验电器	不同电压等级配置	1组		
27		安全标示牌	“止步、高压危险”警示牌、“从此进出”指示牌和“在此工作”标示牌	1组		
28	其他	记录表	A4	1份		
29		常用文具	标准配置	1套		

基本操作原理

1. 电流互感器现场检验的比较法接线原理（见图2-102）

2. 现场应具备的检验条件

环境气温为−25～55℃，相对湿度不大于95%，周围无强电、磁场干扰。

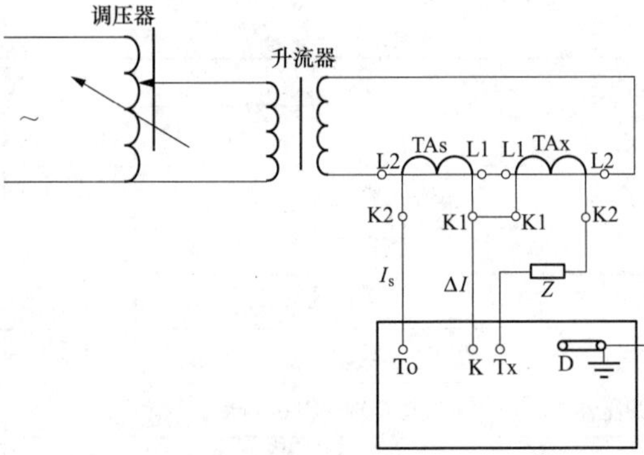

图 2-102　电流互感器现场检验的比较法接线原理图

I_s—标准互感器的标准电流；ΔI—标准互感器与被检互感器的电流差；

TAs—标准互感器；TAx—被检互感器；Z—电流负荷箱（被检电流互感器的二次阻抗）

2. 现场应具备的检验条件

（1）环境气温为－25～55℃，相对湿度不大于95％，周围无强电、磁场干扰。

（2）将被检电流互感器与电网隔离。

3. 二次负荷

现场实际二次负荷应处在额定负荷与下限负荷之间。除非用户有要求，二次额定电流5A的电流互感器，下限负荷取3.75VA；二次额定电流1A的电流互感器，下限负荷取1VA。二次负荷的功率因数应根据铭牌规定值选取。

4. 试验导线及设备容量配置

（1）一次导线截面不得低于$4A/1mm^2$。

（2）试验容量（试验电源、升流器、调压器）：被试变比为600/5以下，根据一次回路150VA/m选择；被试变比为800/5～1500/5，根据一次回路500VA/m选择；被试变比为1600/5～2000/5，根据一次回路1200VA/m选择；被试变比为2500/5，根据一次回路2000VA/m选择；被试变比为3000/5，根据一次回路3000VA/m选择；被试变比为4000/5～5000/5，根据一次回路5000VA/m选择。

操作方法及步骤

1. 接受工作任务

（1）清楚工作内容后联系设备用户，约定现场检验时间。

（2）准备工作单。

2. 做好检查前的准备

（1）检查人员配备是否符合要求、着装是否规范。

（2）检验前应了解现场主接线方式、工作内容、停电范围、现场安全措施等。

（3）熟知检验用仪器设备工作原理、功能及使用方法。

（4）搜集被检电流互感器历史检验记录、缺陷记录。

（5）准备现场检验方案、作业指导书、检验依据、记录本等。

（6）正确选择工器具及仪表并检查是否齐备、合格。

3. 办好开工许可

办理工作票，履行工作许可手续；带齐记录单据，带上工作证件。

4. 确认作业地点并确保作业安全

（1）工作区域应设置安全围栏；出入口悬挂“从此进出”指示牌，检测位上悬挂“止步，高压危险”警示牌；操作活动区域应放置绝缘台垫。

（2）断开被检电流互感器一次回路两侧的隔离开关和断路器，确保被检电流互感器从其他回路中隔离开来，验明一次进出线等部位无电后接地；断开被检电流互感器二次回路，除被检二次绕组外，其他二次绕组应可靠短接；不得拆除一次来电方向的接地线。

5. 进行现场检测、记录和分析

（1）外观检查。有下列缺陷之一者，判定为外观不合格：

1）外观损伤，绝缘套管不清洁，对于油浸式电流互感器油位指示不合规定，对于 SF_6 式电流互感器气压值不符合规定；

2）铭牌及必要标识不完整；

3）接线端子缺少、损坏或无标记，电流互感器没有极性标记；

4）多变比电流互感器在铭牌或面板上未标有不同电流比的接线方式。

（2）绝缘试验。测量绝缘电阻应使用2500V绝缘电阻表，一次绕组对二次绕组及对地绝缘电阻应大于1500MΩ，二次绕组之间、二次绕组对地绝缘电阻应大于500MΩ。

（3）绕组极性检查。推荐使用互感器检验仪检查绕组的极性。极性检查一般与误差测量同时进行。根据互感器的接线标记，按比较法检验接线后，升起电流至额定值的5%以下测试，用检验仪的极性指示功能或误差测量功能确定互感器的极性，如极性指示器无动作，则极性标识正确。

小技巧

极性指示器动作的原因。极性指示器动作的原因有：变比接错、误差过大、二次开路、短接、分流、线路故障等。

（4）充磁和退磁。充磁和退磁的方法，按《电能计量装置现场检验规程》（DL/T 1664—2016）进行。

（5）基本误差测试操作步骤。

1）正确接线。按图2-103进行检验电流互感器误差接线。

一次回路的连接。把被试品的一次L1与标准电流互感器的L1端（同名端）相连，另外两端与升流器输出端连接。

连接一次导线时应尽量减小一次连线的长度，必要时采取措施将标准互感器和升流器置于被试电流互感器最小距离范围内。检验用电流互感器一次电流导线应采用多股软铜芯电缆，其截面应能满足试验电流容量和升流器输出的要求。

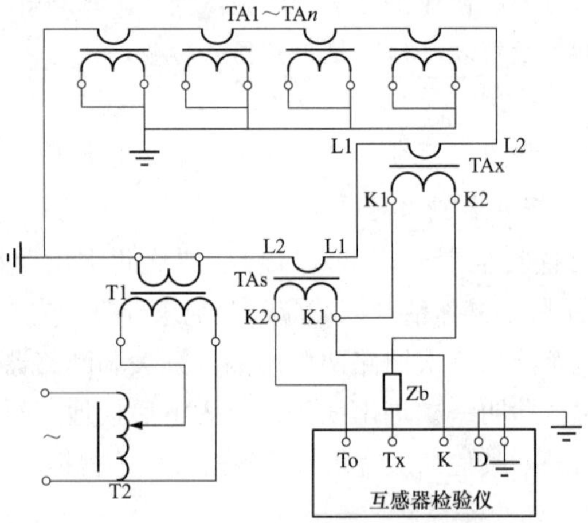

图 2-103　现场检验电流互感器的原理接线图

T1—升流器；T2—调压器；Zb—电流负荷箱；TAs—标准电流互感器；
TAx—被试电流互感器；TA1～TAn—被检电流互感器保护和测量绕组

二次回路的连接。相应二次绕组的同名端 K1 连接在一起接入检验仪的差流公共端 K（检验仪内部 K 端子与 D 端子之间测差流），被试品的 K2 经串联负荷箱后接入检验仪的 Tx，标准电流互感器的 K2 接入检验仪的 To。

标准电流互感器与被试电流互感器二次输出作为检验仪（To、Tx）的参考电流，共用一次导体的其他电流互感器二次绕组端子用导线短接。

电流互感器二次尽量在本体接线盒上接线，当电流互感器接线盒无法打开时，也可在电流互感器端子箱接线。

2）通电检查。接线完成后，工作负责人应检查一、二次接线是否正确可靠。检验仪开机预热，工作状态正常。通电时先将一次电流升至额定电流值的 1%～5%，如未发现异常，将电流升至最大电流测量点，再降到接近零值后准备正式测量。大电流互感器宜在至少一次全量程升降之后读取检验数据。

3）退磁。若误差超差，可退磁后再进行误差测试。

4）误差测试。

（a）分别在额定负荷、下限负荷、实际负荷下检验。

（b）电流互感器额定负荷的检验点分别为额定电流的 1%（只对 S 级）、5%、20%、100%、120%，下限负荷检验点分别为额定电流的 1%（只对 S 级）、5%、20%、100%。

（c）在额定负荷下检验，将电流依次从小到大升至各检验点，待数值稳定后读取相应误差值。完成所有检验点后把电流降至零，观察检验仪进行确认。

（d）下限负荷的检验重复步骤（c）。

（e）现场条件允许或必要时，电流互感器实际二次回路负荷时的误差测试重复步骤（c）。

5）恢复电流互感器接线。将升流器回零并断开升流电源，对电流互感器进行放电。

拆除一、二次试验导线，恢复被检电流互感器接线并经检查确保接线正确可靠。

6. 二次实际负荷下计量绕组的误差测量

二次实际负荷下的误差测量，宜采用根据二次实际负荷值选择负荷箱替代的方法进行，与基本误差测量原理接线相同，两者可合并进行。

7. 稳定性试验

电流互感器的稳定性试验，利用上次检验结果与当前检验结果，分别计算两次检验结果中比值差的差值和相位差的差值。互感器在连续两次检验中，其误差的变化不得大于基本误差限值的2/3。

8. 检验结果记录、分析及处理

（1）检验记录：

1）检验数据应按规定格式做好原始记录；

2）原始记录填写应用签字笔或钢笔书写，不得任意修改；

3）现场测试误差原始记录应妥善保管，原始记录应至少保持2个检验周期。

（2）结果分析与处理。

1）根据被检互感器在全部检验点的误差值，如果不超出规程规定的基本误差限值范围，且稳定性、运行变差等符合规定，则认为误差合格，否则认为误差不合格。不合格互感器允许在规定条件下进行复检，并根据复检的结果作出误差是否合格的结论。

2）现场检验0.1级和0.2(S)级以及0.5(S)级的电流互感器，读取的比值误差保留到0.001%，相位误差保留到0.01′；其修约间距分别为0.01%、0.5′和0.02%、1′以及0.05%、2′。

3）检验结束，由检验单位出具检验结论，根据需要出具检验报告。

9. 完工准备

（1）将互感器现场检验仪先停电（逆旋粗、细调开关回零，按“停止”按钮，逆旋电源总开关后再放电，最后拆线）。

（2）计量设备加封。

（3）供用双方在工作单上签字。

10. 操作终结

清理工作现场；开总结会后报完工；终结工作票；撤离工作现场。

11. 结束工作任务

工器具及仪表还原；资料归档并完成管理系统流程。

操作注意事项、技术要求及危险防范措施

1. 操作注意事项

（1）检验接线引起被检互感器的变化不大于被检互感器基本误差限值的1/10，应注意检验仪D端子务必与接地端子短接并接地。

（2）接电流一次线时，应首先检查被试品一次接线端（排）是否存在氧化或存在污

垢等现象，若有应用砂纸或其他工具清洁后再连接；采用线夹和端子板连接电流一次线时，应尽量保持较大的接触面，严禁点接触。

（3）除被测二次回路外，电流互感器其他二次回路应可靠短接。对于多绕组、多变比的互感器，每个二次绕组短接一个变比即可。短接电流互感器二次绕组时，必须使用短接片或短接线，短接应可靠，严禁用导线缠绕。

（4）工作电源接线时，检验仪的供电电源与升压器电源宜使用不同相别，以免电压变化干扰检验仪正常工作；另外，也可防止升流过程中电源电压降低，检验仪不能正常显示。

（5）试验设备接入工作电源时，应通过开关控制，并有监视仪表和保护装置等。

（6）检验过程中，经工作负责人下令后方可进行升流操作。

（7）拆除顺序为：先将调压器回零，检验仪显示电流回零，断开试验电源，拆除试验导线和设备。

2. 进行电流互感器基本误差测量的技术要求

（1）检验仪使用地点应远离外磁场和大电流电路，实际距离应视外磁场源和电流强度来决定，但至少应大于3m。

（2）外接导线的最大电阻为0.08Ω。

（3）接地导线应可靠接地，最小截面为2.5mm^2。

（4）测试接线正确可靠，一次测试导线采用多股软铜芯电缆，其截面应能满足测试电流和升流器输出容量要求。

（5）将试验仪器切换到测量误差挡，从最小倍率开始。

（6）升流设备和互感器至少离互感器现场检验仪3m。

（7）进行退磁时，对于多次级的电流互感器，其余铁芯的二次绕组均应短路；当二次绕组均共同一铁芯时，退磁二次绕组应接退磁电阻，其余二次绕组均应开路。

（8）严禁带负荷转换挡位和带电拆除导线。

3. 危险点及其防范措施

（1）工器具及仪表、试验设备不合格。检查专用工具保证其状态良好，检查带电作业工具安全可靠，金属裸露的部分应予以绝缘包扎；检查电源控制箱、试验设备的漏电保护器、隔离开关及监视仪表的状态，保证其安全可靠。

（2）误碰运行设备造成触电。工作现场应有一名安全监护人监督全部工作过程的安全性，一旦发现不安全因素，应立即通知暂停工作，安全监护人不得从事现场实际操作。

（3）试验导线误碰带电设备导致触电。试验导线应与周围带电设备保持安全距离。

（4）误碰一次设备触电。将电流互感器从系统中隔离，并在一次侧挂接地线。

（5）走错计量箱柜。对被检验设备进行认真核对，确认无误后方可工作。

（6）电流互感器二次开路。短接电流互感器二次绕组时，必须使用专用短接片或短接线，短接应可靠，严禁用导线缠绕，并不得将回路的永久接地点断开；严禁在电流互感器与短路端子间的回路和导线上进行任何工作。

（7）高处坠落。严格遵守高空作业的安全要求。

（8）检验工作对系统运行造成安全隐患。检验工作完毕后应恢复所有接线，工作负责人会同工作许可人共同检查无误后，交回工作票并撤离工作现场。

操作收获、存在问题及改进措施

1. 操作收获

____

____

2. 存在的问题

____

____

3. 改进的措施

____

____

附　　录

记录表一份（见表 2-31）。

表 2-31　　　　电流互感器现场检验记录表

<table>
<tr><td>检验员编号</td><td></td><td>检验员姓名</td><td></td><td>班组</td><td></td><td>工位</td><td></td></tr>
<tr><td colspan="2">环境条件</td><td>温度 T</td><td>℃</td><td>湿度 RH</td><td>%</td><td></td><td></td></tr>
<tr><td colspan="8">被检电流互感器</td></tr>
<tr><td colspan="4">准确度：</td><td colspan="4">额定一次电流：　　A</td></tr>
<tr><td colspan="4">型号：</td><td colspan="4">额定二次电流：　　A</td></tr>
<tr><td colspan="4">制造厂名：</td><td colspan="4">额定功率因数：</td></tr>
<tr><td colspan="4">出厂编号：</td><td colspan="4">额定负荷：　　VA</td></tr>
<tr><td colspan="4">用途：</td><td colspan="4">额定频率：　　Hz</td></tr>
<tr><td colspan="4">一次绕组接线方式：</td><td colspan="4">额定电压：　　kV</td></tr>
<tr><td colspan="4">二次绕组接线方式：</td><td colspan="4">证书编号：</td></tr>
<tr><td colspan="8">检验时使用的标准器具</td></tr>
<tr><td colspan="2">标准器具</td><td>型号</td><td>准确度</td><td>出厂编号</td><td colspan="3">有效期限</td></tr>
<tr><td colspan="2">电流互感器</td><td></td><td></td><td></td><td colspan="3">年　　月　　日</td></tr>
<tr><td colspan="2">互感器检验仪</td><td></td><td></td><td></td><td colspan="3">年　　月　　日</td></tr>
</table>

续表

检验员编号		检验员姓名		班组		工位	
环境条件		温度 T	℃	湿度 RH	%		

检验时使用的标准器具				
标准器具	型号	准确度	出厂编号	有效期限
电流负荷箱				年 月 日
检验所依据的技术文件	□ JJG 1021—2007《电力互感器检定规程》 □ JJG 313—2010《测量用电流互感器检定规程》			

I_p/I_n（%）							二次负荷 VA/功率因数	
							VA	cosφ
f(%)	上升							
	下降							
	平均							
	修约化整							
δ(′)	上升							
	下降							
	平均							
	修约化整							
f(%)	上升							
	下降							
	平均							
	修约化整							
δ（′）	上升							
	下降							
	平均							
	修约化整							

检验结果			
外观检查		稳定性试验——————	
绝缘电阻	1. 一次对二次 MΩ；2. 二次绕组之间 MΩ；3. 二次绕组对地 MΩ		
极性检查			
结论及说明			
检验员（签名）			
检验日期	年 月 日		

项目 29　电压互感器的现场检验

操作任务

(1) 互感器现场检验仪的检查及参数设置。
(2) 互感器现场检验仪接线及使用。
(3) 在实际负荷下，现场检验电压互感器。

操作目的

(1) 会进行互感器现场检验仪的检查及参数设置。
(2) 掌握互感器现场检验仪正确接线及使用。
(3) 会在工作条件下现场检验电压互感器。
(4) 养成严谨负责的工作态度和团队合作精神。

工作环境

在现场实际工作条件下，对电流互感器进行（离线）现场检验。

难度/复杂度等级

高等级别（高级）。

人员和物料

1. 人员配备及要求
(1) 人员分工：工作负责人（兼安全监护人）1 名、操作人员 1 名。
(2) 着装要求：按电能计量工作现场要求规范着装。
(3) 素质要求：符合电能计量外勤工作人员素质要求。
2. 物料配备及要求（见表 2-32）

表 2-32　物料配备及要求表

序号	物料类别	名称	型号及规格	数量		备注
				单需量	总需量	
1	个人工器具	不停电检查常用工器具及仪表	标准配置	1 套		
2		扳手 1	活络扳手 4 把	1 组		
3		扳手 2	内螺纹扳手	1 组		
4		螺丝起子	2 个平口，2 个“十”字	1 组		
5		绝缘电阻表	2500V	1 只		

续表

序号	物料类别	名称	型号及规格	数量		备注
				单需量	总需量	
6	设备	标准电压互感器（有效检定证书）	10kV，高于被检表2个等级	1台		变比与被检相同
7		互感器检验仪	独体式，高于2.0级	1台		有效检定证书
8		电压负荷箱	3台，高于3.0级，功率因数0.8L和1.0	1组		
9		电源控制箱（调压器）	符合现场测试容量	1台		
10		工作电源（多股软铜芯电缆）	足够的长度和电流容量，带保护	2处		
11		升压器	5kVA	1台		
12		被检电压互感器	10kV，0.2级，电磁式，多绕组	1台		
13		一、二次测试导线	截面不小于$2.5mm^2$专用测试电压线	1组		
14		专用接地线车	10个接线插孔	1个		
15		温湿度计	两用型	1支		
16		绝缘棒	3根	1组		
17	材料	绝缘胶布	低压	1卷		
18	安全专用品	第一种工作票	A4	1张		
19		绝缘手套	10kV	1双		
20		绝缘台垫	1200mm×1000mm×20mm（$L\times W\times H$）	1块		
21		线手套	干净、干燥	1双		
22		放电棒	10kV	1根		
23		低压验电器	低压2个	1组		
24		高压验电器	不同电压等级配置	1组		
25		安全围栏	全包围	1组		
26		安全标示牌	“止步、高压危险”警示牌、“从此进出”指示牌和“在此工作”标示牌	1组		
27	其他	记录表	A4	1份		
28		常用文具	标准配置	1套		

基本操作原理

1. 电压互感器现场检验的比较法接线原理（从低位取差压）（见图2-104）

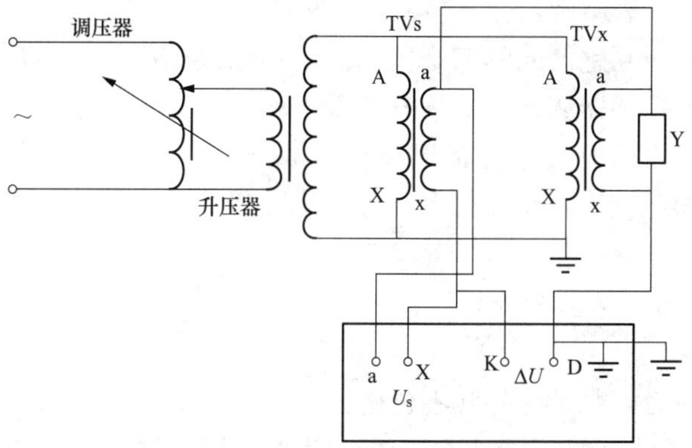

图 2-104　电压互感器现场检验的比较法接线原理图

U_s—标准互感器的标准电压；ΔU—标准互感器与被检互感器的电压差；

TVs—标准互感器；TVx—被检互感器；Y—电压负荷箱（被检电压互感器的二次导纳）

2. 现场应具备的检验条件

（1）环境气温为−25～55℃，相对湿度不大于95%，周围无强电、磁场干扰；

（2）将被检电压互感器与电网隔离并保持足够的安全距离。

3. 二次负荷

现场实际二次负荷应处在额定负荷与下限负荷之间。电压互感器的下限负荷取2.5VA，电压互感器有多个二次绕组时，下限负荷分配给被检二次绕组，其他二次绕组空载。

操作方法及步骤

1. 接受工作任务

（1）清楚工作内容后联系设备用户，约定现场检验时间。

（2）准备工作单。

2. 做好检查前的准备

（1）检查人员配备是否符合要求、着装是否规范。

（2）检验前应了解现场主接线方式、工作内容、停电范围、现场安全措施等。

（3）熟知检验用仪器设备工作原理、功能及使用方法。

（4）搜集被检电压互感器历史检验记录、缺陷记录。

（5）准备现场检验方案、作业指导书、检验依据、记录本等。

（6）正确选择工器具及仪表并检查是否齐备、合格。

3. 办好开工许可

办理工作票，履行工作许可手续；带齐记录单据，带上工作证件。

4. 确认作业地点并确保作业安全

（1）工作区域应设置安全围栏；出入口悬挂“从此进出”指示牌，电能计量装置本体上悬挂“在此工作”标示牌；操作活动区域应放置绝缘台垫。

（2）断开被检电压互感器的隔离开关、高压熔断器或拆除与电压互感器顶部的高压引线，确保被检电压互感器从其他回路中隔离开来，验明一次进出线等部位无电后接地；断开所有二次接线并将所有二次侧接地，非计量绕组的二次接地线可不拆除。试验前、后必须用专用放电棒对被检电压互感器充分放电。接入高压回路中电流互感器的二次端应子全部短接接地。

5. 进行现场检测、记录和分析

（1）外观检查。

有下列缺陷之一者，判定为外观不合格：

1）外观损伤，绝缘套管不清洁，对于油浸式电压互感器油位指示不合规定，对于 SF_6 式电压互感器气压值不符合规定；

2）铭牌及必要标识不完整；

3）接线端子缺少、损坏或无标记，接地端子上无接地标识，电容式电压互感器端子箱中阻尼电阻、避雷器等元件缺失或损坏。

（2）绝缘试验。测量绝缘电阻应使用 2500V 绝缘电阻表，一次绕组对二次绕组及对地绝缘电阻应大于 1000MΩ（电容式电压互感器除外），二次绕组之间、二次绕组对地绝缘电阻应大于 500MΩ。

（3）绕组极性检查。推荐使用互感器检验仪检查绕组的极性。极性检查一般与误差测量同时进行。根据互感器的接线标记，按比较法检验接线后，升起电压至额定值的5%以下测试，用检验仪的极性指示功能或误差测量功能确定互感器的极性，如无异常，则极性标识正确。

（4）基本误差测试操作步骤。

1）正确接线。

一次回路的连接：被试品的一次接线端子与升压变压器、标准电压互感器的 U 端（高端）相连，对于封闭式开关设备的电压互感器，从出线套管上连接一次导线。高压引线宜用截面 2.5mm^2 或 4.0mm^2 软铜裸线，完成上述连接后，取下接在被试电压互感器高压侧的接地线。

二次回路的连接：采用高端电压测差法接线如图 2-105（a）所示，互感器检验仪测差回路（K、D）分别连接标准互感器与被试互感器的二次侧输出高端，标准互感器、被试互感器二次侧输出低端连接接地。高端测差法不改变设备的接地方式，有利于安全测量，在现场应优先采用。

采用低端电压测差法接线如图 2-105（b）所示，互感器检验仪测差回路（K、D）分别接标准与被试的二次侧输出低端，标准互感器的 x 端子引接至检验仪的 K 端子，被试品 n 端子接入检验仪的 D 端子。

2）通电检查。接线完成后，工作负责人应检查高压回路的绝缘距离是否符合要求，接线是否正确可靠。检验仪开机预热，工作状态正常。预通电：平稳地升起一次电压至额定值的 5% ～10%，如未发现异常，可升到最大电压值，再降到接近零值后准备正式测量。高电压互感器宜在至少一次全量程升降之后读取检验数据。

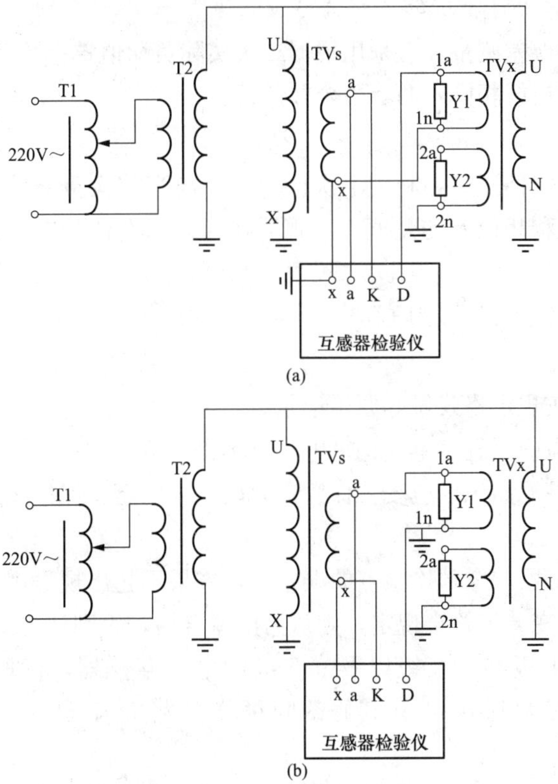

图 2-105　现场检验电磁式电压互感器的比较法原理接线图

(a) 采用高端电压测差法；(b) 采用低端电压测差法

T1—调压器；T2—升压器；TVs—标准电压互感器；TVx—被试电压互感器；Y1、Y2—电压负荷箱；U、X（U、N）—电压互感器一次侧的对应端子；a、x(la、1n、2a、2n）—电压互感器二次侧的对应端子

3）误差测试。

(a) 负荷的选择。分别在额定负荷、下限负荷、实际负荷下检验。

(b) 检验点的选择。电压互感器在上限负荷下的检验点分别为额定电压的 80%、100%、105%（适用于 750kV 和 1000kV 电压互感器）、110%（适用于 330kV 和 500kV 电压互感器）、115%（适用于 220kV 及以下电压互感器）。下限负荷下的检验点分别为额定电压的 80%、100%。

(c) 在额定负荷下检验，将电压依次从小到大升至各检验点，待数值稳定后读取相应误差值，完成所有检验点后把电压降至零位，并观察监视仪表确认。

(d) 在下限负荷下的检验重复步骤（c）。

(e) 现场条件允许或必要时在实际负荷下的检验重复步骤（c）。

4）恢复电压互感器的接线。将升压器回零并断开升压电源，对电压互感器进行放电。先将电压互感器一次接地再拆除一、二次试验导线，恢复被检电压互感器接线并经检查确保接线正确可靠。

6. 二次实际负荷下计量绕组的误差测量

二次实际负荷下误差测量，宜采用根据二次实际负荷值选择负荷箱替代的方法进行，与基本误差测量原理接线相同，两者可合并进行。

7. 稳定性试验

电压互感器的稳定性试验，利用上次检验结果与当前检验结果，分别计算两次检验结果中比值差的差值和相位差的差值。互感器在连续两次检验中，其误差的变化不得大于基本误差限值的2/3。

8. 检验结果记录、分析及处理

（1）检验记录：

1）检验数据应按规定格式做好原始记录；

2）原始记录填写应用签字笔或钢笔书写，不得任意修改；

3）现场测试误差原始记录应妥善保管，原始记录应至少保持2个检验周期。

（2）结果分析与处理。

1）根据被检互感器在全部检验点的误差值，如果不超出规程规定的基本误差限值范围，且稳定性、运行变差等符合规定，则认为误差合格，否则认为误差不合格。

2）现场检验0.1级和0.2级以及0.5级的电压互感器，读取的比值误差保留到0.001%，相位误差保留到0.01′；其修约间距分别为0.01%、0.5′和0.02%、1′以及0.05%、2′。

3）检验结束，由检验单位出具检验结论，根据需要出具检验报告。

9. 完工准备

（1）将互感器现场检验仪先停电（逆旋粗、细调开关回零，按“停止”按钮，逆旋电源总开关后再放电，最后拆线）。

（2）计量设备加封。

（3）供用双方在工作单上签字。

10. 操作终结

清理工作现场；开总结会后报完工；终结工作票；撤离工作现场。

11. 结束工作任务

工器具及仪表还原；资料归档并完成管理系统流程。

操作注意事项、技术要求及危险防范措施

1. 操作注意事项

（1）检验仪的供电电源与升压器电源宜使用不同相别，以免电压变化干扰检验仪正常工作。

（2）试验设备接入工作电源时，应通过开关控制，并有监视仪表和保护装置等。

（3）检验过程中，经工作负责人下令后方可进行升压操作。

（4）一次导线应紧固在试品一次接线端子上。为了使一次导线与试品有适当的安全

距离，引下线应与试品至少成 45°角，必要时可以使用绝缘绳牵引导线绕过障碍物，最后把一次引下线固定在高压电源的高压端子上。

小技巧

用一次导线连接标准电压互感器和试验电源的高压接线端子时，应接线牢固并适当张紧，以保持与其他导线和试验设备足够的安全距离。

（5）接线前，先打开电压互感器底座上的接线盒，拆下计量绕组及其他（测量、保护等）绕组的二次引线，并做相应的标记和绝缘措施后（防止接地短路和恢复接线时接错），再进行回路接线。

（6）检验电磁式电压互感器可使用相应电压等级的试验变压器；调压器的容量应与试验变压器的额定电压和实际输出容量匹配，调压装置应有输出电压指示和过电流保护机构。

（7）每次变更高压试验线前，均须将调压器回零、断开升压器电源，并使用专用放电棒进行放电，防止触电事故。

（8）人体保持与高压带电体距离至少 0.7m。

2. 电压互感器基本误差测量的技术要求

（1）标准电压互感器与被试互感器的额定变比应相同。

（2）检验仪使用地点应远离外磁场和大电流电路，实际距离应视外磁场源和电流强度来决定，但至少应大于 3m。

（3）测量接线正确可靠，电压等级在 110kV 及以上时禁用硬导线作为一次线。

（4）测量二次绕组误差时，零序绕组应开路且其一端应接地。

（5）测试人员应与带电设备保持一定的安全距离，并有防止触电的安全措施。

（6）电源的电压相序应与被检互感器的相序一致。

（7）被检互感器极性正确。

（8）将检验仪切换到测量误差挡，从最小倍率开始。

（9）严禁带负荷转换挡位和带电拆除导线。

（10）始终保挂测试仪良好接地。

3. 危险点及其防范措施

（1）工器具及仪表、试验设备不合格。检查专用工具保证其状态良好，检查带电作业工具是否安全可靠，金属裸露的部分应予以绝缘包扎；检查电源控制箱、试验设备的漏电保护器、隔离开关及监视仪表的状态，保证其安全可靠。

（2）误碰运行设备造成触电。工作现场应有一名安全监护人监督全部工作过程的安全性，一旦发现不安全因素，应立即通知暂停工作，安全监护人不得从事现场实际操作。

（3）误碰高压引线。试品顶部到高压架空线的高压引线必须有明显的断开点，将被试品独立于电网之外。拆除时须用专用接地线把架空线和试品接地，拆除后的架空线用绝缘绳紧固，与试品保持安全距离。

（4）高压触电。如果带避雷器和隔离开关升压，应把避雷器低端妥善接地，母线使用专用接地线接地，隔离开关与地断开；在接一次高压试验线时，必须戴绝缘手套，在电压互感器高压侧采取可靠接地措施，以防高压静电。

（5）电压二次回路短路。使用相应绝缘等级的操作工具且试验合格。

（6）一次试验导线带电触电。在电压互感器现场误差检验前、后都必须用专用放电棒对一次试验导线放电。

（7）走错计量箱柜。对被检验设备进行认真核对，确认无误后方可工作。

（8）高处坠落。严格遵守高空作业的安全要求，并与周围带电设备保持安全距离。

（9）试验高压对人员、地和周围物体放电。人员与被试设备高压部分保持足够的安全距离，高压部分对地和周围物体保持足够的放电距离，试验区周围物品可靠接地。

（10）检验工作对系统运行造成安全隐患。检验工作完毕后应恢复所有接线，工作负责人会同工作许可人共同检查无误后，交回工作票并撤离工作现场。

操作收获、存在问题及改进措施

1. 操作收获

____

____

2. 存在的问题

____

____

3. 改进的措施

____

____

附　　录

记录表一份（见表 2-33）。

表 2-33　　电压互感器现场检验记录表

检验员编号		检验员姓名		班组		工位	
环境条件		温度 T	℃	湿度 RH	%		
被检电压互感器							
型号：				出厂编号：			
额定一次电压：　　kV				制造厂名：			
证书编号：				额定频率：　　Hz			
一次绕组接线方式：				二次绕组接线方式：			

续表

检验员编号		检验员姓名		班组		工位	
环境条件		温度 T	℃	湿度 RH	%		
额定二次电压							
1a-1n： V				2a-2n： V			
额定二次负荷（额定功率因数： ）							
1a-1n： VA（ ）				2a-2n： VA（ ）			
准确度							
1a-1n：				2a-2n：			
标准电压互感器							

标准器具	型号	准确度	出厂编号	有效期限
电压互感器				年 月 日
互感器检验仪				年 月 日
电压负荷箱				年 月 日
检验所依据的技术文件	□ JJG 1021—2007《电力互感器检定规程》 □ JJG 314—2010《测量用电压互感器检定规程》			

U_p/U_n(%)							二次负荷 VA/功率因数		
							1a-1n	2a-2n	cosφ
f(%)	上升								
	下降								
	平均								
	修约化整								
δ(′)	上升								
	下降								
	平均								
	修约化整								
f(%)	上升								
	下降								
	平均								
	修约化整								
δ（′）	上升								
	下降								
	平均								
	修约化整								

检验结果			
外观检查		稳定性试验————	
绝缘电阻	1. 一次对二次 MΩ；2. 二次绕组之间 MΩ；3. 二次绕组对地 MΩ		
极性检查			
结论及说明			
检验员（签名）			
检验日期	年 月 日		

项目 30　电流互感器的二次负荷测试

操作任务

（1）使用电流互感器二次负荷在线测试仪测试电流互感器的二次负荷。

（2）进行测试结果的判断。

操作目的

（1）掌握使用电流互感器二次负荷在线测试仪测试电流互感器二次负荷的方法。

（2）会测试结果的正确判断。

（3）养成严谨负责的工作态度和团队合作精神。

工作环境

电能计量工作现场的测量用或计量用电流互感器。

难度/复杂度等级

高等级别（高级）。

人员和物料

1. 人员配备及要求

（1）人员分工：工作负责人（兼安全监护人）1 名、操作人员 2 名（计量屏处 1 人，互感器二次端子箱处 1 人）。

（2）着装要求：按电能计量工作现场要求规范着装。

（3）素质要求：符合电能计量外勤工作人员素质要求。

2. 物料配备及要求（见表 2-34）

表 2-34　物料配备及要求表

序号	物料类别	名称	型号及规格	数量		备注
				单需量	总需量	
1	个人工器具	不停电检查常用工器具及仪表	标准配置	1 套		
2		尖嘴钳	200mm	1 把		
3	设备或者装置	二次负荷测试仪	电流互感器二次负荷在线测试仪	1 台		
4		电流互感器	工作中的电流互感器，0.5S 级	1 台		
5		温湿度计	两用型	1 支		
6		工作电源	带保护的电源控制箱	1 处		
7		互感器二次压降及负荷	模拟装置	1 台		

续表

序号	物料类别	名称	型号及规格	数量		备注
				单需量	总需量	
8	材料	绝缘胶布	低压	1卷		
9		测试导线	专用屏蔽导线	若干		
10		封签	一次性	若干		
11	安全专用品	第二种工作票	A4	1份		
12		验电器	低压型	1支		
13		线手套	干净、干燥	1双		
14	其他	记录表	A4	1份		
15		常用文具	标准配置	1套		

基本操作原理

1. 互感器的二次负荷

互感器的二次负荷，是指二次回路在所接的测量仪表、连接导线、接线盒、信息采集终端等导体阻抗与回路接触电阻上所形成的总负荷。

2. 互感器二次阻抗的测量与计算原理

用电流钳子采集互感器二次输出电流，用电压夹子采集互感器二次输出电压，将这两个信号输入测试设备，通过测试设备进行电压除以电流的运算即可得到回路阻抗和其他参数。

在线测量电流互感器实际二次负荷的接线原理如图 2-106 所示。

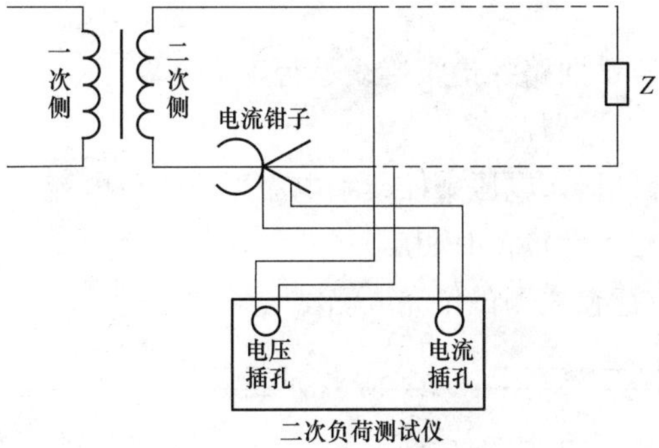

图 2-106　在线测量电流互感器实际二次负荷接线原理图

3. 现场检验条件

(1) 环境温度为−10～45℃；相对湿度≤90%。

(2) 大气压力：63～106kPa（海拔 4000m 及以下）。

(3) 通电预热时间按现场检验设备要求（一般不少于 5min）。

操作方法及步骤

1. 接受工作任务

（1）清楚工作内容后联系设备用户，约定现场测试时间。

（2）准备工作单。

2. 做好检查前的准备

（1）检查人员配备是否符合要求、着装是否规范。

（2）检查所带工器具、仪表、设备、材料等物料是否齐全、完好。

3. 办好开工许可

（1）配合运行单位办理第二种工作票，履行工作许可手续。

（2）带备齐记录单据，带上工作证件。

4. 确认作业地点并确保作业安全

（1）工作区域应设置安全围栏，出入口悬挂“从此进出”指示牌，电能计量装置本体上悬挂“在此工作”标示牌。

（2）互感器端子箱和电能表屏等操作区域应放置绝缘台垫。

5. 进行现场检测和记录

（1）安全性检查：检测计量装置（包括电流互感器端子箱和计量屏）有无漏电，检查接地装置是否完好，检查专用屏蔽电缆的屏蔽层是否可靠接地。

（2）完整性检查：检查计量装置（包括电流互感器端子箱和计量屏）外观及锁封是否完好，若被破坏或异常则应拍照或录影取证。

（3）进行测试仪开机设置并自检，自检完成后方可接入待测回路。

（4）检查充电式测试仪的电池是否供电正常，检查外接电源式测试仪的电源是否可靠连接。

（5）按照要求接好测试回路并检查接线是否正确可靠：

1）测试仪应放置于互感器侧；

2）开机自检后，分别接入电压采样线和电流采样线，电流测量点应处于电压测量点之前（在测试电压互感器二次负荷时相反）；

3）正确操作二次负荷在线测试仪完成测试。

小技巧

若测得负荷低于或高于额定二次负荷，则应检查电流钳子、电压夹子的接触是否良好。

（6）二次负荷测试并记录数据。

（7）结果分析判断。互感器的二次实际负荷测量数据的修约化整：负荷值按 0.1VA 的修约间距进行修约化整；功率因数按 0.01 的修约间距进行修约化整。检验结束，由检验单位出具检验结论，根据需要出具检验报告。

值得注意的是，以上介绍的是带电测量方法。实际工作中对电能计量装置进行验收时，往往需要测量二次回路阻抗值；因此，在计量装置不带电情况下，可解开互感器本体二次接线端子，用升流器对互感器二次回路进行升流操作，操作过程中应注意电流不超过互感器二次额定值，然后可以采用上述方法进行测试。

6. 完工准备

（1）先拆除测试仪的被测回路侧接线，然后断开电源，最后拆除测试仪侧接线。

（2）计量装置恢复加封。

（3）整理工器具、仪表及设备。

7. 操作终结

清理工作现场；开总结会后报完工；终结工作票；撤离工作现场。

8. 结束工作任务

工器具及仪表还原；资料归档并完成管理系统流程。

操作要求及危险防范措施

1. 操作要求

（1）规范着装，工作现场装设围栏和标示牌，操作区域放置绝缘台垫。

（2）正确填用第二种工作票，现场布置好安全措施，经许可后开工。

（3）严格按二次负荷测试仪说明书接线和操作。

（4）操作中不得触碰金属部分，严防电流二次回路开路。

（5）操作过程中与其他带电体保持足够的安全距离，防止误碰。

（6）二次负荷测试仪的接入与拆离顺序正好相反。

（7）测试导线应有明显的极性和相别标识，连接互感器与测试仪器之间应使用专用屏蔽导线，其屏蔽层应可靠接地。

（8）操作过程中应做好安全监护，防止人身事故发生。

（9）停电后，应在可靠断开各方面电源后立即验电接地，并在隔离开关手柄上悬挂“禁止合闸，有人工作”标示牌。

2. 危险点及其防范措施

（1）误触运行设备造成触电。工作现场应有一名安全监护人，安全监护人负责监督全部工作过程的安全性，一旦发现不安全因素，应立即通知暂停工作，安全监护人不得从事现场实际操作。

（2）搞错计量回路及接线方式。核清电能计量装置接线方式是三相三线或三相四线；辨明被测的计量二次绕组及其计量二次回路。

（3）走错计量箱柜。对被检验设备进行认真核对，确认无误后方可工作。

（4）电流互感器二次开路。短接电流互感器二次绕组，必须使用短接片或短接线，短接应妥善可靠，严禁用导线缠绕，并不得将回路的永久接地点断开；严禁在电流互感器与短路端子间的回路和导线上进行任何工作。

（5）测试工作对系统运行造成安全隐患。测试工作完毕后应恢复所有接线，工作负责人会同工作许可人共同检查无误后，交回工作票并立即撤离工作现场。

操作收获、存在问题及改进措施

1. 操作收获

____

____

2. 存在的问题

____

____

3. 改进的措施

____

____

附　　录

记录表一份（见表 2-35）。

表 2-35　　电流互感器二次负荷测试记录表

检测时使用的设备：							
名　　称				出厂编号			
型　　号				准确度			
用户编号：		计量点编号：		所接 TA 型号/规格：			
TA 二次额定电流		A		TA 二次额定频率		Hz	
TA 二次额定负荷		VA		TA 二次额定功率因数			
测试相	二次电压 U(V)	二次电流 I(A)	二次阻抗 Z(Ω)	二次电阻 R(Ω)	二次电抗 X(Ω)	二次 $\cos\varphi$	二次 S(VA)
u 相							
v 相							
w 相							
其他记录	环境温度		相对湿度		工作频率		
结论：二次负荷是否合格							
测试员（签名）				测试日期	年　月　日		
审核员（签名）				审核日期			

项目 31　电压互感器的二次压降测试

操作任务

（1）使用电压互感器二次负荷在线测试仪测试电压互感器的二次压降。

（2）进行测试结果的判断。

操作目的

（1）掌握使用电压互感器二次负荷在线测试仪测试电压互感器二次压降的方法。

（2）会测试结果的正确判断。

（3）养成严谨负责的工作态度和团队合作精神。

工作环境

电能计量工作现场的测量用或计量用电压互感器。

难度/复杂度等级

高等级别（高级）。

人员和物料

1. 人员配备及要求

（1）人员分工：工作负责人（兼安全监护人）1 名、操作人员 4 名（计量屏处 2 人、互感器二次端子箱处 2 人）。

（2）着装要求：按电能计量工作现场要求规范着装。

（3）素质要求：符合电能计量外勤工作人员素质要求。

2. 物料配备及要求（见表 2-36）

表 2-36　　物料配备及要求表

序号	物料类别	名称	型号及规格	数量		备注
				单需量	总需量	
1	个人工器具	不停电检查常用工器具及仪表	标准配置	1 套		
2		尖嘴钳	200mm	1 把		
3		绝缘电阻表	500V	1 只		
4	设备或者装置	二次压降测试仪	电压互感器二次压降在线测试仪，不低于 2.0 级	1 台		
5		电压互感器	工作中的电压互感器，0.5 级	1 台		
6		温湿度计	两用型	1 支		

续表

序号	物料类别	名称	型号及规格	数量		备注
				单需量	总需量	
7	设备或者装置	工作电源	带保护的电源控制箱	1处		
8		互感器二次压降及负荷	模拟装置	1台		
9		通信工具	300m通话距离	1对		
10	材料	绝缘胶布	低压	1卷		
11		压降测试电缆线车	专用屏蔽电缆	200m（标准长度）		辅助测试电缆
12		测试线	自带转接测试线	设备自带		
13		封签	一次性	若干		
14	安全专用品	第二种工作票	A4	1份		
15		低压验电器	低压型	1支		
16		高压验电器	不同电压等级配置	1组		
17		线手套	干净、干燥	1双		
18	其他	记录表	A4	1份		
19		常用文具	标准配置	1套		

基本操作原理

1. 电压互感器的二次压降

电压互感器的二次压降，是二次回路连接导线与其中所有触点的阻抗产生的电压降，即电压互感器的二次侧与电能表的电压测量元件间的电压降，电压互感器的二次接线端子与电能表接线端子间的电压降。

2. 二次压降的测量与计算原理

进行电压互感器二次压降的测量，目前广泛采用二次压降测试仪。如果二次回路中的互感器侧输出电压 U_o 和电能表侧输入 U_i，那么二次压降 U_d 应为

$$\dot{U}_d = \dot{U}_o - \dot{U}_i \tag{2-5}$$

此处二次压降应包括比差和角差，凡仅考虑比差的测量与计算方法均不可采用。

3. 自校

二次压降测试仪在现场使用时，需要在电能表与电压互感器之间接入一根辅助测试电缆，利用测试电缆获取的参数与实际计量回路的参数进行比较，得到需要的电压互感器二次压降等运行参数。然而，测试电缆自身是有内阻的，而且这个“负荷”的性质是

容性的，加之二次压降测试仪的两个输入端的阻抗也差别很大，将测试仪及测试电缆线车放在互感器侧（始端）或放在电能表侧（末端），会带来不同的测量误差。因此，要求将二次压降测试仪的连接方式所带来的附加误差先测出来，保存在仪器中，便于在实际测量时自动修正，以得到正确的测量数据，这项工作称为自校。

4. 现场检验条件

（1）环境温度为－10～45℃；相对湿度≤90％。

（2）大气压力：63～106kPa（海拔 4000m 及以下）。

（3）通电预热时间按现场检验设备要求（一般不少于 5min）。

操作方法及步骤

1. 接受工作任务

（1）清楚工作内容后联系设备用户，约定现场测试时间。

（2）准备工作单。

2. 做好检查前的准备

（1）检查人员配备是否符合要求、着装是否规范。

（2）检查所带工器具、仪表、设备、材料等物料是否齐全、完好。

（3）用绝缘电阻表或万用表的高阻挡检查各测试导线（包括测试电缆线车）的各芯间、芯与屏蔽层间的绝缘是否合格。

3. 办好开工许可

（1）配合运行单位办理第二种工作票，履行工作许可手续。

（2）带齐记录单据，带上工作证件。

4. 确认作业地点并确保作业安全

（1）工作区域应设置安全围栏，出入口悬挂“从此进出”指示牌，电能计量装置本体（包括电压互感器端子箱体和电能表屏体）上均悬挂“在此工作”标示牌。

（2）互感器端子箱和电能表屏等操作区域应放置绝缘台垫。

5. 进行现场检测和记录

（1）安全性检查：检测计量装置（包括电压互感器端子箱和计量屏）有无漏电，检查接地装置是否完好，检查专用屏蔽电缆的屏蔽层是否可靠接地。

（2）完整性检查：检查计量装置（包括电压互感器端子箱和计量屏）外观及锁封是否完好，若被破坏或异常则应拍照或录影取证。

（3）测试仪开机设置并进行三相三线自校或三相四线自校：将压降测试仪与测试电缆线车、自带转接测试线按照二次压降测试仪自校线路和测试方法进行自校。

（4）接线。按试验要求依次连接互感器侧和电能表侧电压线，组成测试回路并核相，并检查接线是否正确可靠：

1）应根据采取的测试方式分别置于互感器侧（始端）或电能表侧（末端）。

2）测试仪接线时先接测试仪侧，开机自检，自检完成后再接互感器侧和电能表侧。

3）按照自校时确定的模式，正确地将测试电缆、测试短线贴地敷设连接在互感器侧和电能表侧。图 2-107（a）所示为始端方式现场测量接线图，适合测试电压互感器二次压降、二次负荷；图 2-107（b）所示为末端方式现场测量接线图，仅适合测试电压互感器二次压降。

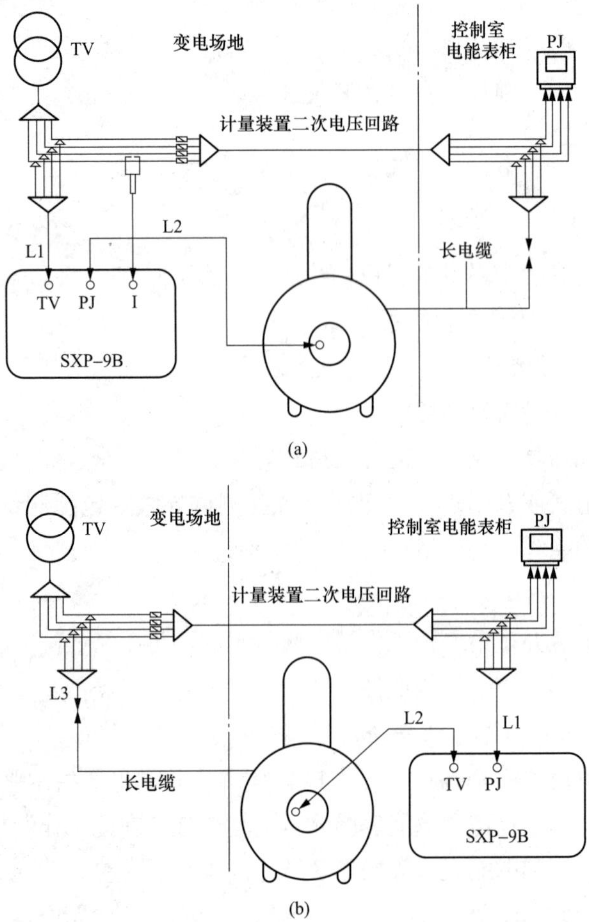

图 2-107　在线测量电压互感器实际二次压降接线原理图

（a）始端方式现场测量接线图；（b）末端方式现场测量接线图

4）如果在三相三线计量方式时测量，则电缆线只需三芯通电，那么空余的一芯线的接线头应作绝缘处理，防止空悬线头金属部分产生短路或接地故障，引起安全事故或测量不准确。

5）互感器侧需靠近互感器端取电压，电能表侧需接表尾端取电压。

6）检查接线无误时，开启测试仪电源开关，仪器会自动校对互感器与电能表两侧接入电压相别的一致性，当出现错相报警时应关闭仪器电源，仔细检查两侧的对应关系，将其更正后重新开机。

(5) 二次压降测试并记录数据。

(6) 结果分析判断：判断电压互感器二次回路电压降误差是否超过误差限值，应以按0.02%的修约间距进行修约化整后的数据为准。检验结束，由检验单位出具检验结论，根据需要出具检验报告。

值得注意的是，以上为电压互感器带电工作时二次回路压降的测试方法。当互感器停电时，可以解开电压互感器二次端子接线，互感器二次回路与本体隔离开后，在二次回路侧接入二次压降测试仪，选择正确的接线方式，对其二次回路及连接的电能表升压测试。当压降测试仪显示的工作电压值升至额定值，可采用以上步骤进行测试。

6. 完工准备

(1) 先拆除测试仪的被测回路侧（电能表侧和互感器侧）电压接线，然后断开电源，最后拆除测试仪侧接线。

(2) 计量装置恢复加封。

(3) 整理工器具、仪表及设备。

(4) 记录单据整理。

7. 操作终结

清理工作现场；开总结会后报完工；终结工作票；撤离工作现场。

8. 结束工作任务

工器具及仪表还原；资料归档并完成管理系统流程。

操作要求及危险防范措施

1. 操作要求

(1) 测试导线应有明显的极性和相别标识，连接互感器与测试仪器之间应使用专用屏蔽电缆，其屏蔽层应可靠接地。

(2) 施放测试电缆到电压互感器端子箱时不可用力拖拽，避免电缆绷紧靠近上方高压设备造成事故。

(3) 停电后，应在可靠断开各方面电源后立即验电接地，并在隔离开关手柄上悬挂“禁止合闸，有人工作”标示牌。

(4) 自校工作可以在室内进行（如校表台），也可以在现场进行。仪器可根据接入的自校电源，选择三相三线或三相四线自校模式。

(5) 接线时，电压互感器侧应接在电压互感器二次引出线到端子箱的进线端，电能表侧应接在电能表表尾接线端子上。

(6) 将测试仪接入电压测量回路时：如是三相四线，先接零线、后接U、V、W相，如是三相三线，先接V相、后接U、W相；拆除时相反，严防短路和接地事故。

(7) 二次压降测试仪的接入与拆离顺序正好相反；测量完毕后应将测试电缆进行

放电。

（8）所有测试线头都按照黄、绿、红、黑分相色，接入时应根据电能计量装置导线编号分别接入对应的电压回路。测试线与仪器之间的连接件应按照特定方向插入并锁紧。

（9）电压接线时，电压互感器侧应接在电压互感器二次引出线到端子箱的进线端（电压互感器侧如有熔断器或开关时应接于其上桩头），电能表侧应接在电能表表尾接线端子上。

2. 危险点及其防范措施

（1）误触运行设备造成触电。工作现场应有一名安全监护人监督全部工作过程的安全性，一旦发现不安全因素，应立即通知暂停工作，安全监护人不得从事现场实际操作。

（2）电压二次回路短路或接地。使用相应绝缘等级的操作工具且试验合格。

（3）测试线对地短路。测试引线必须有足够的绝缘强度，且测试前必须检测各测试导线（包括电缆线车）的每芯间、芯与屏蔽层之间的绝缘情况。

（4）误碰设备的带电部位。人体不得触碰金属部分，确认电压夹子的绝缘护套良好。

（5）电压夹子受力脱落。应确保电压夹子的夹接可靠，且连接电压夹子的电缆做临时悬挂固定，导线接好后不要牵扯。

（6）测试工作对系统运行造成安全隐患。测试工作完毕后应恢复所有接线，工作负责人会同工作许可人共同检查无误后，交回工作票并立即撤离工作现场。

操作收获、存在问题及改进措施

1. 操作收获

____

____

2. 存在的问题

____

____

3. 改进的措施

____

____

附　录

记录表一份（见表 2-37）。

表 2-37 电压互感器二次压降检测记录表

检测时使用的测试设备：

名　　称		出厂编号	
型　　号		准确度	

二次电缆截面：　　　　mm^2；　　　　二次电缆长度：　　m

用户（编号）：　　　　计量点（编号）：　　　　所接 TV 型号/规格：

TV 二次额定电压	V	TV 二次额定负荷	VA
TV 二次额定功率因数		TV 二次额定频率	Hz

电压（V）		比值差（%）		相位差（′）		合成误差（%）
U_u/U_{uv}	TV 端电压	f_u/f_{uv}		δ_u/δ_{uv}		
	电能表端电压					
U_v	TV 端电压	f_v		δ_v		
	电能表端电压					
U_w/U_{wv}	TV 端电压	f_w/f_{wv}		δ_w/δ_{wv}		
	电能表端电压					

厂（站）名：　　　　开关号（计量点）：　　　　所接 TV：

电压（V）		比值差（%）		相位差（′）		合成误差（%）
U_u/U_{uv}	TV 端电压	f_u/f_{uv}		δ_u/δ_{uv}		
	电能表端电压					
U_v	TV 端电压	f_v		δ_v		
	电能表端电压					
U_w/U_{wv}	TV 端电压	f_w/f_{wv}		δ_w/δ_{wv}		
	电能表端电压					
其他记录	环境温度		环境湿度		工作频率	
结论：二次压降是否合格						
测试员（签名）			测试日期	年　月　日		
审核员（签名）			审核日期	年　月　日		

第三章　相关操作技能

第一节　互感器操作技能

项目 32　互感器极性的停电检查

操作任务

（1）利用直流法，在非工作状态下检查电流互感器的极性。

（2）利用交流法，在非工作状态下检查电压互感器的极性。

操作目的

（1）掌握停电状态电流互感器的极性的检查方法。

（2）掌握停电状态电压互感器的极性的检查方法。

（3）养成严谨负责的工作态度和团队合作精神。

工作环境

互感器不在通电运行状态下。

难度/复杂度等级

初等级别（初级）。

人员和物料

1. 人员配备及要求

（1）人员分工：工作负责人（兼安全监护人）1 名、操作人员 1 名。

（2）着装要求：按电能计量工作现场要求规范着装。

（3）素质要求：符合电能计量外勤工作人员素质要求。

2. 物料配备及要求（见表 3-1）

基本操作原理

1. 直流法原理

（1）直流法检查电磁式互感器极性的原理：在一次侧加 1.5～9V 的直流电压和一只

表 3-1 物料配备及要求表

序号	物料类别	名称	型号及规格	数量		备注
				单需量	总需量	
1	个人工器具及仪表	安装接线常用工器具及仪表	标准配置	1套		
2	设备或者装置	试验用交流电源装置	36V（带监视电压表）	1台		交流调压器
3		电流互感器	遮盖极性的低压电流互感器	1台		
4		万用表	指针式	2只		
5		电压互感器	遮盖极性的电压互感器（带引出线）	1台		
6		专用测试软线	BVR-2.5，低压多股铜芯绝缘导线6根	1组		
7		开关	单极开关	1个		
8		干电池装置	含2个1.5V 1号干电池的电池盒（装有正负极引出线）	1套		
9	材料	记号笔	水性，180mm	1支		
10		砂纸	细砂	1张		
11	安全专用品	线手套	干净、干燥	1双		
12		绝缘台垫	1200mm×1000mm×20mm（$L\times W\times H$）	1块		
13	其他	记录表	A4	1份		
14		常用文具	标准配置	1套		

开关，二次侧加一只低量程的直流电压表，当合上开关的瞬间，如果电压表正向指示，则上两端为同名端，互感器为减极性；当合上开关的瞬间，如果电压表反向指示，则上两端为异名端，互感器为加极性。直流法通常用于测试电流互感器的极性。直流法检查互感器极性的原理接线如图 3-1 所示。

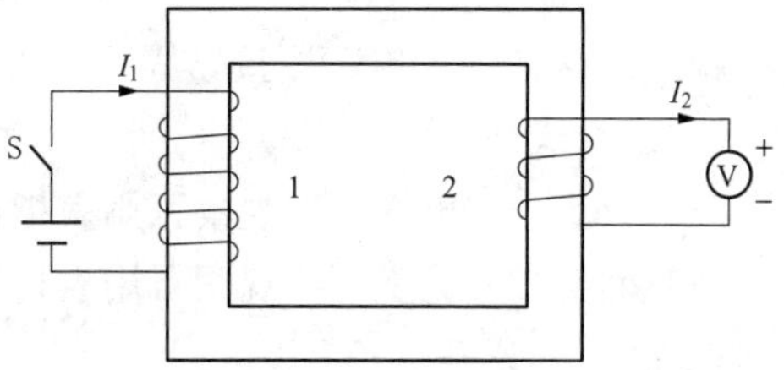

图 3-1 直流法检查互感器极性原理接线图

（2）直流法检查电容式电压互感器极性的原理：在电压互感器的一次侧两端之间用绝缘电阻表测试绝缘电阻，即相当于给电容器充电，在二次侧两端之间接一只电压表（mV）。当绝缘电阻表指示在 20～30MΩ 时，移开绝缘电阻表，接着用一根绝缘良好的导线短接一次侧两端放电。在短接放电瞬间，观察电压表指针摆动方向，若指针正向摆动则被试互感器极性正确，否则极性有误。

2. 交流法原理

将 X、x 点连接起来，在高压绕组中通以低压交流电压，分别测出 A、a 端之间的电压 U 和一、二次绕组的电压 U_1 和 U_2，这时，U 是 U_1 和 U_2 的相量差。

若 U 是 U_1 和 U_2 的数值差，则 A 和 a 是同相的，即 A 和 a 是同名端，电压互感器为减极性的；若 U 是 U_1 和 U_2 的数值和，则 A 和 a 是反相的，即 A 和 a 是异名端，电压互感器为加极性的。

交流法通常用于测试电压互感器的极性。交流法检查互感器极性的原理接线如图 3-2 所示。

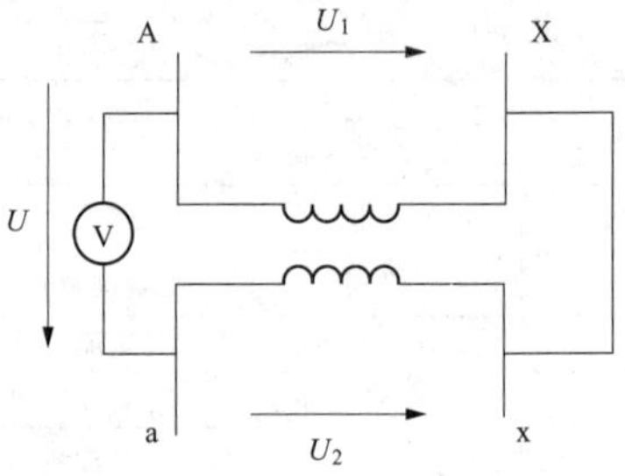

图 3-2　交流法检查互感器极性原理接线图

操作方法及步骤(直流法)

1. 选择工器具及仪表

根据工作需要，选择型号、规程或量程合适的工器具及仪表。

2. 检查工器具及仪表

确认齐全、完好并填写基本信息。

3. 接线

(1) 电流互感器一次绕组通过单级开关 S 与电池盒连接，P1 端子经开关 S 接电源“+”极，P2 端子通过开关接电源“-”极。

(2) 电流互感器二次绕组与指针式万用表串联，其 S1 端子接万用表“+”端子，S2 接万用表“-”端子。

小技巧

对于二次多绕组的电流互感器，未试验的二次绕组均应短路。

(3) 万用表的转换开关放在直流电压挡或直流电流挡上。

4. 接线检查

检查确认连接正确、压接紧固、清晰无交叉。

5. 通电试验

(1) 合上单级开关 S，观察万用表指针的偏转方向，记录测试结果。

(2) 断开单级开关 S，观察万用表指针的偏转方向，记录测试结果。

6. 得出结论

根据检查结果，判断互感器的极性是否正确。

7. 工作终结

操作结束后清理操作现场，报完工。

操作方法及步骤(交流法)

1. 选择工器具及仪表

根据工作需要，选择型号、规程或量程合适的工器具及仪表。

2. 检查工器具及仪表

确认齐全、完好并填写基本信息。

3. 接线

(1) 按交流法的原理接线图，将 X、x 点连接起来，在高压绕组中接上低压交流电源装置。

（2）万用表的转换开关放在交流电压挡上。

4. 接线检查

检查确认连接正确，压接紧固，清晰无交叉。

5. 通电试验

（1）合上低压交流电源，调节电压旋钮，观察监视电压表，使电压为 36V，分别测量 U_1 和 U_2 的数值，记录并计算测试结果。

（2）调节电压旋钮，使电压分别为 24V 和 12V，分别测量 U_1 和 U_2 的数值，分别记录并计算测试结果。

6. 得出结论

根据检查结果，判断互感器的极性是否正确。

7. 操作终结

清理工作现场，拆除所有安全措施；开总结会后报完工；终结工作票；撤离工作现场。

8. 结束工作任务

工器具、仪表及设备还原；资料归档。

安全要求及注意事项

1. 安全要求

（1）着装规范，办理工作许可。

（2）不损坏工器具和元器件及仪表。

（3）分清仪表的挡位和量程。

（4）分清互感器一次侧与二次侧。

（5）使用有绝缘柄的操作工具并戴手套。

（6）通电试验时，操作方法正确，确保人身及设备的安全。

（7）严禁电压互感器短路。

（8）装、拆试验接线前，应将被试互感器充分放电。

（9）根据周边环境，制订现场安全措施。

2. 操作注意事项

（1）操作时应注意工器具及仪表的正确选择和使用。

（2）分、合开关时都应有一个时间间隔，以便观察表针摆动的真实方向。

（3）操作时，要先接通测量回路、后接通电源回路；读完数值后，先断开电源回路、后断开测量回路。

（4）测量变比大的电压互感器时，应加较高的电压，同时在低压侧选用较小量程仪表，以便仪表有明显的指示。

小技巧

若直流电压表指示不明显，则可将电压表和电池接入电压互感器的一、二次侧对换，极性不变；但测试时，手不能接触电压互感器的一次侧，并注意电压表的量程。

操作收获、存在问题及改进措施

1. 操作收获

2. 存在的问题

3. 改进的措施

附　录

1. 直流法记录表（见表 3-2）

表 3-2　　直流法测试电流互感器极性记录表

姓名		工位		班组	
被试 TA 基本信息					
型号		规格		额定电压	
等级		制造厂家		额定变比	
测试记录及分析					
直流法测 TA 极性					
	合开关 S 时表针偏转方向（正偏/反偏）： 分开关 S 时表针偏转方向（正偏/反偏）：		结果判断：		
	测试员 （签名）				
	测试日期		年　月　日		

2. 交流法记录表（见表 3-3）

表 3-3　　交流法测试电压互感器极性记录表

姓名		工位		班组	
被试 TV 基本信息					
型号		规格		额定电压	
等级		制造厂家		额定变比	
测试记录及分析					
试验电压	U_1	U_2	U	极性结论	
36V					
24V					
12V					
测试人员 （签名）					
测试日期		年　月　日			

项目 33　低压电流互感器变比的不停电测量

操作任务

在不停电的情况下，测量低压电流互感器的变比。

操作目的

（1）掌握低压电流互感器变比的不停电测量方法。

（2）养成严谨负责的工作态度和团队合作精神。

工作环境

电能计量工作现场正在通电运行中的低压电流互感器。

难度/复杂度等级

初等级别（初级）。

人员和物料

1. 人员配备及要求

（1）人员分工：工作负责人（兼安全监护人）1 名、操作人员 1 名。

（2）着装要求：按电能计量工作现场要求规范着装。

（3）素质要求：符合电能计量外勤工作人员素质要求。

2. 物料配备及要求（见表 3-4）

表 3-4　　物料配备及要求表

序号	物料类别	名称	型号、规格及要求	数量		备注
				单需量	总需量	
1	个人工器具及仪表	不停电检查常用工器具及仪表	标准配置	1 套		
2	设备或者装置	电流互感器	正在通电运行中的低压电流互感器	1 台		
3		钳形电流表	低压多量程钳形电流表	1 只		
4	安全专用品	线手套	干净、干燥	1 双		
5		绝缘台垫	1200mm×1000mm×20mm（$L\times W\times H$）	1 块		
6		第二种工作票	A4	1 份		
7	其他	记录表	A4	1 份		
8		常用文具	标准配置	1 套		

基本操作原理

电流互感器的变比为一流电流与二次电流之比，因此只要测量出一次电流值 I_1 和二次电流值 I_2，利用式 $N=I_1/I_2$，即可得出电流互感器的变比值。

操作方法及步骤

1. 办理工作许可

接受工作任务，填写工作票，办理工作许可手续。

2. 测量前的准备

（1）查勘被试电流互感现场情况及试验条件，做好试验现场安全和技术措施。

（2）检查被试电流互感器一、二次接线的正确性，检查接线端子是否牢固可靠。

（3）检查钳形电流表是否具有在有效期间内的合格证，外观是否完好无损。

3. 测量过程

（1）将钳形电流表分别接入被测电流互感器的一、二次回路，测量一、二次侧电流。

（2）根据测得的一、二次侧电流计算出被测电流互感器的变比。

（3）测量完成后，取下钳形电流表。

4. 操作终结

清理工作现场，拆除所有安全措施；开总结会后报完工；终结工作票；撤离工作现场。

5. 结束工作任务

工器具及仪表还原；资料归档。

安全要求及注意事项

1. 安全要求

（1）规范着装。

（2）在工作区域设置围栏和标示牌。

（3）测量时，与周围带电体保持足够安全距离，防止触电。

（4）测量中不能造成电流互感器二次回路开路。

（5）不能使用钳形电流表在裸导线上测量电流。

（6）不得使用低压钳形电流表在高压系统中测量高压电流互感器的一次电流。

2. 注意事项

与钳形电流表的使用注意事项一致。

操作收获、存在问题及改进措施

1. 操作收获

2. 存在的问题

3. 改进的措施

附　录

记录表一份（见表 3-5）。

表 3-5　低压电流互感器变比的不停电测量记录表

姓名		工位		班组	
被试电流互感器					
穿芯匝数	实测电流（A）				
	一次电流（I_1）：		二次电流（I_2）：		
计算电流互感器变比					
测量员（签名）					
测量日期	年　月　日				

项目 34　互感器变比的停电测量

操作任务

（1）高压电流互感器变比的停电测量。

（2）高压电压互感器变比的停电测量。

操作目的

（1）掌握停电状态电流互感器的变比的测量方法。

（2）掌握停电状态电压互感器的变比的测量方法。

（3）养成严谨负责的工作态度和团队合作精神。

工作环境

高压互感器不在通电运行状态下。

难度/复杂度等级

中等级别（中级）。

人员和物料

1. 人员配备及要求

（1）人员分工：工作负责人（兼安全监护人）1 名、操作人员 1 名。

（2）着装要求：按电能计量工作现场要求规范着装。

（3）素质要求：符合电能计量外勤工作人员素质要求。

2. 物料配备及要求（见表 3-6）

表 3-6　物料配备及要求表

序号	物料类别	名称	型号、规格及要求	数量		备注
				单需量	总需量	
1	个人工器具及仪表	安装接线常用工器具及仪表	标准配置	1 套		
2	设备或者装置	被试电流互感器	10kV	1 台		
3		被试电压互感器	10kV	1 台		
4		升流器	5kVA，带监视电流表	1 台		
5		调压器	5kVA，带监视电压表	1 台		
6		电流测试软线	一、二次电流测试导线	若干		
7		电压测试软线	一、二次电压测试导线	若干		
8		钳形电流表	多量程	1 只		

续表

序号	物料类别	名称	型号、规格及要求	数量		备注
				单需量	总需量	
9	设备或者装置	普通电压表	500V	2只		
10		标准电压互感器	变比已知	1台		
11		工作电源	带剩余电流、短路保护的220V交流电源盘	2处		
12	安全专用品	工作票	A4	1份		
13		绝缘台垫	1200mm×1000mm×20mm（$L\times W\times H$）	1块		
14		手套	干净、干燥	1双		
15		放电棒	10kV	1根		
16	其他	记录表	A4	2份		
17		常用文具	标准配置	1套		

基本操作原理

1. 利用电流测量法停电测量高压电流互感器变比的接线原理（见图3-3）

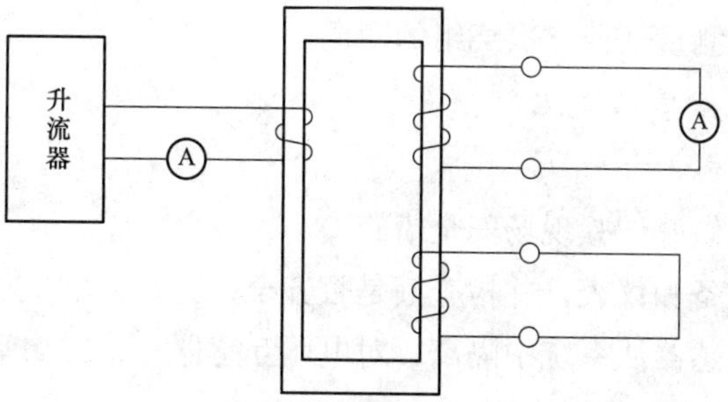

图3-3　停电测量高压电流互感器变比接线原理图

2. 利用比较法停电测量高压电压互感器变比的接线原理（见图3-4）

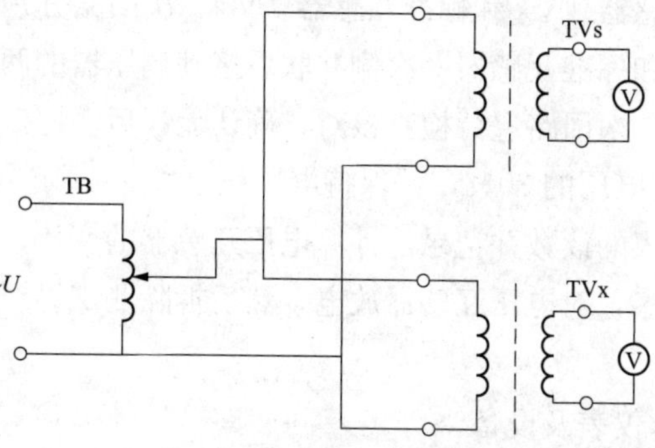

图3-4　停电测量高压电压互感器变比接线原理图

操作方法及步骤

1. 停电测量电流互感器变比

（1）测量前的准备：

1）办理工作票并做好试验现场安全措施；

2）选择测试设备和仪表，并检查其是否齐全、完好；

3）将被试电流互感器从系统中隔离，对电流互感器一、二次端子进行放电，并在一次侧两端挂接地线；

4）确认电流互感器二次侧有关保护回路已退出，除被测二次绕组外，电流互感器其他二次绕组可靠短路；

5）测量开始前将一次侧任一端接地线拆除，测量完迅速恢复。

（2）测量方法：

1）在电流互感器被测一次回路接入升流器，将其余二次绕组短接；

2）对被测电流互感器一、二次回路进行检查核对，确认无误后，调节升流器使施加的电流在一、二次电流表上有足够的分辨率，并保持电流稳定；

3）测量电流互感器一、二次侧电流并记录，计算电流互感器的变比；

4）将升流器降到零，然后拆除电流测试线；

5）按照上述方法测量其他二次绕组的变比。

2. 停电测量电压互感器变比

（1）测量前的准备：

1）办理工作票并做好试验现场安全措施；

2）选择测试用设备和仪表，并检查其是否齐全、完好；

3）将被试电压互感器从系统中隔离，对电压互感器一、二次端子进行放电，并在一次侧两端挂接地线；

4）测量开始前将一次侧接地线拆除，测量完迅速恢复。

（2）测量方法：

1）将被试电压互感器 TVx 和标准互感器 TVs 二次回路分别接入电压表；

2）将被试互感器和标准互感器一次侧并联后接到调压器的两个输出端；

3）对互感器一、二次回路进行检查核对，确认无误后，使调压器从零开始升压，升到被试电压互感器额定电压的 30%，并保持电压稳定；

4）读取两只电压表的读数并记录，计算电压互感器的变比；

5）将调压器降到零，对电压互感器放电，然后拆除测试导线。

3. 完工准备

（1）整理工器具、仪表及设备。

（2）记录单据整理。

4. 操作终结

清理工作现场，拆除所有安全措施；开总结会后报完工；终结工作票；撤离工作现场。

5. 结束工作任务

工器具、仪表及设备还原；资料归档。

安全要求及注意事项

1. 安全要求

（1）按规定办理工作票。

（2）至少有 2 人一起工作，其中 1 人进行监护。

（3）应在工区区域装设围栏和标示牌。

（4）工作时，按规定着装，戴绝缘手套、安全帽，穿绝缘鞋并站在绝缘垫上。

（5）拆除试验导线前，应观察电流表、电压表的指示，确保电流、电压为零。

（6）装、拆试验接线前，应将被试互感器充分放电。

2. 停电测量电流互感器变比时的注意事项

（1）测量中不能造成电流互感器二次开路。

（2）施加在电流互感器一次侧的电流稳定后，同时读取一次侧和二次侧电流值。

（3）短接电流互感器的二次绕组时，必须使用专用短接片或短接线，短接应妥善可靠。

（4）测试导线不能太长，接触应良好，否则将产生测量误差。

3. 停电测量电压互感器变比时的注意事项

（1）测量中禁止电压互感器短路。

（2）施加的电压不应低于被试电压互感器额定电压的 20%，并应保持稳定，同时记录两只电压表的数值。

操作收获、存在问题及改进措施

1. 操作收获

2. 存在的问题

3. 改进的措施

附 录

1. 电流互感器变比停电测量记录表（见表3-7）

表3-7 电流互感器变比停电测量记录表

<table>
<tr><td>测量员</td><td></td><td>工位</td><td></td><td>班组</td><td></td></tr>
<tr><td colspan="6">被试TA基本信息</td></tr>
<tr><td>TA型号</td><td colspan="2"></td><td>TA规格</td><td colspan="2"></td></tr>
<tr><td rowspan="2">实测电流值</td><td>一次电流（I_1）</td><td>二次电流（I_2）</td><td>一次电流（I_1）</td><td colspan="2">二次电流（I_2）</td></tr>
<tr><td></td><td></td><td></td><td colspan="2"></td></tr>
<tr><td>互感器变比</td><td colspan="2"></td><td colspan="3"></td></tr>
<tr><td>测量员
（签名）</td><td colspan="5"></td></tr>
<tr><td>测量日期</td><td colspan="5">年 月 日</td></tr>
</table>

2. 电压互感器变比停电测量记录表（见表3-8）

表3-8 电压互感器变比停电测量记录表

<table>
<tr><td>测量员</td><td></td><td>工位</td><td></td><td>班组</td><td></td></tr>
<tr><td colspan="6">被试TV基本信息</td></tr>
<tr><td>TV型号</td><td colspan="2"></td><td>TV规格</td><td colspan="2"></td></tr>
<tr><td>标准互感器型号及规格</td><td colspan="2"></td><td>标准互感器变比</td><td colspan="2"></td></tr>
<tr><td rowspan="2">实测电压值</td><td>U_s</td><td>U_x</td><td>U_s</td><td colspan="2">U_x</td></tr>
<tr><td></td><td></td><td></td><td colspan="2"></td></tr>
<tr><td>一、二次电压值（U_1、U_2）</td><td>$U_1=$</td><td>$U_2=$</td><td>$U_1=$</td><td colspan="2">$U_2=$</td></tr>
<tr><td>互感器变比</td><td colspan="2"></td><td colspan="3"></td></tr>
<tr><td>测量员
（签名）</td><td colspan="5"></td></tr>
<tr><td>测量日期</td><td colspan="5">年 月 日</td></tr>
</table>

第二节　其他操作技能

项目35　低压带电接火

操作任务

（1）零线、火线及相序的测试。

（2）低压电能计量装置在安装完毕后，带电进行终端接火。

操作目的

（1）掌握零线、火线及相序的测试方法。

（2）掌握低压电能计量装置在安装完毕后进行带电终端接火操作流程。

（3）养成严谨负责的工作态度和团队合作精神。

工作环境

在低压电能计量装置安装完毕，进行完工检查后带电进行接火。

难度/复杂度等级

高等级别（高级）。

人员和物料

1. 人员配备及要求

（1）人员分工：工作负责人（兼安全监护人）1名、主操作人员1名、辅操作人员1名。

（2）着装要求：按电能计量工作现场要求规范着装。

（3）素质要求：符合电能计量外勤工作人员素质要求。

2. 物料配备及要求（见表3-9）

表3-9　物料配备及要求表

序号	物料类别	名称	型号、规格及要求	数量		备注
				单需量	本次总量	
1	个人工器具及仪表	安装接线常用工器具及仪表	标准配置	1套		
2		万用表	数字式	1只		
3		钳形电流表	多量程	1只		
4		相序表	数字式	1只		

续表

序号	物料类别	名称	型号、规格及要求	数量		备注
				单需量	本次总量	
5	材料	绝缘胶带	黄、绿、红、浅蓝四色自黏型绝缘胶带各2卷	1组		
6		黄蜡带	防潮型	2卷		
7		砂纸	零号	4张		
8		导电膏	电力复合脂	1盒		
9	安全专用品	第二种工作票	A4	1张		
10		安全围栏		若干		
11		警示标识	"施工现场"标示牌、"从此进出"指示牌各1块	1组		
12		线手套	干净、干燥	1双		
13		护目镜	全防护型	1副		
14		虎口钳	绝缘安全型	2把		
15	登高工具	传递绳	ϕ20mm	20m		
16		绝缘梯	3m，防滑限高，直梯垫	1架		
17		脚扣	JK-T-250，登8m电杆	1副		
18	其他	锡焊装置	包括焊料和焊剂	1套		

基本操作原理

1. 低压配电线路导线布置

低压配电线路导线排列多为水平方式，当低压线路为带有零线的三相四线制时，零线靠近电杆。常见的相序排列是：面向负荷方自左向右的排列U、N、V、W相，也有排成U、V、N、W相的。如果线路的附近有建筑物，那么零线设在建筑物的一侧，通常零线不高于火线。

低压接户线横担绝缘子（蝶式绝缘子）上的终端绑扎法详见本书附录Ⅰ。

低压终端绝缘导线带电接火后的现场效果如图3-5所示。

2. 电源进户装置

进户装置，是由配电线路的接户线到电能计量装置之间的所有设施，由接户线、进户杆（或进户支持物）、进户线和进户管四个部分组成。进户装置的结构形式如图3-6所示。

凡因进户点高度不足2.7m，或在由架空供电线路引接户线到进户处不能安装进户支持物时，需要加装进户杆；用以保护进户线的线管称为进户管，常用的有硬塑管和钢管。

3. 接户线与进户线

(1) 接户线：由接户杆直接接至进户杆（或用户户外第一个支持物）之间的一段导

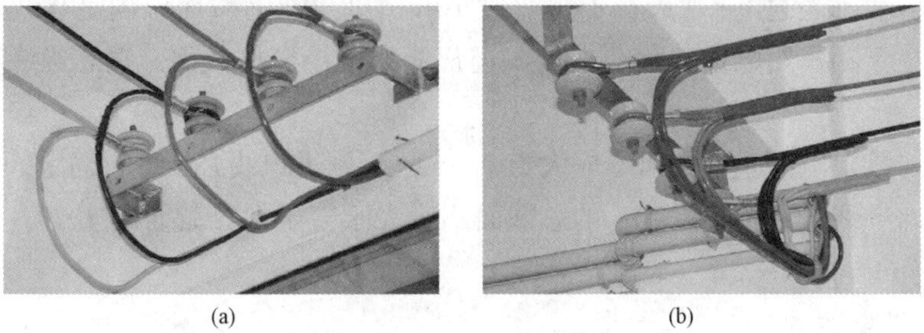

图 3-5　低压终端导线带电接火后的现场效果图

(a) 效果图 1；(b) 效果图 2

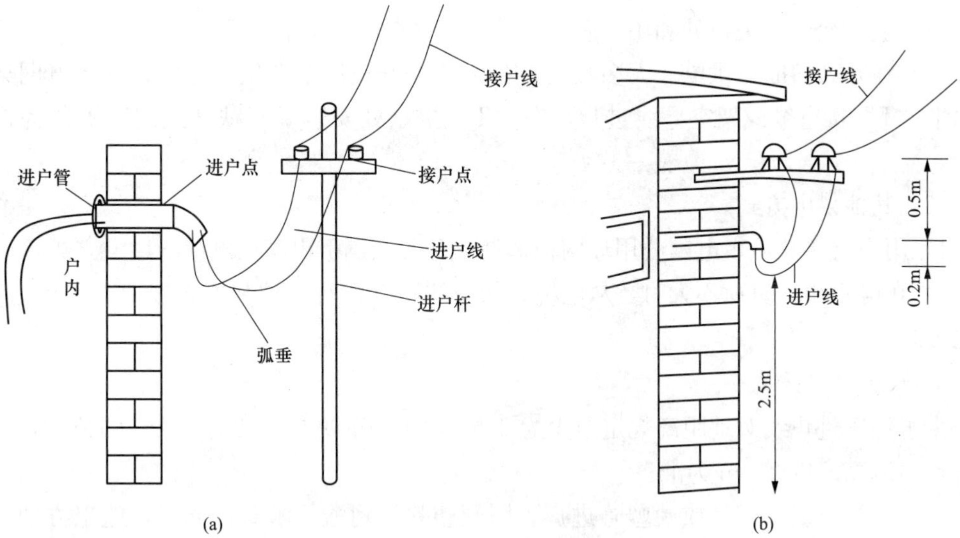

图 3-6　进户装置的结构形式

(a) 带进户杆；(b) 带进户支持物

线。接户线分为单相接户线和三相接户线，或分为低压接户线和高压接户线，或分为架空绝缘接户线和电缆接户线。架空接户线的最小允许截面：铜芯绝缘导线不应小于 $10mm^2$；铝芯绝缘导线不应小于 $16mm^2$。

1）高压接户线：高压接户线一般用于较大的工厂、企业和农田排灌动力用电。高压用户从配电线路上引下时，一般通过一组跌开式熔断器（或真空开关）引到接户点。高压接户线引入户内时必须采用穿墙套管，不能直接引入，以防导线与建筑物接触漏电伤人以及发生接地故障。

2）低压接户线：低压接户线适用于小型动力或照明用户。低压接户线从配电线路上引下时，应加装镀锌角铁横担。

（2）进户线：由接户线引到电能计量装置的一段导线。进户线应采用绝缘铜芯线，中间不允许有接头，不得采用软线，并应穿管进户且管口两端应留有足够的余量导线。

进户线长度一般不超过6m，最长不得超过10m。进户线的截面应满足导线的安全载流量，且不应小于用户用电最大负荷电流。进户线的最小允许截面：铜芯绝缘导线不应小于4.0mm^2。

进户点与接户点的垂直距离不应大于0.5m，否则进户线必须进行固定。

进户管内导线（包括绝缘层）的总截面不应大于管子内径截面的40%；最小管径不小于内径15mm。

4. 高压供电方式

高压供电方式是指，由供电部门的变电站（所）采用专线或从公用电网线路上直接供电（6、10、35、66、110、220kV等电压等级）进入电力用户的供电方式。

（1）专线供电：用户直接从变电站关口处采用专线电缆或架空导线接电的方式。这类用户一般在变电站关口处和用户侧各有一个计量点，常用于一级负荷。

（2）跌开式熔断器供电。大多数用户都采用跌开式熔断器供电方式，它从电网架空线路上“T”接电缆或架空导线进户，在“T”接点处安装一套跌开式熔断器作为进户保护。

（3）其他供电方式。

1）用户直接从城市电网公用环网柜选择一开关间隔引出高压电缆的供电方式。

2）在电力用户负荷不大时，从电缆或架空线路上没有保护装置直接“T”接入户的供电方式。

5. 低压进户方式

由于低压进户线对地距离规定至少为2.5m，再考虑进户线要有0.2m的弛度，因此进户点离地高度以2.7m为准。

（1）绝缘导线穿钢管或硬塑管进户。因硬塑料管耐酸、耐碱性能好，施工方便，故可以代替钢管。同一交流回路的所有导线必须穿在同一根线管内，钢管必须有一点可靠接地。

（2）以塑料护套线穿瓷管进户。塑料护套线配线适用于潮湿环境，严禁将塑料护套线直接埋设在水泥或石灰粉刷层内。

（3）采用低压电缆进户。采用低压电缆进入建筑物后，加装电缆接线箱引入表箱接线。电缆穿墙时宜穿在保护管内。

操作方法及步骤

1. 接电前的准备工作

（1）填写工作票（规范且已签发），履行工作许可手续（填写许可时间及签名）。

（2）规范着装。

（3）检查工器具、仪表及材料是否满足要求。

（4）检查电能表的安装接线正确无误。

（5）围栏设置符合要求；警示标识齐全。

接电前的准备工作如图 3-7 所示。

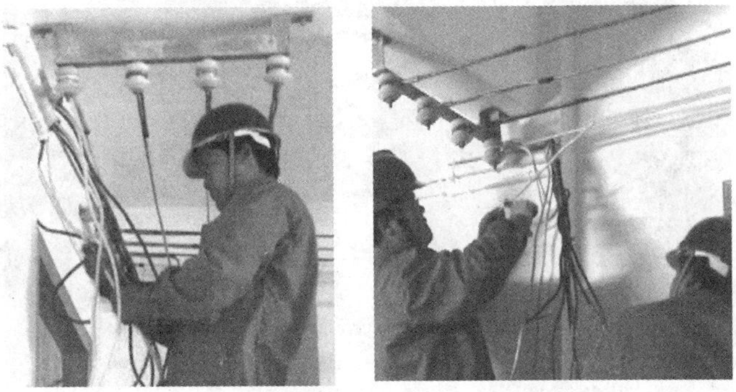

(a)　　　　(b)

图 3-7　接电前的准备工作

(a) 准备工作 1；(b) 准备工作 2

2. 进行带电接火

(1) 低压单相供电线路的带电接火。

1) 注意操作安全：低压带电接火应严格按安全工作规程进行，选择合适的施工位置，保护足够的电气安全距离，确保工作安全和不影响用户其他设备，接火时先接零线、后接火线。

2) 确定电源零线和火线：用电压表分别测量各个电源线之间的电压，以区分三根火线与零线，并进一步确认零线，如图 3-8 所示。

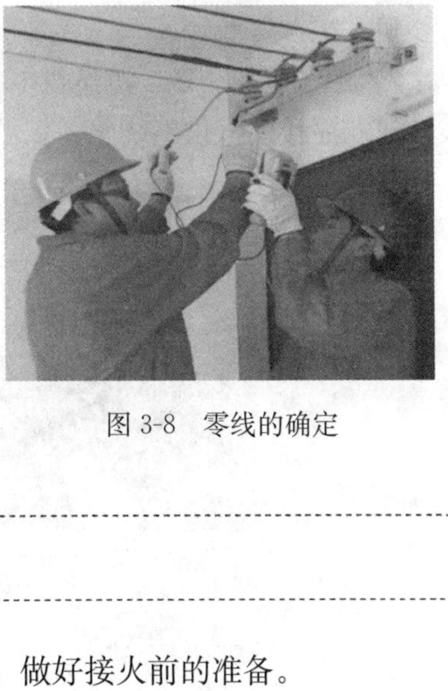

图 3-8　零线的确定

小提示

在判断火线和零线时，用验电笔没有电压表可靠。

3) 带电接火前：拉开待接火线路的负荷侧总开关，做好接火前的准备。

4) 准备接火导线：将待接火的火线与零线顺应原导线方向盘整好，截取适当长度的导线，注意导线要留有余地，正确规范地进行各个导线绝缘层的剥削及制作线头。

5) 进行带电接火：操作者系好安全带并位于绝缘梯的适当高度，检查负荷侧总开关确实已经断开，利用直线叉接自绕法进行导线连接，按室外绝缘层的恢复方法用同种相色绝缘材料进行绝缘恢复；先接零线、后接火线，如图 3-9 所示。

6) 接电完毕，合上负荷开关，检查计量装置及配电装置是否正常工作。接电完毕检查如图 3-10 所示。

(2) 低压三相四线电路的带电接火。

1) 注意安全：低压带电接火应严格按安全规程进行，选择合适的施工位置，保持足够的电气安全距离，确保工作安全和不影响用户的其他设备，接火时先接零线、后接火线。

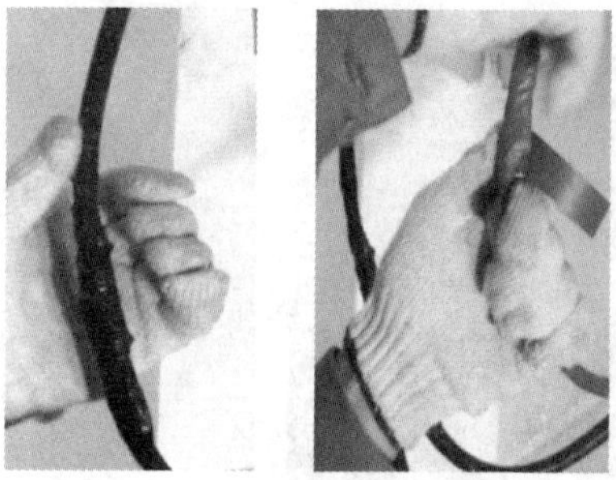

(a) (b)

图 3-9 单相供电带电接火

（a）先接零线；（b）后接火线

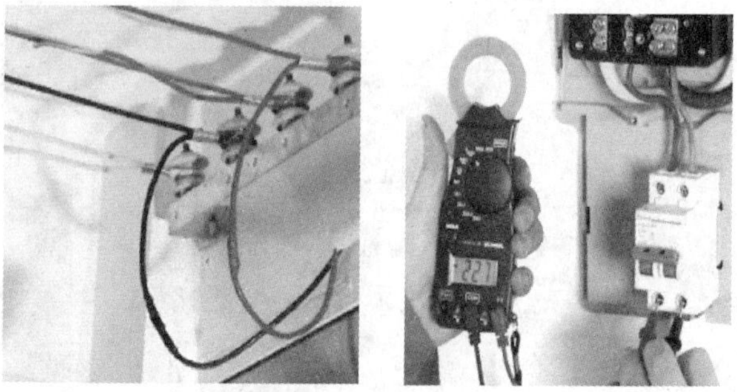

(a) (b)

图 3-10 接电完毕检查

（a）接电完毕；（b）配电装置检查

2）确定电源零线：分别测量各个电源线之间的电压，以区分三相火线与零线，并进一步确认电源零线。

3）测试电源相序：测试供电线路的三相火线的相序，注意将计量箱电源侧的三根火线按正相序接入该供电线路，如图 3-11 所示。

(a) (b)

图 3-11 零线和相序的确定

（a）确定零线；（b）确定相序

4）带电接火前：拉开待接火线路的负荷侧总开关，做好接火前的准备。

5）准备接火导线：分布各相导线，将待接火的火线与零线顺应原导线方向盘整好，测量线长，截取适当长度的导线，注意导线的长度要留有余地，正确规范地进行各个导线绝缘层的剥削及制作线头。

6）在接电前，做好接火前的准备。

7）进行带电接火：操作者系好安全带并位于绝缘梯的适当高度，检查负荷侧总开关确实已经断开，利用直线叉接自绕法进行导线连接，按室外绝缘层的恢复方法用同种相色绝缘材料进行绝缘恢复；先接零线、后接火线，三相火线按照 W、U、V 相顺序依次进行，将待接火的导线按正相序接入该三相四线供电线路，如图 3-12 所示。

(a)　(b)　(c)　(d)

图 3-12　三相四线供电带电接火

(a) 接零线；(b) 接 W 相火线；(c) 接 U 相火线；(d) 接 V 相火线

8）接电完毕，合上负荷开关，检查计量装置及配电装置是否正常工作。

小技巧

带电导线是绝缘导线时，先削去接户线头的绝缘，后削去带电导线的绝缘，剥离的绝缘部分长度应大于导线直径的 5 倍；剥一根、接一根并包好一根，再剥下一根、接下一根，按照 N、W、U、V 相顺序依次进行（断开火线的顺序一般为 V、U、W 相）。

接电完毕检查如图 3-13 所示。

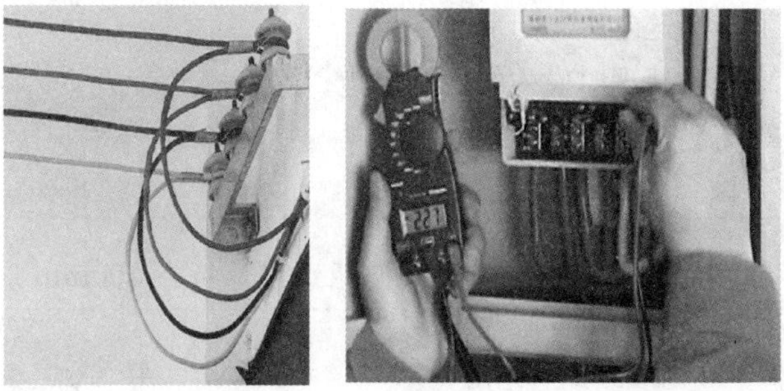

(a)　(b)

图 3-13　接电完毕检查

(a) 接电完毕；(b) 配电装置检查

3. 操作终结

进行完工检查，清理工作现场，向用户交代已接电；开总结会后报完工；终结工作票，在工作票上填写终结时间及签名；撤离工作现场。

4. 结束工作任务

工器具及仪表还原；资料归档并完成管理系统流程。

小技巧

裸导线中途接火的扎线缠绕搭接法。如果是在带电裸导线中途接火，那么准备足够长度至少 4.0mm^2 的同种金属扎线，将绑扎线线头沿接户线线头的金属部分延展 10cm，在接户线线头的根部缠绕3匝并将延展的扎线线头整理成顺沿导线方向，同时整理好扎线线圈；使用专用操作杆，将接户线线头稳固地固定在操作杆的三个触指间，将接户线与带电导线搭接部分接触，应无放电火花。用戴好绝缘手套的一只手握住并拢带电导线和接户线，另一只手顺势用扎线将两根导线紧紧缠绕在一起。绑扎3匝后，使用虎口钳钳口轻夹扎线，顺势将扎线用力拉紧，继续缠绕扎线直到绑扎长度至少长于带电导线直径的10倍。最后将扎线两头拉出并在带电导线上绞紧，留出绞紧部分约30mm，剪断余线并钳平切口毛刺。绑扎过程中，扎线应边扎边放，保证扎线线圈与相邻导线和金具的安全距离。

操作危险点及注意事项

1. 操作危险点

（1）带负荷接火产生电弧。

（2）未接通相因电磁感应而带电。

（3）架空和电缆混合线路电磁感应电。

（4）登杆、登高工作人员坠落。

（5）高处作业材料、工具掉落。

（6）低压停电工作反送电。

（7）低压接户线故障处理时发生短路、触电。

（8）使用喷灯等高温工具设备时灼伤。

小提示

在带电测量过程中，手与带电设备的安全距离应保持在100mm以上。

2. 注意事项

（1）工作时，应穿绝缘鞋和全棉长袖工作服，并戴好手套、安全帽，站在干燥的绝缘台垫或绝缘梯上进行。

（2）工作中应使用有绝缘柄的工具，其外裸的导线部位应采取绝缘措施，防止操作时相间或相对地短路。

（3）登高作业应戴好安全帽、系好安全带，防止高空坠落；使用梯子作业时，梯子与应完全与地面绝缘，防止梯子滑动。

（4）每一根导线接好应包好绝缘，然后才能接另一根导线。

（5）进户线应该留有滴水弯。

（6）带电接火特别是在非绝缘导线带电接火时，应防止触电、相间短路或相对地短路。

（7）低压带电接火应严格按电力安全规程有关规定进行，选择合理的施工位置。接火时先接零线、后接火线，确保工作安全和不影响用户其他设备。

操作收获、存在问题及改进措施

1. 操作收获

2. 存在的问题

3. 改进的措施

附录A　操作人员着装规范和素质条件

一、操作人员的着装规范

操作人员应按电能计量工作现场的要求规范着装，穿戴工作服、绝缘鞋、安全帽、线手套，二次回路不停电作业时还应戴护目镜，基本要求如下：

（1）工作服要求棉质长袖、长裤，干净整洁、质量合格，并扣好领口和袖口；

（2）绝缘鞋满足本次安全作业要求，并系好鞋带；

（3）安全帽完好，双带挂耳，其颜色及佩带符合要求，在有效合格期内，下颏带松紧合适，长发必须盘在安全帽内；

（4）线手套要求棉质、干净、干燥，无破洞且不露指头；

（5）护目镜要求大小合适、镜腿收紧，全防护。

二、操作人员的素质条件

操作人员应具备电能计量外勤工作人员素质要求，基本条件如下：

（1）无妨碍电能计量工作的病症；

（2）具有较强的安全自我防范意识，身体状态和精神状态良好；

（3）具备必要的电能计量知识和操作技能，熟悉电力安全工作规程的相关部分；

（4）具备相关的安全作业技能，学会紧急救护法，特别是触电急救法。

附录 B　电能计量装置安装接线工艺要求

一、安装接线基本原则

安装接线应遵守“正确、可靠、准确、美观”的基本原则。

二、基本施工工艺

按图施工，接线正确；电气连接完好，螺钉紧固；导线线芯无损伤，导线绝缘无损伤（电缆外层无损伤）；导线排列整齐有序，横平竖直；设备布置科学规范，计量箱（柜）安装牢固端正。

三、具体施工工艺要求

（1）分清相、辨明色：各相导线相色应分别采用黄、绿、红色，零线（中性线）应采用浅蓝色；多芯电缆绝缘线芯的颜色要求，两芯电缆为红、浅蓝色，三芯电缆为黄、绿、红色，四芯电缆为黄、绿、红、浅蓝色。

（2）孔填满、丝拧紧：导线裸露金属部分的长度，必须全部插入接线端子孔内而不露金属，并将端子螺钉按先上后下逐个拧紧，但不得压住绝缘，两个螺母的高度应相平。

（3）粗断股、细加粗：直接接入式电能表在采用多股绝缘导线时，若导线过粗，则采用中间线芯断股后按导线原螺旋方向绞紧导线后再接入电能表端子盒的方式；若导线过细，则在接入导线上加适量铜扎线或弯折并线绞紧导线后再接入。

小技巧

不露金属、不压绝缘的技巧。按接线端子孔的实际孔深剥削绝缘层，使金属线头长度稍少于孔深；平视时不可露金属。

（4）横线平、竖线直：导线排列整齐有序，减少交叉，如图 B1 所示。

小提示

直角弯的工艺要求。制作二次导线直角弯时，转弯处不得成直角，应留有适当弧度，以免损伤导线，不得出现明显拉皮现象（见图 B2）。

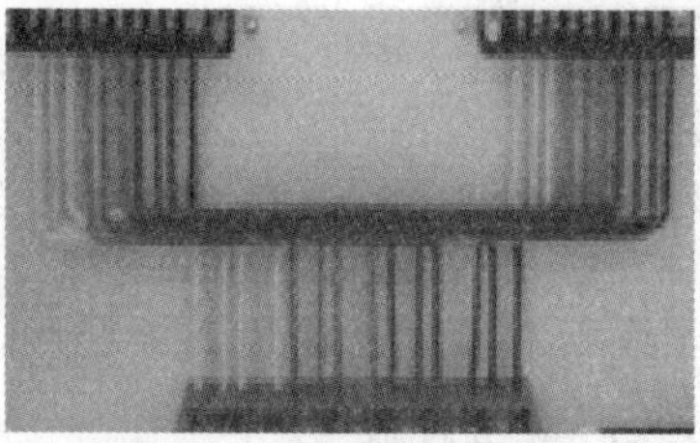

图 B1　横线平、竖线直

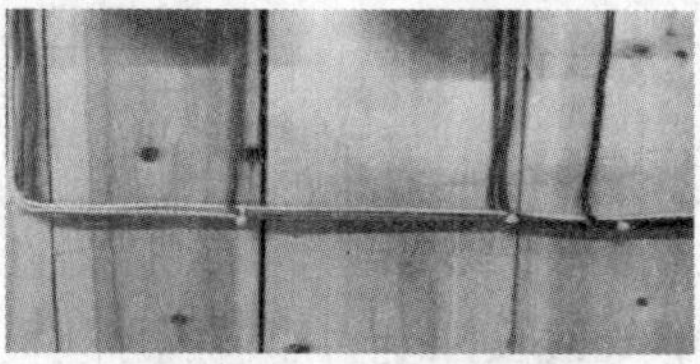

图 B2　直角弯的工艺要求

（5）互感器、有极性：二次回路接线时，应注意互感器的极性。接线时可先接电流回路，电流互感器二次回路宜按相色逐相接入；核对无误后连接各相的接地线。在电流回路接好后，再逐相接入电压线。对于电子式电能表，可在电压线分相接好后再分相接入电流线，以防止产生不正确的失压记录。电流的二次接地线应采用不小于 4.0mm² 的铜芯绝缘导线。

小提示

电压互感器的一次导线应接在电流互感器的一次电源侧。

（6）电压线、单独接：经电流互感器接入的低压三相四线电能表，其电压线应单独接入，不得与电流线共用；电压的入线端应接在电流互感器一次电源侧，并在电源母线上另行引出（宜在母排上另行打孔后用螺栓压接的方式连接电压引入线），禁止在两段母线的连接螺钉处引出。电压引入线与电流互感器一次电源应同时切合；电压引入线不得有接头。

小技巧

铜铝过渡处理技巧。在电能计量装置中，二次电压铜线与一次电源铝线的连接处容易氧化。可先用铁螺栓固定一次电源铝线（注意在螺母下加垫圈），再在螺母上安装二次电压铜线。也可在铜铝接触处加上铁垫圈，或采用铜铝过渡的方式，以避免氧化现象产生。

（7）电压线、尽量短：在三相四线电能计量方式中，进表零线应尽量短；在所有电能计量接线中，电压的引入线也应尽量短。

（8）接电压、要求多：电压线在利用螺栓接入时，穿入螺杆的元器件由外向里依次为螺母-平垫圈-电压线-平垫圈-螺母-平垫圈（或1个平垫圈上加1个弹簧垫圈）-一次母线，此种接法称为电压线的双螺母三垫圈接入式，这种接法需要较长螺杆，如图 B3 所示。还有一种电压线的单螺母两垫圈接入式，即穿入螺杆的元器件由外向里依次为螺母-平垫圈-电压线-平垫圈-一次母线。

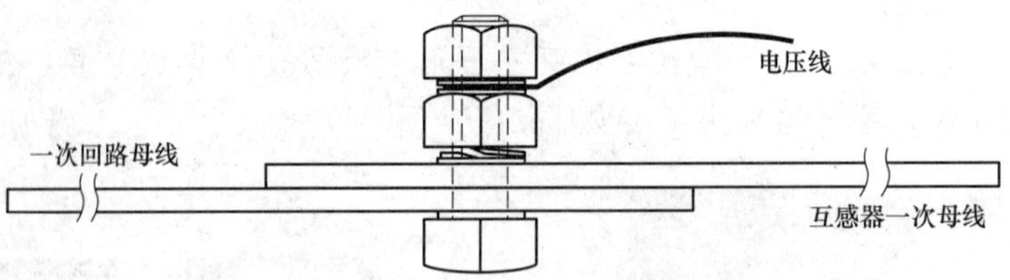

图 B3　电压线的双螺母三垫圈接入式

（9）安装线、留余量：为了防止线头损坏时因导线不够长度而换掉整根导线，同时为了防止导线长期受力而造成导线机械疲劳，安装导线时应留有余量。

小技巧

余量导线的制作工艺。余量导线不能形成闭环或绕成螺旋形，长导线采用 N 形预留，以保证导线无感。

（10）电流互感器的二次回路每只接线端子只允许接入2根导线；电能表的一个接线端子孔不允许同时接入2根导线。

小技巧

不同截面导线在接线柱处叠压时，应按“大导线在里、小导线在外”的原则，以防因减少接触面而造成电气接触不良。

（11）当导线接入的桩座是螺钉桩座时，应根据螺钉的直径将导线的末端弯成压接圈，其弯曲方向应与螺钉旋紧的方向相同，螺母与导线间、导线与导线间应加装（镀锌）垫圈。

（12）低压三相四线电路的电源零线不能剪断，而应直接接到负荷，而电能表的电压零线则采用支线“T”接法接入。如果电能表离电源进零线较近，可以从电源的进零线处引出电压零线和电源的出零线共2根导线，其中的电压零线直接接入电能表零线端子孔，而电源的出零线直接接至负荷侧。

（13）在二次回路的接线导线上可套相应端子号码牌或号码管。

小提示

号码牌或号码管工艺术要求。号码牌或号码管要求：与接线图纸标号一致；与导线粗细相配；标号清楚可辨；方便识认（号码顺序从左到右、从下向上）；与接线端子间距约3mm。

（14）进出电能表的导线中间不应有接头，其材质宜与电能表的接线端子为同种金属（通常为铜质）。

（15）相序按自左向右或自上向下排列：单相二线制为UN、VN相或WN相；三相三线制为U、V、W相；三相四线制为U、V、W、N相。

小技巧

安装接线层次分明的“三分”要求。为了便于检查和美观，导线安装时应分相色、分粗细、分层次。分层次时可以按电流、电压线的不同分层次，也可以按相色或粗细的不同分层次。

小技巧

扎带的绑扎要求。绑扎紧凑，间距均匀，方向一致，不得带尾。扎带距直角弯不得超过5cm；直线段的扎带间距不得超过15cm；扎带多余尾线不得超过3mm。

（16）设备垂直安装，熔断器和开断设备上端接电源、下端接负荷。

（17）对于多股导线或低压电缆头，应在线头处安装接线耳。

（18）室内电能表宜安装在0.8～1.8m的高度（表水平中心线距地面尺寸）；装于室外的电能表应采用户外式电能表，室外电能表箱下沿高度宜为1.8～2.0m。

(19) 居民电能表应集中安装，采用配电屏式电能表安装距地面0.6～1.8m，明装表箱底距地面不应低于1.7m，暗装箱底距地面不应低于1.4m。

(20) 电能表与地面的最小垂直距离为600mm；电能表与电能表的最小水平距离为80mm；接线盒、电能表与壳体的最小间距为60mm；电能表与接线盒的最小垂直距离为40mm。

四、电能计量箱（柜）的工艺要求

(1) 电能计量装置，应具有可靠的防窃电和封闭措施，“管进箱”至少20mm且应封堵。

(2) 电能计量箱最高观察窗中心线距安装处地面不高于1.8m；单体电能计量箱下沿距安装处地面不低于1.4m；墙面安装时，整体组合计量箱下沿距安装处地面不低于0.8m；安装在地下建筑时，整体组合计量箱下沿距安装处地面不低于1.0m。

(3) 接户线应经过熔断器或电源隔离开关过渡后进入电能表；箱（柜）内的辅助设备应垂直安装，上端接电源侧、下端接负荷侧。

(4) 在计量箱（柜）中，应利用隔离板将表计和一次设备隔离，确保计量人员的工作安全。

(5) 穿管或穿孔时，同一回路的所有导线包括零线均应同处穿过。

(6) 电能表安装应垂直牢固，每只电能表除挂表螺钉外至少应有一只定位螺钉；感应式电能表中心线向各方向的倾斜度不大于1°，电子式电能表中心线向各方向的倾斜度不大于2°。

(7) 计量箱应牢固端正地安装在可靠及干燥的墙体上，与墙体的固定点不少于3个，箱体倾斜度不大于3°。

(8) 二次回路导线不得在导电部件和元器件本体上敷设，也不得直接敷设在金属件上，而应腾空至少3mm，或将导线、金属桥架包以塑料绝缘带后再进行敷设。

(9) 高供低计用户计量箱（柜）到变压器低压侧的电气距离不宜超过20m。

(10) 表箱的门上应装有观察窗，便于读表。

(11) 实行“线穿管、管进箱、箱上锁、锁加封”。

(12) 电能表箱柜应可靠接地且接地电阻满足要求。

(13)“线穿管”的要求：

1) 管内导线（包括绝缘层）的总截面不应大于线管内径截面的40%；最小管径不小于内径15mm；同一根管内所装的导线应不超过8根。

2) 用钢管穿线时，同一交流回路的所有导线必须穿在同一根钢管内且必须有一点可靠接地。

3) 导线在管内不准有接头，不得采用软线，不宜采用铝线，应采用绝缘导线。

4) 为防止进户线在穿套管处磨破，应先套上软塑料管或包绝缘胶布后再穿入套管，也可在钢管两端加护圈。

5) 进表线与出表线应分开安装；线管要做到横平竖直。

6）线管固定点的间距应满足要求。线管固定点的最大间距如表 B1 所示。

表 B1　　线管固定点的最大间距

线管的公称直径（mm）	20 及以下	25～40	50 及以上
固定点的最大间距（m）	1.0	1.5	2.0

（14）屏蔽电缆的连接要求：

1）软导线应安装接线耳后再插到端子，多股导线端部应加冷压端头接线；

2）制作接线耳时应将导线与屏蔽压接在一起，但不得压入绝缘，不可露金属；

3）屏蔽线应采用单端接地。

附录C　安装接线常用工器具及仪表

安装接线常用工器具及仪表（标准配置），见表C1。

表C1　　安装接线常用工器具及仪表

序号	名称	型号、规格及要求	数量	单价（万元）	生产厂家
1	剥线钳	剪刀型，160mm	1把		
2	电工刀	100mm	1把		
3	螺丝起子1	“十”字，M5×200	1把		
4	螺丝起子2	“一”字，M5×200	1把		
5	螺丝起子3	“十”字，M2×75	1把		
6	螺丝起子4	“一”字，M2×75	1把		
7	虎口钳	200mm	1把		
8	斜口钳	160mm	1把		
9	尖嘴钳	180mm	1把		
10	验电器	低压型	1支		
11	手锤	0.5kg	1个		
12	活络扳手	200mm	1把		
13	绝缘卷尺	2m	1把		
14	手锯	200mm	1把		
15	万用表	数字式，DM802	1只		
16	绝缘胶布	500V	1卷		
17	线手套	干净、干燥	1双		
18	工具垫	帆布（600mm×800mm）	1块		
19	电工工具箱	200mm×600mm×400mm($L\times W\times H$)	1个		

附录 D　不停电检查常用文具及绘图工具

一、常用文具

不停电检查的常用文具：0.5mm 黑色签字笔、带擦铅笔、函数型计算器、A4 草稿纸。

二、常用绘图工具

不停电检查的常用绘图工具：绘图铅笔、绘图擦、电工绘图模板、直尺、量角器、削笔器、A4 草稿纸。

附录E　不停电检查常用工器具及仪表

不停电检查常用工器具及仪表（标准配置），见表E1。

表E1　　不停电检查常用工器具及仪表

序号	名称	型号、规格及要求	数量	单价（万元）	生产厂家
1	相位表	ML12A双钳数字式	1只		
2	相序表	DT8030数字式	1只		
3	螺丝起子	带长绝缘套，“十”字和“一”字（200mm）各1把	1套		
4	低压二次电流短接线	（一端带夹）软绝缘导线，黄、绿、红色各1根	1副		
5	低压验电器	机械式	1支		
6	护目镜	全防护型	1副		
7	线手套	干净、干燥	1双		
8	绝缘台垫	1200mm×1000mm×20mm（$L\times W\times H$）	1块		
9	钳型电流表	数字式	1块		
10	绝缘胶布	低压自黏型	1卷		
11	塑料套管	（一端封闭）电气隔离用ϕ3mm×30mm	若干		
12	常用文具	标准配置	1套		
13	电工绘图工具	标准配置	1套		
14	电工工具包	帆布/双层（400mm×350mm）	1个		

附录F　不停电检查的六个关键操作步骤

电能计量装置误接线及故障不停电检查的六个关键操作步骤如下。

一、安全性检查

二、完整性检查

三、直观性检查

四、运行参数（$U/I/\varphi$）测量与记录

（1）测量电能表各电压端钮间的电压值。

（2）测量电能表各电流元件的电流值。

（3）测试三相电压的相序。

（4）测量电能表各元件电压与各元件电流间的相位差。

五、检测结果分析并得出结论

六、结果处理

以上是本书作者提出的不停电检查的六个关键操作步骤。按照以上顺序操作的优点为安全、耗时短、正确率高，值得现场推广应用。

附录G　不停电检查时的重要技术参数

以下列举了不停电检查时的一些重要参数，供实际工作时参考。不过，由于电网的三相电压不完全对称，而且不一定等于额定电压值，特别是电能表种类不同的影响，实际测得数据与表中数值存在一定差别。

一、电压互感器Vv0接线一、二次断线时二次侧线电压的大小（见表G1）

表G1　　电压互感器Vv0接线一、二次断线时二次电压的大小

电压断线相别	二次侧不接DS电能表（空载）			二次侧只接一个DS电能表		
	U_{uv}	U_{vw}	U_{wu}	U_{uv}	U_{vw}	U_{wu}
U	0	100	100	0	100	100
V	50	50	100	50	50	100
W	100	0	100	100	0	100
u	0	100	0	0	100	100
v	0	0	100	50	50	100
w	100	0	0	100	0	100

二、电压互感器Yyn0型或YNyn0型接线一、二次断线时二次侧线电压的大小（见表G2）

表G2　　电压互感器Yyn0或YNyn0接线一、二次断线时二次侧线电压的大小

电压断线相别	二次侧不接DT电能表（空载）						二次侧只接一个DT电能表					
	U_{12}	U_{23}	U_{31}	U_{10}	U_{20}	U_{30}	U_{12}	U_{23}	U_{31}	U_{10}	U_{20}	U_{30}
一	58	100	58	0	58	58	58	100	58	0	58	58
二	58	58	100	58	0	58	58	58	100	58	0	58
三	100	58	58	58	58	0	100	58	58	58	58	0
1	0	100	0	0	58	58	0	100	100	0	58	58
2	0	0	100	58	0	58	50	50	100	58	0	58
3	100	0	0	58	58	0	100	0	100	58	58	0

注　无论什么Yy0接线的三相四线电能表，若某相电压为0，且线电压没有出现0，则电压互感器一次侧该相断线；若某相电压为0，且线电压也出现0，则电压互感器二次该相断线；若某相电压没有出现0，且线电压出现100V、58V、58V，则非100V的两相的剩余一相极性接反。

三、电压互感器Vv0接线二次极性接反时二次侧线电压的大小（见表G3）

表G3　　电压互感器Vv0接线二次极性接反时二次侧线电压的大小

二次极性接反相别	二次侧线电压的大小（V）	备注
u相极性接反	$U_{uv}=100$	U相一次极性接反时同此结论
	$U_{vw}=100$	
	$U_{wu}=173$	

续表

二次极性接反相别	二次侧线电压的大小（V）	备注
w相极性接反	$U_{uv}=100$	V相一次极性接反时同此结论
	$U_{vw}=100$	
	$U_{wu}=173$	
u、w相极性接反	$U_{uv}=100$	U、W相一次极性接反时同此结论
	$U_{vw}=100$	
	$U_{wu}=100$	

注 电压互感器接反时，一次反与二次反没有区别；与二次是否空载无关。

四、电压互感器Yyn0或YNyn0接线极性接反时二次侧线电压的大小（见表G4）

表G4 电压互感器Yyn0或YNyn0接线极性接反时二次侧线电压的大小

二次侧线电压大小（V）	极性接反相别	判断方法	说明
$U_{12}=58$	1相极性接反	根据电流的相位进行排除	或根据“二次通地法”进行确认
$U_{23}=100$	2、3相极性接反	根据电流的相位进行排除	
$U_{31}=58$	1相断线	根据相电压是否为0进行排除	
$U_{31}=58$	2相极性接反	根据电流的相位进行排除	或根据“二次通地法”进行确认
$U_{23}=58$	3、1相极性接反	根据电流的相位进行排除	
$U_{31}=100$	2相断线	根据相电压是否为0进行排除	
$U_{12}=100$	3相极性接反	根据电流的相位进行排除	或根据“二次通地法”进行确认
$U_{23}=100$	1、2相极性接反	根据电流的相位进行排除	
$U_{31}=58$	3相断线	根据相电压是否为0进行排除	
$U_{12}=100$	1、2、3相极性无接反 1、2、3相极性接反	根据电流的相位进行排除	或根据“二次通地法”进行确认
$U_{23}=100$		根据电流的相位进行排除	
$U_{31}=100$		根据相电压是否为0进行排除	

五、低压三相四线电能表一相外部电压断线时表尾电压的大小（见表G5）

表G5 直接接通式三相四线电能表一相外部电压断线时表尾电压的大小

断线相别	线电压与相电压（V）					
	U_{UV}	U_{UN}	U_{VW}	U_{VN}	U_{WU}	U_{WN}
U	220	0	380	220	220	220
V	220	220	220	0	380	220
W	380	220	220	220	220	0

六、经电流互感器三相三线电能表电流极性接反时电流的大小（见表G6）

表G6 经电流互感器三相三线电能表电流极性接反时电流的大小

I_1接反、I_2接反	I_{12}
I_1和I_2没有反向电流或同时接反	I
I_1接反或I_2接反	$\sqrt{3}I$

七、经电流互感器接入式三相四线电能表电流极性接反时电流的大小（见表 G7）

表 G7　　经电流互感器接入式三相四线电能表电流极性接反时电流的大小

二次侧电流大小（A）	极性接反相别	判断方法	说明
$I_{12}=\sqrt{3}I$	1 相极性接反 2、3 相极性接反	根据电压确定电流	或根据“二次通地法”进行确认
$I_{23}=I$		根据电压确定电流	
$I_{31}=\sqrt{3}I$		根据电压确定电流	
$I_{12}=\sqrt{3}I$	2 相极性接反 3、1 相极性接反	根据电压确定电流	或根据“二次通地法”进行确认
$I_{23}=\sqrt{3}I$		根据电压确定电流	
$I_{31}=I$		根据电压确定电流	
$I_{12}=I$	3 相极性接反 1、2 相极性接反	根据电压确定电流	或根据“二次通地法”进行确认
$I_{23}=\sqrt{3}I$		根据电压确定电流	
$I_{31}=\sqrt{3}I$		根据电压确定电流	
$I_{12}=\sqrt{3}I$	1、2、3 相极性无接反 1、2、3 相极性接反	根据电压确定电流	或根据“二次通地法”进行确认
$I_{23}=\sqrt{3}I$		根据电压确定电流	
$I_{31}=\sqrt{3}I$		根据电压确定电流	

八、三相三线有功电能表 24 种接线方式的更正系数（电压正相序时）（见表 G8）

表 G8　　电压正相序时三相三线有功电能表 24 种接线方式的更正系数

序号	实际接线方式		两个元件的实际功率表达式		更正系数 K
	电压	电流	第一元件（$\times UI$）	第二元件（$\times UI$）	
1	$U_uU_vU_w$	I_uI_w	$\cos(30°+\varphi)$	$\cos(30°-\varphi)$	1
2	$U_uU_vU_w$	I_u-I_w	$\cos(30°+\varphi)$	$-\cos(30°-\varphi)$	$-\frac{\sqrt{3}}{\tan\varphi}$
3	$U_uU_vU_w$	$-I_uI_w$	$-\cos(30°+\varphi)$	$\cos(30°-\varphi)$	$\frac{\sqrt{3}}{\tan\varphi}$
4	$U_uU_vU_w$	$-I_u-I_w$	$-\cos(30°+\varphi)$	$-\cos(30°-\varphi)$	-1
5	$U_uU_vU_w$	I_wI_u	$\cos(90°-\varphi)$	$\cos(90°+\varphi)$	—
6	$U_uU_vU_w$	I_w-I_u	$\cos(90°-\varphi)$	$\cos(90°-\varphi)$	$\frac{\sqrt{3}}{2\tan\varphi}$
7	$U_uU_vU_w$	$-I_wI_u$	$\cos(90°+\varphi)$	$\cos(90°+\varphi)$	$-\frac{\sqrt{3}}{2\tan\varphi}$
8	$U_uU_vU_w$	$-I_w-I_u$	$\cos(90°+\varphi)$	$\cos(90°-\varphi)$	—
9	$U_vU_wU_u$	I_uI_w	$\cos(90°-\varphi)$	$-\cos(30°+\varphi)$	$\frac{2}{\sqrt{3}\tan\varphi-1}$
10	$U_vU_wU_u$	I_u-I_w	$\cos(90°-\varphi)$	$\cos(30°+\varphi)$	$\frac{2\sqrt{3}}{\sqrt{3}+\tan\varphi}$

续表

序号	实际接线方式		两个元件的实际功率表达式		更正系数 K
	电压	电流	第一元件（$\times UI$）	第二元件（$\times UI$）	
11	$U_vU_wU_u$	$-I_uI_w$	$\cos(90°+\varphi)$	$-\cos(30°+\varphi)$	$-\frac{2\sqrt{3}}{\sqrt{3}+\tan\varphi}$
12	$U_vU_wU_u$	$-I_u-I_w$	$\cos(90°+\varphi)$	$\cos(30°+\varphi)$	$\frac{2}{1-\sqrt{3}\tan\varphi}$
13	$U_vU_wU_u$	I_wI_u	$-\cos(30°-\varphi)$	$\cos(30°-\varphi)$	—
14	$U_vU_wU_u$	I_w-I_u	$-\cos(30°-\varphi)$	$-\cos(30°-\varphi)$	$-\frac{\sqrt{3}}{\sqrt{3}+\tan\varphi}$
15	$U_vU_wU_u$	$-I_wI_u$	$\cos(30°-\varphi)$	$\cos(30°-\varphi)$	$\frac{\sqrt{3}}{\sqrt{3}+\tan\varphi}$
16	$U_vU_wU_u$	$-I_w-I_u$	$\cos(30°-\varphi)$	$-\cos(30°-\varphi)$	—
17	$U_wU_uU_v$	I_uI_w	$-\cos(30°-\varphi)$	$\cos(90°+\varphi)$	$-\frac{2}{\sqrt{3}\tan\varphi+1}$
18	$U_wU_uU_v$	I_u-I_w	$-\cos(30°-\varphi)$	$\cos(90°-\varphi)$	$-\frac{2\sqrt{3}}{\sqrt{3}-\tan\varphi}$
19	$U_wU_uU_v$	$-I_uI_w$	$\cos(30°-\varphi)$	$\cos(90°+\varphi)$	$\frac{2\sqrt{3}}{\sqrt{3}-\tan\varphi}$
20	$U_wU_uU_v$	$-I_u-I_w$	$\cos(30°-\varphi)$	$\cos(90°-\varphi)$	$\frac{2}{\sqrt{3}\tan\varphi+1}$
21	$U_wU_uU_v$	I_wI_u	$\cos(30°+\varphi)$	$-\cos(30°+\varphi)$	—
22	$U_wU_uU_v$	I_w-I_u	$\cos(30°+\varphi)$	$\cos(30°+\varphi)$	$\frac{\sqrt{3}}{\sqrt{3}-\tan\varphi}$
23	$U_wU_uU_v$	$-I_wI_u$	$-\cos(30°+\varphi)$	$-\cos(30°+\varphi)$	$-\frac{\sqrt{3}}{\sqrt{3}-\tan\varphi}$
24	$U_wU_uU_v$	$-I_w-I_u$	$-\cos(30°+\varphi)$	$\cos(30°+\varphi)$	—

九、三相三线有功电能表 24 种接线方式的更正系数（电压负相序时）（见表 G9）

表 G9　　电压负相序时三相三线有功电能表 24 种接线方式的更正系数

序号	实际接线方式		两个元件的实际功率表达式		更正系数 K
	电压	电流	第一元件（$\times UI$）	第二元件（$\times UI$）	
1	$U_uU_wU_v$	I_uI_w	$\cos(30°-\varphi)$	$-\cos(30°-\varphi)$	—
2	$U_uU_wU_v$	I_u-I_w	$\cos(30°-\varphi)$	$\cos(30°-\varphi)$	$\frac{\sqrt{3}}{\sqrt{3}+\tan\varphi}$
3	$U_uU_wU_v$	$-I_uI_w$	$-\cos(30°-\varphi)$	$-\cos(30°-\varphi)$	$-\frac{\sqrt{3}}{\sqrt{3}+\tan\varphi}$

续表

序号	实际接线方式		两个元件的实际功率表达式		更正系数 K
	电压	电流	第一元件（$\times UI$）	第二元件（$\times UI$）	
4	$U_uU_wU_v$	$-I_u-I_w$	$-\cos(30°-\varphi)$	$\cos(30°-\varphi)$	—
5	$U_uU_wU_v$	I_wI_u	$-\cos(30°+\varphi)$	$\cos(90°-\varphi)$	$-\frac{2}{1-\sqrt{3}\tan\varphi}$
6	$U_uU_wU_v$	I_w-I_u	$-\cos(30°+\varphi)$	$\cos(90°+\varphi)$	$-\frac{2\sqrt{3}}{\sqrt{3}+\tan\varphi}$
7	$U_uU_wU_v$	$-I_wI_u$	$\cos(30°+\varphi)$	$\cos(90°-\varphi)$	$\frac{2\sqrt{3}}{\sqrt{3}+\tan\varphi}$
8	$U_uU_wU_v$	$-I_w-I_u$	$\cos(30°+\varphi)$	$\cos(90°+\varphi)$	$\frac{2}{1-\sqrt{3}\tan\varphi}$
9	$U_vU_uU_w$	I_uI_w	$-\cos(30°+\varphi)$	$\cos(30°+\varphi)$	—
10	$U_vU_uU_w$	I_u-I_w	$-\cos(30°+\varphi)$	$-\cos(30°+\varphi)$	$-\frac{\sqrt{3}}{\sqrt{3}-\tan\varphi}$
11	$U_vU_uU_w$	$-I_uI_w$	$\cos(30°+\varphi)$	$\cos(30°+\varphi)$	$\frac{\sqrt{3}}{\sqrt{3}-\tan\varphi}$
12	$U_vU_uU_w$	$-I_u-I_w$	$\cos(30°+\varphi)$	$-\cos(30°+\varphi)$	—
13	$U_vU_uU_w$	I_wI_u	$\cos(90°+\varphi)$	$-\cos(30°-\varphi)$	$-\frac{2}{1+\sqrt{3}\tan\varphi}$
14	$U_vU_uU_w$	I_w-I_u	$\cos(90°+\varphi)$	$\cos(30°-\varphi)$	$\frac{2\sqrt{3}}{\sqrt{3}-\tan\varphi}$
15	$U_vU_uU_w$	$-I_wI_u$	$\cos(90°-\varphi)$	$-\cos(30°-\varphi)$	$-\frac{2\sqrt{3}}{\sqrt{3}-\tan\varphi}$
16	$U_vU_uU_w$	$-I_w-I_u$	$\cos(90°-\varphi)$	$\cos(30°-\varphi)$	$\frac{2}{\sqrt{3}\tan\varphi+1}$
17	$U_wU_vU_u$	I_uI_w	$\cos(90°+\varphi)$	$\cos(90°-\varphi)$	—
18	$U_wU_vU_u$	I_u-I_w	$\cos(90°+\varphi)$	$\cos(90°+\varphi)$	$-\frac{\sqrt{3}}{2\tan\varphi}$
19	$U_wU_vU_u$	$-I_uI_w$	$\cos(90°-\varphi)$	$\cos(90°-\varphi)$	$\frac{\sqrt{3}}{2\tan\varphi}$
20	$U_wU_vU_u$	$-I_u-I_w$	$\cos(90°-\varphi)$	$\cos(90°+\varphi)$	—
21	$U_wU_vU_u$	I_wI_u	$\cos(30°-\varphi)$	$\cos(30°+\varphi)$	1
22	$U_wU_vU_u$	I_w-I_u	$\cos(30°-\varphi)$	$-\cos(30°+\varphi)$	$\frac{\sqrt{3}}{\tan\varphi}$
23	$U_wU_vU_u$	$-I_wI_u$	$-\cos(30°-\varphi)$	$\cos(30°+\varphi)$	$-\frac{\sqrt{3}}{\tan\varphi}$
24	$U_wU_vU_u$	$-I_w-I_u$	$-\cos(30°-\varphi)$	$-\cos(30°+\varphi)$	-1

附录H　采集终端安装接线要求

一、采集终端安装的基本原则

（1）由于现场环境和条件不同，采集终端安装应满足各网省电力公司的相关设计要求。

（2）采集终端安装应遵照厂家提供的安装使用说明和技术要求，并符合电力营销管理规定。

（3）采集终端安装必须考虑计量表计和电动断路器的位置，并根据电压等级、计量方式和配电设施的不同，采用不同的安装方案。

（4）采集终端的安装位置应方便管理、调试、充值、查询，线缆在计量箱（柜）外的走向应做好安全防护措施。

（5）不得将采集终端输出控制负荷开关的跳闸电源接入电能计量装置的电压回路。

（6）采集终端的工作电源应根据现场条件，尽可能取自不可控电源上，以保证终端正常工作。

（7）采集终端的安装位置应方便控制电缆、通信电缆、电源电缆的走线和可靠连接。

二、采集终端的安装位置

（1）采集终端的安装位置根据电动断路器的位置来确定：电动断路器位置在柱上，采集终端安装在柱上；电动断路器位置在配电室里，采集终端安装在配电室里；电动断路器位置在箱式变电站内，采集终端安装在箱式变电站侧壁上。

（2）采集终端的安装位置根据计量表计的位置来确定：计量表计位置在柱上，采集终端安装在柱上；计量表计位置在配电室里，采集终端安装在配电室里；计量表计位置在箱式变电站内，采集终端安装在箱式变电站侧壁上。

（3）在变电站内，采集终端应安装在主控制室计量屏内的适当位置，或安装在开关柜上空置的仪表室内。

（4）在户内，如为启用预付费功能的采集终端，为方便刷卡和查询等操作，要避免装在屏内，应在满足方便敷设控制电缆、通信电缆、电源电缆等情况下，安装在配电屏外侧或配电室墙上；只用于监测的非预付费采集终端可安装在屏内。

（5）在户外，应使采集终端安装位置方便操作又不易遭到损坏，如采集终端与电能表受现场客观条件限制无法采用电缆连接时，可选用微功率无线数据传输模块进行无线连接。

（6）在地下室或安装位置的信号强度弱，不能保证正常通信时，应当采用远程无线通信中继器进行无线通信。

三、采集终端的安装方式

（1）户外杆架式安装：采集终端安装在电力配电箱中，通过抱箍安装在户外计量杆上，安装高度不小于1.5m；控制线、电压线通过PVC保护管接入采集终端。

（2）公用变压器箱式安装：采集终端安装在电力配电箱中，通过螺栓固定安装在箱式变电站固定箱体上（如有空间可在箱式变电站内装设），安装高度不小于1.5m；控制线、电压线通过PVC保护管接入采集终端。

（3）地面室内挂式安装：采集终端安装在电力配电箱中，通过螺栓固定安装在墙体上，安装高度不小于1.5m；由一次设备引出控制线、电压线通过电缆沟、PVC管敷设接入终端。

（4）地下室内挂式安装：采集终端安装在电力配电箱中，通过螺栓固定安装于墙体上，安装高度不小于1.5m；由一次设备引出控制线、电压线通过电缆沟、PVC管敷设接入采集终端；通信系统由RS485引出，通过安装在信号良好区域的中继器进行抄读。

（5）变电站内安装：采集终端可直接安装入变电站主控制室计量屏内，该计量屏必须要有充足的空间，面板上预留安装孔洞；可安装入开关柜空置的仪表室内，控制线、电压线均可利用现有电缆沟敷设接入采集终端；通信系统中所用通信线必须外引，如通信线长度大于50m，应另加装中继器进行通信。

四、采集线和控制线的接入要求

（1）采集终端连接电能表原则上采取“一台采集终端与接入的所有电能表的485接口的同名端并联”方式，即每只电能表和数据设备连接采集终端装置共用一根屏蔽电缆用于485数据采集，连接电缆的网状屏蔽层应在终端一侧可靠接地。

（2）为满足抄表实用化的要求，用户的计量总表必须接入采集终端，同时还应尽量将用户的扣减表全部接入。

（3）采集终端连接负荷控制开关原则上采取“一个负荷控制开关一根控制电缆”方式：采集终端应保证接入两路跳闸，原则上第一轮跳闸应接入用户的非重要负荷，第二轮跳闸接入高压侧或低压侧总开关；接入采集终端的被控开关如采用给压跳闸（分励脱扣）方式，采集终端侧接线应接动合触点；如采用释压跳闸（无压释放）方式，采集终端侧接线应接动断触点；被控开关接入应尽可能选择给压跳闸（分励脱扣）方式。

（4）电缆进入配电屏（柜）应绑扎、整齐固定，电缆在屏、柜内敷设应与带电、发热、可动部件保持足够的距离。

（5）采集终端电源线、抄表线、控制电缆在配电盘内及安装箱内的连接可套上号码管。

（6）各类电缆的敷设都应横平竖直，转角处应满足转弯半径要求，不得陡折、斜拉、盘绕和扭绞，导线的颜色应规范。

（7）电缆应沿墙、管、孔、沟道敷设，不得凌空飞线，不得摊放地面；确实需要横空跨越的，在室内应通过槽板、电缆桥架，在室外可依托钢丝绳。

（8）安装箱内的端子排必须完整编号，箱门内侧应附安装箱端子排与采集终端端子对应接线简图。

附录I　低压进户装置安装接线工艺

一、接户点的支架固定

接户线接户点的支架固定处离地高度不应低于2.7m。

二、绝缘子的安装

绝缘子应安装牢固，螺栓由下向上穿进且垫圈齐全并用两把扳手拧紧，其安装示意图如图I1所示。

图I1　绝缘子安装示意图

三、绝缘子与导线的匹配要求

绝缘子应与导线匹配，低压蝶式绝缘子与导线的匹配要求，见表I1。

表I1　低压蝶式绝缘子与导线匹配要求

绝缘子型号	适用导线截面（mm^2）	绝缘子型号	适用导线截面（mm^2）
ED-1	95～185	ED-3	16～35
ED-2	50～70	ED-4	10及以下

四、导线在蝶式绝缘子上的绑扎工艺

将导线固定在蝶式绝缘子上采用终端绑扎法。

（1）接户线绑扎前先在绝缘导线上以半叠方式缠绕2层绝缘胶带（绑扎线为绝缘线时只需1层绝缘胶带），在绑扎区外留长度至少30mm的绝缘层。导线绑扎区长度要求见表I2。

表I2　导线绑扎长度要求

导线截面 S（mm^2）	绑扎区最少长度 L（mm）
10	100
16～25	120
35～50	150
70及以上	200

（2）绑扎前将接户线在绝缘子上缠绕一圈。

小提示

目前，现场很多地方将接户线在绝缘子上缠绕至少2圈，这种做法相当于形成了“带铁芯的多匝线圈”，会导致线路上电能的损失。

（3）将绑扎线盘成一个小圆盘，在绑扎线的一端留出一个长度至少 $L+50$mm 的短头，将绑扎线短头夹在原导线与折回导线之间并竖直向上。

（4）将绑扎线在两导线上进行紧密并绕5圈；绑扎起点到绝缘子中心的距离约3倍

于绝缘子腰部直径。

（5）将短头压倒，折回到两导线之间，用绑扎线将两导线及短头三者一并继续紧密并绕；或将短头压倒，折回到两导线之间并竖直向下，用绑扎线将两导线继续紧密并绕5圈，重复以上过程。

（6）达到绑扎区长度后，将绑扎线与压下的短头拧至少3圈形成一个小辫，剪去多余绑扎线后压平，并将小辫置于原导线与折回导线之间。

小提示

绑扎线的截面和材质。根据接户线的铝、铜材质不同，分别选取截面至少 2.5mm² 的裸铝单股线、截面 2.5mm² 的绝缘单股铜芯线。

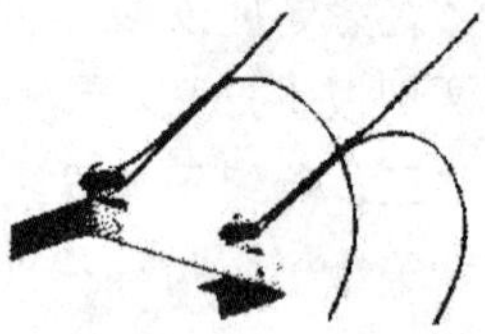

图 I2　接户线接户点处绑扎效果图

五、接户线接户点处的绑扎

接户线弧垂应平行、高度合适，以利于滴水除冰。接户线接户点处绑扎效果如图 I2 所示。

参考文献

[1] 李国胜，等．电能计量 [M]. 北京：中国电力出版社，2018.

[2] 李国胜．电能计量与用电检查实用技术 [M]. 北京：中国电力出版社，2009.

[3] 李国胜．现代全面质量管理方略及其在电力企业中的运用 [M]. 北京：中国电力出版社，2009.

[4] 李国胜．电能计量与装表接电工 [M]. 北京：中国电力出版社，2010.

[5] 李国胜，祝红伟．电能计量与装表接电 [M]. 北京：中国电力出版社，2013.

[6] 李国胜，等．二次多抽头式电流互感器二次接线对电能计量影响研究 [J]. 电气应用，2015 (8)：144-150.

[7] 国网湖北省电力公司．装表接电工 [M]. 北京：中国电力出版社，2015.